国家出版基金项目
NATIONAL PUBLICATION FOUNDATION

页岩油勘探开发理论与技术丛书

页岩油流动机理与开发技术

冯其红　王　森 ◎ 著

石油工业出版社

内容提要

本书在对页岩油基本概念、主要类型、地质特征和勘探开发现状简要总结的基础上，探讨了页岩油的相变规律、赋存状态和多尺度流动机理，介绍了页岩油体积压裂技术、常用油藏工程方法、数值模拟方法、生产优化方法和提高采收率技术，并对页岩油开发的相关实例进行了概述。

本书可供相关院校作为教材使用，也可供科研院所、石油公司等研究人员参考。

图书在版编目（CIP）数据

页岩油流动机理与开发技术 / 冯其红，王森著 . —

北京：石油工业出版社，2021.3

　（页岩油勘探开发理论与技术丛书）

　ISBN 978-7-5183-4001-9

　Ⅰ.①页… Ⅱ.①冯…②王… Ⅲ.①油页岩—油气

勘探—研究②油页岩—油田开发—研究 Ⅳ.

①P618.130.8

中国版本图书馆 CIP 数据核字（2020）第 267389 号

出版发行：石油工业出版社

　　　　（北京安定门外安华里 2 区 1 号　100011）

　　　　网　　址：www.petropub.com

　　　　编辑部：（010）64523546　　图书营销中心：（010）64523633

经　　销：全国新华书店

印　　刷：北京中石油彩色印刷有限责任公司

2021 年 3 月第 1 版　2021 年 3 月第 1 次印刷

787×1092 毫米　开本：1/16　印张：20

字数：470 千字

定价：200.00 元

《页岩油勘探开发理论与技术丛书》
编委会

主　编：卢双舫　薛海涛

副主编：印兴耀　倪红坚　冯其红

编　委：（按姓氏笔画顺序）

丁　璐　王　民　王　森　田善思

李文浩　李吉君　李俊乾　肖佃师

宋维强　张鹏飞　陈方文　周　毅

宗兆云

序 一

FOREWORD

我国经济快速稳定发展，经济实力显著增长，已成为世界第二大经济体。与此同时，我国也成为世界第二大原油消费国，第三大天然气消费国，最大的石油和天然气进口国。2019年，我国石油和天然气对外依存度分别攀升到71%和43%。过高的对外依存度，将导致我国社会经济对国际市场、地缘政治变化的敏感度大大增加，因此，必须大力提升国内油气勘探开发力度，保证国内生产发挥"压舱石"的作用。

我国剩余常规油气资源品质整体变差，低渗透、致密、稠油和海洋深水等油气资源占比约80%，勘探对象呈现复杂化趋势，隐蔽性增强，无效或低效产能增加。我国非常规油气资源尤其是页岩油气资源潜力大，处于勘探开发起步阶段。21世纪以来，借助页岩气成熟技术和成功经验，以北美地区为代表的页岩油勘探开发呈现良好发展态势。我国页岩油地质资源丰富，探明率极低，陆相盆地广泛发育湖相泥页岩层系，鄂尔多斯盆地长7段、松辽盆地青一段、准噶尔盆地芦草沟组、渤海湾盆地沙河街组、三塘湖盆地二叠系、柴达木盆地古近系等重点层系，已成为我国页岩油勘探开发的重要领域，具有分布范围广、有机质丰度高、厚度大等特点。页岩油有望成为我国陆上最值得期待的战略接替资源之一，在我国率先实现陆相"页岩油革命"。

与页岩气商业化开发的重大突破相比，页岩油的勘探开发虽然取得了重要进展，但效果远远不如预期。可以说，页岩油的有效勘探开发面临众多特有的、有待攻克的理论和技术难题，涵盖从石油地质、地球物理到钻完井、压裂、渗流等各个方面。瞄准这些难题，中国石油大学（华东）的一批学者在国家、行业和石油企业的支持下超前谋划，围绕页岩油等重大战略性资源进行超前理论和技术的探索，形成了一系列创新性的研究成果。为了能更好地推广相关成果，促进我国页岩油工业的发展，由卢双舫、薛海涛、印兴耀、倪红坚、冯其红等一批教授联合撰写了《页岩油勘探开发理论与技术丛书》（以下简称《丛书》）。《丛书》入选"'十三五'国家重点出版物出版规划项目"，并获得"国家出版基金项目"资助。《丛书》包括五个分册，内容涵盖了页岩油地质、地球物理勘探、核磁共振、页岩油钻完井技术与页岩油开发技术等内容。

掩卷沉思，深感创新艰难。中国石油工业，从寻找背斜油气藏，到岩性地层油气藏，再到页岩油气藏等非常规油气藏，一步步走来，既归功于石油勘探开发技术的创新和发展，更重要的是石油勘探开发科技工作者勇于摒弃源储分离的传统思维，打破构造高点是油气最佳聚集区的认识局限，改变寻找局部独立圈闭的观念，颠覆封盖层不能作为储层等传统认知。非常规油气理念、理论和技术的创新，有可能使东部常规老油区实现产量逆转式增长，实现国内油气资源和技术的战略接续。

作为页岩油研究方面的第一套系统著作，《丛书》注重最新科研成果与工程实践的结合，体现了产学研相结合的理念。《丛书》是探路者，它的出版将对我国正在艰苦探索中的页岩油研究和产业发展起到积极推动作用。《丛书》是广大页岩油研究人员交流的平台，希望越来越多的专家、学者能够投入页岩油研究，早日实现"页岩油革命"，为国家能源安全贡献力量。

中国科学院院士　

2020 年 12 月

序 二

FOREWORD

人才是第一资源，创新是第一动力，科技是第一生产力。科技创新就是要支撑当前、引领未来、推动跨越。世界石油工业正在进行一次从常规油气到非常规油气的科技创新和跨越。我国石油工业发展到今天，常规油气资源勘探程度越来越高，品质越来越差，非常规油气资源的有效动用就更需要科技创新与人才培养。

从资源潜力来看，页岩油是未来我国石油工业可持续发展的战略方向和重要选择。近年来，国家和各大石油公司都非常重视页岩油资源的勘探和开发，在大港、新疆等探区取得了阶段性进展。然而，如何客观评价页岩油资源潜力、提高资源动用成效，是目前页岩油研究面临的重大问题。究其原因，在于我国湖相页岩储层与页岩油的特殊性。页岩的致密性、页岩油的强吸附性及高黏度制约了液态烃在页岩中的流动；湖相页岩中较高的黏土矿物含量影响了压裂效果。由于液体的压缩—膨胀系数小于气体，页岩油采出的驱动力不足且难以补充。因此，需要研究页岩油资源评价与有效动用的新理论、新技术体系，包括页岩成储机理与分级评价方法，页岩油赋存机理与可流动性评价，页岩油富集、分布规律与页岩油资源潜力评价技术，页岩非均质性地球物理响应机理及地质"甜点"、工程"甜点"评价和预测技术，页岩破岩机理与优快钻井技术，页岩致裂机理与有效复杂缝网体积压裂改造技术，以及多尺度复杂缝网耦合渗流机理及评价技术等。面对这些理论、技术体系，既要从地质理论和地球物理技术上着力，也要从优快钻井、完井、压裂、渗流和高效开发的理论及配套技术研发上突破。

中国石油大学（华东）卢双舫、薛海涛、印兴耀、倪红坚、冯其红等学者及其团队，发挥石油高校学科门类齐全及基础研究的优势，成功申请了国家自然科学重点基金、面上基金、"973"专项等支持，从地质、地球物理、钻井、渗流等方面进行了求是创新的不懈探索，加大基础研究力度，逐步形成了一系列立于学科前沿的研究成果。与此同时，积极主动与相关油气田企业合作，将理论研究成果与油田生产实践相结合，推动油田生产试验，接受实践的检验。在完整梳理、总结前期有关研究成果和勘探开发认识的基础上，团队编写了《页岩油勘探开发理论与技术丛书》，对于厘清思路、识别误区、明确下一步攻关方向具有重要实际意义。《丛书》由石油工业出版社成功申报"'十三五'国家重点出版物出版规划项目"，并获得"国家出版基金项目"资助。

《丛书》是国内第一套有关页岩油勘探开发理论与技术的丛书，是页岩油领域产学研成果的结晶。它的出版，有助于中国的油气科技工作者了解页岩油地质、地球物理、钻完井、开发等方面的最新成果。

中国陆相页岩油资源潜力巨大，《丛书》的出版，对我国陆相"页岩油革命"具有重要意义。

中国科学院院士

2020 年 12 月

丛书前言

PREFACE TO SERIES

油气作为经济的血液和命脉，保障基本供给不仅事关经济、社会的发展和繁荣，也事关国家的安全。2019 年我国油气对进口的依赖度已经分别高达 71% 和 43%，成为世界最大的油气进口国，也远超石油安全的警戒线，形势极为严峻。

依靠陆相生油理论的创新和实践，我国在东部发现和探明了大庆、胜利等一批陆相（大）油田。这让我国一度甩掉了贫油的帽子，并曾经成为石油净出口国。但随着油气勘探开发的深入，陆相盆地可供常规油气勘探的领域越来越少。虽然后来我国中西部海相油气的勘探和开发也取得了重要突破和进展，但与中东、俄罗斯、北美等富油气国（地区）相比，我国的油气地质条件禀赋，尤其是海相地层的油气富集、赋存条件相差甚远。因此，尽管从大庆油田发现以来经过了 60 多年的高强度勘探，我国的人均石油储量（包括致密油气储量）也仅为世界的 5.1%，人均天然气储量仅为世界的 11.5%。事实上我国仍然位于贫油之列。这表明，我国依靠常规油气和致密油气增加储量的潜力有限，至多只能勉强补充老油田产量的递减，很难有增产的空间。

借鉴北美地区经验和技术，我国在海相页岩气的勘探开发上取得了重要突破，发现和探明了涪陵、长宁、威远、昭通等一批商业性的页岩大气田。但从客观地质条件来看，我国海相页岩气的赋存、富集条件也远远不如北美地区，因而我国海相页岩气资源潜力不及美国，最乐观的预测产量也不能满足经济发展对能源的需求。我国海相地层年代老、埋藏深、成熟度高、构造变动强的特点也决定了基本不具有美国那样的海相页岩油富集条件。

我国石油工业几十年勘探开发积累的资料和成果表明，作为东部陆相常规油气烃源岩的泥页岩中蕴含着巨大的残留油量，如第三轮全国油气资源评价结果，我国陆相地层总生油量为 6×10^{12} t，常规油气资源量为 1287×10^8 t，仅占总生油量的 2%，除了损耗、散失及分散的无效资源外，相当部分已经生成的油气仍然滞留在烃源岩层系内成为页岩油。页岩油在我国东部湖相（如松辽、渤海湾、江汉、泌阳等陆相湖盆）厚层泥页岩层系及其中的砂岩薄夹层中普遍、大量赋存。

可以说，陆相页岩油资源潜力巨大，是缓解我国油气突出供需矛盾、实现石油工业可持续发展的重要选项，有可能成为石油工业的下一个"革命者"，并在大港、新疆、辽河、南阳、江汉、吐哈等油区勘探开发取得了一定的进展或突破。但总体上看，目前的成效与其潜力相比还有巨大的差距。究其原因，在于我国湖相页岩的特殊性所带来的前所未有的理论、技术的挑战和难题。这些难题，涵盖从地质、地球物理到钻完井、压裂、渗流等各个方面。瞄准这些难题，中国石油大学（华东）的一批学者在国家、行业和石油企业的支持下，先后申请了从国家自然科学重点基金、面上基金、"973"前期专项到省部级、油田企业等一批项目的支持，进行了不懈探索，逐步形成了一系列有所创新的研究成果。为了能更好地推广相关成果，促进我国页岩油工业的发展，在石油工业出版社的推动下，由卢双舫、薛海涛联合印兴耀、倪红坚、冯其红等教授，于2016年成功申报"'十三五'国家重点出版物出版规划项目"《页岩油勘探开发理论与技术丛书》。此后，在各分册作者的共同努力下，于2018年下半年完成了各分册初稿的撰写，经郝芳、邹才能两位院士推荐，于2019年初获得"国家出版基金项目"资助。

本套丛书分为五个分册：

第一部《页岩油形成条件、赋存机理与富集分布》，由卢双舫教授、薛海涛教授组织撰写。通过对典型页岩油实例的解剖，结合微观实验、机理分析和数值模拟等研究手段，比较系统、深入地剖析了页岩油的形成条件、赋存机理、富集分布规律、可流动性、可采性及资源潜力，建立了3项分级/分类标准（页岩油资源潜力分级评价标准、泥页岩岩相分类标准、页岩油储层成储下限及分级评价标准）和5项评价技术（不同岩相页岩数字岩心构建技术，页岩有机非均质性/含油性评价技术，页岩无机非均质性/脆性评价技术，页岩油游离量/可动量评价技术及页岩物性、可动性和工程"甜点"综合评价技术），并进行了实际应用。

第二部《页岩油气地球物理预测理论与方法》，由印兴耀教授撰写。创建了适用于我国页岩油气地质地球物理特征的地震岩石物理模型，量化了微观物性及物质组成对页岩油气地质及工程"甜点"宏观岩石物理响应的影响，创新了地质及工程"甜点"岩石物理敏感参数评价方法，明确了页岩油气地质及工程"甜点"地球物理响应模式，形成了页岩TOC值及含油气性叠前地震反演预测技术，建立了页岩油气脆性及地应力等可压裂性地球物理评价体系，为页岩油气高效勘探开发提供了地球物理技术支撑。

第三部《页岩油储集、赋存与可流动性核磁共振一体化表征》，由卢双舫教授、张鹏飞博士组织撰写。通过对页岩油储层及赋存流体核磁共振响应的深入、系统剖析，建立了页岩储集物性核磁共振评价技术体系，系统分析了核磁共振技术在页岩孔隙系统、孔隙结构及孔隙度和渗透率评价中的应用，创建了页岩油赋存机理核磁共振评价方法，明确了页岩吸附油微观赋存特征（平均吸附相密度和吸附层厚度）及变化规律，建立了页岩吸附—游离油 T_2 谱定量评价模型，同时创建了页岩油可流动性实验评价方法，揭示了页岩油可流动量及流动规律，形成了页岩油储集渗流核磁共振一体化评价技术体系，为页岩油地质特征剖析提供了理论和技术支撑。

第四部《页岩油钻完井技术与应用》，由倪红坚教授、宋维强讲师组织撰写。钻完井是页岩油开发中不可或缺的环节。页岩油的赋存特征决定了页岩油藏钻完井技术有其特殊性。目前，水平井钻井结合水力压裂是实现页岩油藏商业化开发的主要技术手段。基于国内外页岩油钻完井的探索实践，在分析归纳页岩油藏钻完井理论研究和技术攻关难点的基础上，系统介绍了页岩油钻完井的基本工艺流程，着重总结并展望了在提速提效、优化设计、储层保护、资源开发效率等领域研发的页岩油钻完井新技术、新方法和新装备。

第五部《页岩油流动机理与开发技术》，由冯其红教授、王森副教授撰写。结合作者多年在页岩油流动机理与高效开发方面取得的科研成果，系统阐述了页岩油的赋存状态和流动机理，深入研究了页岩油藏的体积压裂裂缝扩展规律、常用油藏工程方法、数值模拟和生产优化方法，介绍了页岩油的提高采收率方法和典型的油田开发实例，为我国页岩油高效开发提供了重要的理论依据和方法指导。

作为国内页岩油勘探开发方面的第一套系列著作，《丛书》注重最新科研成果与工程实践的结合，体现产学研相结合的理念。虽然作者试图突出《丛书》的系统性、科学性、创新性和实用性，但作为油气工业的难点、热点和正在日新月异飞速发展的领域，很多实验、理论、技术和观点都还在形成、发展当中，有些还有待验证、修正和完善。同时，作者都是科研和教学一线辛勤奋战的专家和骨干，所利用的多是艰难挤出的零碎时间，难以有整块的时间用于书稿的撰写和修改，这不仅影响了书稿的进度，同时也容易挂一漏万、顾此失彼。加上受作者所涉猎、擅长领域和水平的局限，难免有疏漏、不当之处，敬请专家、读者不吝指正。

希望《丛书》的出版能够抛砖引玉，引起更多专家、学者对这一领域的关注和更多更新重要成果的出版，对我国正在艰苦探索中的页岩油研究和产业发展起到积极推动作用。

最后，要特别感谢中国石油大学（华东）校长郝芳院士和中国石油集团首席专家、中国石油勘探开发研究院副院长邹才能院士为《丛书》作序！感谢石油工业出版社为《丛书》策划、编辑、出版所付出的辛劳和作出的贡献。

丛书编委会

前　言

PREFACE

进入 21 世纪，我国国民经济的发展更加迅速，对能源特别是石油资源的需求进一步增大。我国石油消费量以年均 7% 的速度快速增长，国内石油产量却进入稳定发展阶段，年均增长率不足 2%。2020 年，我国石油对外依存度超过 73%，连续 14 年超过 50% 的石油安全警戒线。常规油气资源难以解决我国石油供需的矛盾，因此非常规油气的勘探开发成为提高我国石油供应能力的必然选择。

随着水平井多级压裂技术和"井工厂"作业模式的快速创新发展，以页岩油气为代表的非常规资源率先在北美取得重大突破，并引发了世界范围内的能源革命。页岩油成为全球非常规油气发展的新亮点。我国已经在准噶尔、松辽、鄂尔多斯等盆地发现了丰富的页岩油资源，初步研究表明，其可采资源量为（30～60）×10^8t。科学有效地开发页岩油，对促进我国能源结构调整、保障国家能源安全具有极其重要的现实意义和深远的历史意义。

然而，页岩油作为一种重要的非常规油气资源，有其特殊性。与常规油藏相比，页岩油具有典型的源储一体、滞留聚集的特征，而且化学组成复杂，富有机质、油质轻，储集空间主体为纳米级孔隙—裂隙系统，仅在局部发育微米级孔隙。受流固表面相互作用的影响，纳米孔内流体的物理化学性质和输运机理与体相流体存在显著差异，这使得页岩油可流动性更差，动用更加困难，而且陆相沉积页岩中较高的黏土矿物含量也进一步制约了压裂改造效果。这些特殊性使得传统的油气渗流理论和开发技术等均遭受重大挑战，这已经成为制约我国页岩油工业化开发的瓶颈。

从 2013 年开始，笔者在国家自然科学基金石油化工联合基金（A类）重点支持项目"页岩油流动机理与开发优化的基础理论研究"（U1762213）、国家"973"项目课题"致密油（页岩油）赋存与运聚机理"（2014CB239005）和"致密油高效开发油藏工程理论与方法研究"（2015CB250905）、国家科技重大专项"致密油水平井体积压裂裂缝参数优化与经济技术评价"（2016ZX05071）、国家自然科学基金"页岩微纳米孔隙—裂隙系统内油水两相的流动机理"（51704312）等项目资助下，针对页岩油的流动机理和开发技术开展了深入研究，并取得了阶段性成果，部分技术也已在油田现场开始推广应用。相关技术人员在与笔者沟通交流过程中表示，急需一本能够系统介绍页岩油流动理论与开发技术方面的书籍，以此来弥补当前相关知识过于碎片化的缺陷。为此，笔者结合多年的研究成果和近期国际主流认识撰写了本书，以期为我国页岩油的科学有效开发提供理论和技术指导，推动我国页岩油产业的蓬勃发展。

本书从页岩油的概念与类型出发，简要总结了页岩油的地质特征和国内外勘探开发现状；提出了页岩油储层内毛细管压力的计算模型，阐述了页岩油的相平衡计算方法，系统分析了页岩油储层内烷烃的赋存状态；从分子和孔隙尺度深入阐明了页岩油的流动机理；详细总结了页岩储层的可压裂性评价方法、体积压裂裂缝扩展模拟方法和规律；发展了页岩油的产能预测和不稳定试井分析方法；建立了页岩油的多相多组分数值模拟方法；介绍了页岩油开发的自动历史拟合方法，创建了井网—缝网参数的智能优化设计方法和工作制度优化设计方法；系统总结了页岩油的提高采收率技术，并介绍了国外页岩油开发的典型实例。本书不但深化完善了页岩油微纳米级孔隙—裂隙网络内的渗流力学理论，而且创新发展了页岩油开发方面的相关方法和技术，并在油田现场进行了实践应用。

本书共包括九章，第一章、第四章、第五章、第八章和第九章由冯其红教授撰写；第二章、第三章、第六章和第七章由王森副教授撰写。全书由冯其红教授统一审核、定稿。

本书的出版得到了国家自然科学基金项目、国家"973"项目、国家科技重大专项、国家出版基金项目等项目的共同资助；在成果研究过程中，得到了美国得克萨斯大学奥斯汀分校研究员、国际页岩油气领域知名专家 Farzam Javadpour 博士，美国得克萨斯大学阿灵顿分校胡钦红教授，中国石油大学（北京）姜汉桥教授，中国石油大学（华东）查明教授、卢双舫教授和姚军教授等专家学者的指导和帮助，还得到了中国石油化工股份有限公司胜利油田分公司勘探开发研究院、大庆油田有限责任公司采油工程研究院等单位领导和工程技术人员的支持；博士研究生徐世乾、张薇、邢祥东、夏天、察鲁明，硕士研究生秦朝旭、王潇、崔荣浩、陈李杨、李昱垚、李玉润等为研究成果的整理、资料收集、图件清绘和稿件录入等做了大量工作。在此谨向所有关心、支持本书出版的领导、专家和同仁致以最诚挚的敬意和最衷心的感谢。同时向书中所引用文献的作者表达谢意。

路漫漫其修远兮，吾将上下而求索。页岩油是当前国际油气开发的新领域，同时伴随着新挑战。诸多理论、技术和方法尚在发展和完善中，加之笔者水平有限，书中难免存在疏漏和不妥之处，敬请各位读者批评指正。

目 录

CONTENTS

● 第一章　概述 ……………………………………………………………………… 1

　　第一节　页岩油的概念与类型 ……………………………………………… 1

　　第二节　页岩油地质特征 …………………………………………………… 3

　　第三节　页岩油勘探开发现状 ……………………………………………… 8

● 第二章　页岩油的相变规律和赋存状态 ……………………………………… 14

　　第一节　页岩油储层内毛细管压力的计算模型 ………………………… 14

　　第二节　页岩油的相平衡计算方法 ……………………………………… 27

　　第三节　页岩油储层内烷烃的赋存状态和资源量估算 ………………… 40

● 第三章　页岩油的多尺度流动机理 …………………………………………… 59

　　第一节　分子尺度上页岩油的输运机理 ………………………………… 59

　　第二节　孔隙尺度上页岩油的流动机理 ………………………………… 83

● 第四章　页岩储层体积压裂 …………………………………………………… 107

　　第一节　页岩储层可压裂性评价方法 …………………………………… 107

　　第二节　页岩储层体积压裂裂缝扩展模拟方法 ………………………… 120

　　第三节　页岩储层体积压裂裂缝扩展规律 ……………………………… 138

● 第五章　页岩油开发的常用油藏工程方法 …………………………………… 152

　　第一节　页岩油产量分析方法 …………………………………………… 152

　　第二节　页岩油不稳定试井分析方法 …………………………………… 164

● 第六章　页岩油数值模拟方法及应用 ………………………………………… 188

　　第一节　页岩油多相多组分数值模拟方法 ……………………………… 188

　　第二节　页岩油藏数值模拟方法应用实例 ……………………………… 197

- **第七章　页岩油开发的生产优化方法**·· 209

  第一节　页岩油藏的自动历史拟合方法　···································· 209

  第二节　页岩油藏井网—缝网参数智能优化方法　··················· 223

  第三节　页岩油开发工作制度优化方法　·································· 230

- **第八章　页岩油提高采收率方法**·· 247

  第一节　页岩油注气提高采收率方法　······························· 247

  第二节　压裂增能提高采收率方法　······································ 254

- **第九章　页岩油开发实例**·· 257

  第一节　Bakken 页岩油开发实例　····································· 257

  第二节　Eagle Ford 页岩油开发实例　····························· 262

- **参考文献**·· 277

第一章

概　述

随着水平井多级压裂、重复压裂等储层改造技术的迅猛发展，美国页岩油开发工作取得重大突破。2015 年，美国页岩油产量达到 2.1×10^8t，其石油对外依存度由 2005 年的 60% 降至 33%，这对美国甚至世界的石油供应格局都产生了深远影响。考虑到页岩油的快速发展对美国石油供应格局产生的深远影响，中国在努力控制石油消费需求过快增长的同时，也高度重视页岩油的基础研究与勘探开发工作。初步研究表明，中国同样具有丰富的页岩油资源，可采资源量为（30～60）$\times 10^8$t（邹才能等，2013）。页岩油很有可能成为继页岩气之后的又一战略性接替能源，因此页岩油成为全球非常规油气发展的新亮点。

第一节　页岩油的概念与类型

一、页岩油与致密油的概念差异

页岩油（Shale oil）、致密油（Tight oil）作为一般性描述词语最早出现在 20 世纪初期。*AAPG Bulletin* 期刊在 20 年代发表的文章中就有"shale oil"出现，其指的是来自油页岩中的石油；该期刊在 40 年代的论文中出现了"tight oil"，用于描述致密砂岩中的石油。直到近年来，页岩油、致密油才作为专门术语代表非常规油气资源（周庆凡等，2012；邹才能等，2020）。

在国外，页岩油和致密油没有统一的定义，经常在公开场合互换使用（EIA，2013）。但在国内，多数学者认为页岩油、致密油在地质特征、开发技术、工程手段等方面存在差异，应定义为两种不同类型的非常规油气资源（图 1–1）（贾承造等，2012；邹才能等，2012，2013，2014；童晓光等，2012；赵政璋等，2012）。

中华人民共和国国家质量监督检验检疫总局和中国国家标准化管理委员会于 2017 年 11 月 1 日发布了 GB/T 34906—2017《致密油地质评价方法》国家标准，2018 年 5 月 1 日实施（邹才能等，2017）。该标准中将致密油定义为：储集在覆压基质渗透率小于或等于 0.1mD（空气渗透率小于 1mD）的致密砂岩、致密碳酸盐岩等储层中的石油，或非稠油类流度小于或等于 0.1mD/（mPa·s）的石油（注：储层邻近富有机质生油岩，单井无自然产能或自然产能低于商业石油产量下限，但在一定经济条件和技术措施下可获得商业石油产量）。

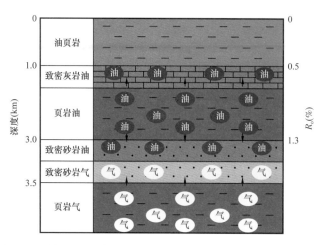

图 1-1　致密油、页岩油在地层中分布示意图（邹才能等，2013）

2020 年 3 月 31 日发布了 GB/T 38718—2020《页岩油地质评价方法》国家标准，2020 年 10 月 1 日实施。该标准中明确了页岩油的概念，即为赋存于富有机质页岩层系中的石油。富有机质页岩层系烃源岩内粉砂岩、细砂岩、碳酸盐岩单层厚度不大于 5m，累计厚度占页岩层系总厚度比例小于 30%。无自然产能或低于工业石油产量下限，需采用特殊工艺技术措施才能获得工业石油产量（邹才能等，2020）。

二、页岩油类型

根据页岩层系的热成熟度，可将页岩油划分为中高成熟度页岩油和中低成熟度页岩油两种类型（图 1-2）。

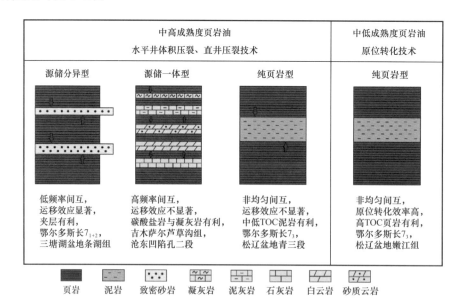

图 1-2　中高成熟度、中低成熟度页岩油类型及特点（邹才能等，2020）

（1）中高成熟度页岩油：镜质组反射率（R_o）介于 1.0%～1.5% 之间的页岩系统中赋存的石油资源。根据页岩生排滞留烃模式，此类页岩油资源以滞留石油为主，比例达 20%～40%，未转化有机质比例为 10%～20%。凝析油或轻质油是中高成熟度页岩油最主要的类型，这也是能够通过体积压裂实现工业开采的主要类型。例如，美国 Eagle Ford 页岩层段中产出的石油主要为凝析油，气油比很高。中等成熟度的生油页岩，在全球大部分含油气盆地中广泛分布，具有在页岩层系中储集凝析油或轻质油的有利地质条件。

（2）中低成熟度页岩油：镜质组反射率介于 0.5%～1.0% 之间的页岩系统中赋存的液态烃和有机质的统称。与中高成熟度页岩油相比，此类页岩油资源中以未转化有机质为主，比例达到 40%～90%，滞留石油比例仅为 5%～60%。由于成熟度较低，页岩油中轻质组分比例小，多环芳香烃、长链烷烃等重组分占据主体，流体本身密度与黏度较大。而且地层压力较低，整体以常压为主，造成地层能量不足。此外，页岩层系本身渗透能力极差，黏土矿物含量相对较高，因此该类资源难以通过体积压裂实现工业化开发。原位转化可能是实现中低成熟度页岩油规模效益开发的关键技术（赵文智等，2018，2020）。

第二节　页岩油地质特征

与源储分离的常规石油和近源聚集的致密油不同，页岩油在聚集机理、储集空间、流体性质、分布特点等方面呈现如下特征（表 1-1）（邹才能等，2013，2014，2019，2020）：

（1）源储一体，滞留聚集。与页岩气相似，富有机质泥页岩既是生油岩，又是储集岩，具有连续分布的特征。但在富有机质泥页岩持续生油阶段，石油在储层中滞留聚集，呈现干酪根内吸附态、亲油颗粒表面吸附态和亲油孔隙网络游离态 3 种类型。只有在泥页岩储层自身饱和后才向外溢散或运移。

（2）较高成熟度富有机质页岩，含油性较好。富含有机质是泥页岩富含油气的基础，当有机质开始大量生油后，才会富集成规模化的页岩油。高产富集页岩油一般 TOC＞2%，有利页岩油成熟度 R_o 为 0.7%～2.0%。

（3）发育微纳米级孔隙与裂缝系统。页岩油储层中广泛发育纳米级孔喉系统，一般 10～300nm 是最主要的储集空间，局部发育微米级孔隙。孔隙类型包括粒间孔、粒内孔、有机质孔、晶间孔等。此外，微裂缝在页岩油储层中也非常发育且类型多样，以未充填的水平层理缝为主，其次为干缩缝，近断裂带处发育有直立或斜交的构造缝。大部分泥页岩中黏土矿物呈片状结构、有机质呈纹层结构，页岩油多赋存于矿物微观结构或与其平行的微裂缝中。

（4）地层压力高且油质轻。页岩油富集区一般位于已大规模生油的成熟富有机质页岩地层中，地层能量较高，压力系数可达 1.2～2.0，也有少数低压区，如鄂尔多斯盆地

表 1-1 页岩油主要地质参数统计（邹才能等，2013）

盆地	鄂尔多斯	准噶尔	四川	渤海湾	松辽	柴达木	酒西	三塘湖	吐哈	江汉	南襄	苏北
层位	三叠系	二叠系	侏罗系	沙河街组	白垩系	古近—新近系	白垩系	二叠系	侏罗系	古近—新近系	古近—新近系	古近—新近系
沉积相	半深湖—深湖	半深湖—深湖	半深湖—深湖	半深湖—深湖	半深湖—深湖	半深湖—深湖	半深湖—深湖	半深湖—深湖	半深湖—深湖	半深湖—深湖	半深湖—深湖	半深湖—深湖
岩性	页岩	页岩、云质泥岩	页岩	页岩	页岩	页岩、灰质泥岩	页岩	云灰质泥岩	页岩	页岩	页岩	页岩
储层特征 页岩厚度（m）	10~40	10~200	20~60	30~200	50~200	30~200	50~200	20~100	30~60	30~100	30~120	30~100
储层特征 埋深（m）	1500~3000	1800~4500	2000~4500	1500~5000	1800~2400	3500~4600	3500~6000	1000~4500	1000~4500	2500~3500	2300~3700	2500~3500
储层特征 储集空间	基质孔、微裂缝	基质孔、微裂缝	基质孔、微裂缝	基质孔、微裂缝	微裂缝、基质孔	基质孔、微裂缝	基质孔、微裂缝	微裂缝、基质孔	微裂缝、基质孔	基质孔、微裂缝	基质孔	微裂缝
储层特征 孔隙度（%）	<4	<5	<3	<6	3~6	<3	<3	<3	<3	<5	<4	<2
储层特征 渗透率（mD）	<0.1	<0.1	<0.1	<0.5	<0.15	<0.1	<0.1	<0.1	<0.1	<0.1	<0.1	<0.1
储层特征 孔喉直径（nm）	<150	<150	<100	<200	<200	<150	<300	<300	<300	<200	<200	<250
脆性特征 脆性指数（%）	40~55	45~55	45~55	40~80	37~58	40~50	71~90	40~55	40~50	30~40	45~75	20~30
脆性特征 泊松比	0.20~0.30	0.20~0.30	0.25~0.35	0.20~0.35	0.25~0.35	0.25~0.35	0.21~0.3	0.25~0.30	0.25~0.30	0.30~0.35	0.25~0.30	0.30~0.35

续表

盆地		鄂尔多斯	准噶尔	四川	渤海湾	松辽	柴达木	酒西	三塘湖	吐哈	江汉	南襄	苏北
层位		三叠系	二叠系	侏罗系	沙河街组	白垩系	古近—新近系	白垩系	二叠系	侏罗系	古近—新近系	古近—新近系	古近—新近系
含油性特征	TOC(%)	3~28	1.4~6.9	1.8~17	2~17	0.7~8.7	0.7~1.2	1.0~2.5	2~8	1~5	1~2	1~3	1~2
	R_o(%)	0.6~1.1	0.6~1.5	0.9~1.5	0.35~1.5	0.5~2.0	0.6~1.8	0.5~0.8	0.6~1.2	0.5~0.9	0.6~1.3	0.5~1.2	0.6~1.3
	S_1(mg/g)	1~6	1~6	1~7	1~10	1~3	1~3	1~3	1~4	1~2	1~2	1~3	1~2
	氯仿沥青"A"(%)	0.6~1.2	0.3~1.0	0.3~1.0	0.1~3.1	0.2~1.0	0.3~0.5	0.08~0.2	0.2~0.7	0.1~0.5	0.1~0.7	0.1~0.6	0.1~0.5
流体特征①	原油黏度(mPa·s)	6.1~6.3	55~125	5~20	5~30	20~200	2.91~30.13	10~250	10~250	—	0.7~14	5~350	4.0~18.0
	原油密度(g/cm³)	0.8~0.85	0.87~0.92	0.76~0.87	0.67~0.86	0.78~0.87	0.72~0.8	0.82~0.94	0.85~0.90	1.00~1.20	0.8~0.86	0.84~0.87	0.81~0.85
	压力系数	0.75~0.85	1.2~1.6	1.23~1.72	1.30~1.90	1.2~1.58	1.40~1.50	1.30~1.40	1.0~1.2	0.90~1.10	0.90~1.10	0.90~1.10	0.90~1.10
资源	分布面积(10^4km^2)	8~10	6~8	7~9	9~11	8~9	2~3	0.3~0.5	0.5~1	0.7~1	0.2~0.3	0.1	0.2~0.3
	资源量(10^8t)	25~35	20~25	15~20	20~25	20~25	5~8	2~3	3~5	2~3	1~2	1~2	1~2

① 为近源致密砂岩、致密碳酸盐岩储层中的流体特征参数。

延长组压力系数仅为 0.7~0.9。一般油质较轻，原油密度多为 0.70~0.85g/cm³，黏度多为 0.7~20mPa·s，气油比高。

（5）大面积连续分布，资源潜力大。页岩油分布不受构造控制，无明显圈闭界限，大面积连续分布于盆地坳陷或斜坡区。生成的石油较多滞留于页岩中，一般占总生油量的 20%~50%。北美海相页岩分布面积大、厚度稳定、有机质丰度高、成熟度较高，有利于形成轻质油和凝析油。中国陆相富有机质页岩主要发育在半深湖—深湖沉积环境，以 Ⅰ 型和 Ⅱ₁ 型干酪根为主，易于生油；页岩成熟度普遍偏低（R_o 一般为 0.7%~1.3%），处于生成偏轻烃阶段；页岩有机质丰度较高，总有机碳含量一般在 2.0% 以上，最高可达 40%；形成商业性页岩油气，一般要求有效页岩厚度应大于 10~20m。如鄂尔多斯盆地延长组 7 段中下部富集页岩油层段，具有高 TOC、高黄铁矿含量、高 S_1、高氯仿沥青 "A" 和高伽马的 "五高" 特征，TOC>2%、R_o>0.7% 的页岩油富集有利区面积约为 $2 \times 10^4 km^2$，页岩油资源潜力大（邹才能等，2013）。

页岩油和致密油的产层为渗透率极低的页岩、粉砂岩、砂岩或碳酸盐岩等致密储层，具有与富有机质烃源岩紧密接触或邻近，原油油质轻的基本地质特征；在开采方面，均需要利用水平钻井、分级压裂等开采方式。但在地质特征、"甜点" 区优选、资源潜力等方面，页岩油与致密油具有较明显的差异（表 1–2）。

表 1–2 致密油与页岩油地质特征对比（邹才能等，2020）

条件与指标类型			致密油	页岩油
形成条件	构造背景	原始地层倾角	构造平缓，坡度较小	
		同背景构造区面积	分布面积较大	分布面积较小
	沉积条件	盆地类型	坳陷、克拉通为主	坳陷、前陆、断陷为主
		沉积环境	陆相、海相	陆相、海陆过渡相、海相
	烃源岩	类型	Ⅰ、Ⅱ	Ⅰ—Ⅱ₁
		TOC	>2%	
		R_o	0.6%~1.3%	0.6%~2.1%
		分布面积	较大	较小
	储层	岩性	致密砂岩、致密碳酸盐岩等	页岩
		渗透率	空气渗透率小于 1mD 的储层所占比例大于 70%	10^{-6}~1mD
		孔隙度	8%~12% 为主	2%~5% 为主
		孔喉大小	40~900nm 为主	50~300nm 为主
		孔隙类型	基质孔、溶蚀孔	基质孔、微裂缝
		分布面积	较大	较小

条件与指标类型			致密油	页岩油
形成条件	源储组合		紧密接触	源储一体
	运聚条件	运移特征	一次运移或短距离二次运移为主	未运移
		聚集动力	扩散为主，浮力作用受限	生烃增压
		渗流特征	以非达西渗流为主	
分布规律	聚集特征	分布特征	大面积低丰度连续分布，局部富集，不受构造控制	大面积低丰度连续分布
		边界特征	无明显圈闭界限	
		油气水关系	不含水或含少量水	
		油气水、压力系统	无统一油气水界面，无统一压力系统	
	分布位置	平面位置	盆地斜坡和坳陷中心区，或后期挤压构造的褶皱区	盆地斜坡和坳陷中心区
		纵向分布	与成熟的Ⅰ、Ⅱ烃源岩共生	烃源岩内部
		深度	中浅层为主	中深层为主
	流体特征	原油性质	轻质油（密度小于 0.825g/cm³）	轻质油或凝析油（密度 0.70～0.85g/cm³）
		油气水共生关系	以束缚水为主	

（1）致密油发育于大面积分布的致密储层（孔隙度 $\phi < 12\%$，覆压基质渗透率 $K < 0.1\text{mD}$，孔喉直径小于 1μm）；页岩油储层分布面积相对较小，主要分布在盆地斜坡和坳陷中心区，储层物性更加致密（孔隙度为 $2\% < \phi < 5\%$，覆压基质渗透率以纳达西级为主，孔喉直径以 50～300nm 为主）。

（2）致密油形成需要广覆式分布的成熟优质生油层（Ⅰ型或Ⅱ型干酪根，平均 TOC > 1%，R_o 为 0.6%～1.3%），烃源岩进入生油窗开始生成石油，并经过一定运移。页岩油则是石油大量生成运移后滞留在烃源岩中的石油。

（3）致密油连续性分布的致密储层与生油岩须紧密接触，源储共生，无明显圈闭边界，无油"藏"概念；页岩油源储一体，泥页岩自身即为生油层，又是储层。

（4）致密储层内原油密度小于 0.8251g/cm³ 或大于 40°API，油质较轻，页岩储层内原油密度为 0.70～0.85g/cm³，属于轻质油或凝析油。

第三节 页岩油勘探开发现状

国外页岩油勘探主要集中于北美地区，此外，阿根廷、俄罗斯等国家也发现了优质的页岩油资源。目前，美国能源信息署（EIA）等机构对美国境内大多数非常规油气区带进行评价时，页岩油和致密油两个术语均使用。Kumar（2013）通过大量生产井的数据分析，认为威利斯顿盆地中Bakken致密油产量中来自上、下Bakken页岩段的贡献率为12%～52%，平均贡献率约40%，无法严格区分页岩油和致密油。因此，本节对国外典型区带进行描述时沿用惯例，对两者不做区分，统称为致密油、页岩油。

一、国外页岩油勘探开发概况

在全球范围内，北美海相致密油、页岩油借鉴页岩气水平井体积压裂技术，实现了规模化生产，是目前致密油、页岩油勘探开发进展最快的地区，形成了以Bakken、二叠盆地、Eagle Ford、Niobrara等为代表的多个致密油、页岩油规模勘探开发区带，进一步带动了全球其他地区致密油、页岩油的勘探开发进程。

（一）美国页岩油发展概况

美国致密油、页岩油主要分布于二叠盆地、威利斯顿盆地、西部海湾盆地、丹佛盆地及阿拉达科5个海相盆地（Harris，2012；EIA，2013，2017，2019；Zou等，2013；Hackley和Cardott，2016），主要分布在二叠系、白垩系、泥盆系、石炭系等，以古生界和中生界页岩系统为主（Jarvie，2011，2012；Harris，2012；Hackley和Cardott，2016）。岩性以致密泥灰岩、云质砂岩和致密砂岩为主。

北美海相致密油、页岩油具有先天优势，赋存丰富的轻质油、页岩凝析油和页岩气，相当规模的页岩处于最佳生油气窗口（R_o为0.9%～1.5%），大面积连续分布[（1～7）×$10^4 km^2$]，孔隙性较好（孔隙度一般大于7%），气油比较高（几百至几万），一般发育超压（压力系数为1.3～1.8），单井累计产量大[（3～10）×10^4t油当量]。

近年来，美国致密油、页岩油发展速度超出预期。2008年，美国地质调查局（USGS）对威利斯顿盆地美国境内的Bakken地层致密油、页岩油资源进行评价，估计技术可采资源量约为5×10^8t；2013年4月，美国地质调查局第二次评价时，除了评价原有的Bakken地层外，还评价了Three Forks地层，得出两套地层技术可采资源量约为10×10^8t的结论（Gaswirth等，2015），比第一次评价多出了一倍。在美国Bakken致密油、页岩油勘探生产快速发展的带动下，北美地区乃至全球，致密油、页岩油已成为非常规油气领域的热点；美国致密油、页岩油可采资源量为79.3×10^8t（EIA，2013，2017），2019年致密油、页岩油产量为3.96×10^8t，占石油总产量的65%（EIA，2020）（图1-3）。2016年11月，美国地质调查局宣布在得克萨斯州西部二叠盆地发现史上最大规模的致密油层，可采储量足有200×10^8bbl❶，Midland坳陷Wolfcamp是目前发现的

---

❶ 1bbl=158.9873dm³。

全球最大的连续型油气聚集层系。非常规油气突破使二叠盆地百年老油田焕发青春，它也是目前美国致密油、页岩油、页岩气唯一保持产量增长的盆地，2016 年页岩油产量为 $0.56 \times 10^8 t$、页岩气产量为 $730 \times 10^8 m^3$（邹才能等，2020）。

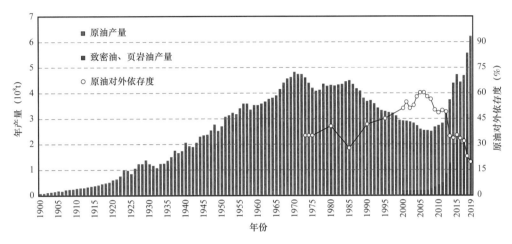

图 1-3　美国原油产量与致密油、页岩油产量变化

据美国能源信息署预测，致密油、页岩油将成为全球能源行业的重要接替领域。以美国为例，2000 年致密油、页岩油在美国油气产量中占比仅 1% 左右，但其产量增长很快，到 2012 年占比达到了 12%；仅仅 4 年以后，致密油、页岩油在美国油气产量中的占比就超过了 24%。尽管随着开发进程的加快，致密油、页岩油的开发难度逐渐加大，但其在总体油气供应中的比例保持相对稳定，预测到 2040 年贡献比例仍可达 17%（图 1-4）。

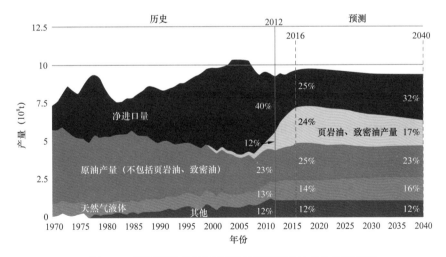

图 1-4　美国原油产量与致密油页岩油产量占比情况预测

（二）其他地区页岩油发展概况

加拿大是美国之外最大的致密油、页岩油生产国，产量在 $40 \times 10^4 bbl/d$ 左右。加拿

大地质调查局评估认为加拿大致密油和页岩油的原始地质储量为 840×10^8 bbl，远高于 EIA 对其致密油、页岩油可采资源量 88×10^8 bbl 的评估。2014 年以来，加拿大油砂的投资持续下降，而致密油、页岩油投资从 2016 年开始增长，到 2018 年增长了约 100 亿加元，表明致密油、页岩油具有更大的成本优势和吸引力。近期，壳牌公司、雪佛龙公司等在杜维纳页岩区带开展了大量工作（邹才能等，2020）。

阿根廷是北美以外首个实现致密油、页岩油商业化开发的国家。目前阿根廷致密油、页岩油产量约为 5×10^4 bbl/d，主要位于中南部内乌肯盆地的 Vaca Muerta 页岩区，这是全球第四大致密油、页岩油资源区，与美国 Eagle Ford 页岩具有一定相似性。阿根廷积极吸引外资开发致密油、页岩油资源。马来西亚国家石油公司、雪佛龙公司等都已在阿根廷签署了合作开发协议。其中，马来西亚国家石油公司投资约 23 亿美元，预计 2022 年产量可以达到 6×10^4 bbl/d。

俄罗斯致密油、页岩油资源丰富，主要位于西西伯利亚盆地的巴热诺夫组，该组页岩分布面积达上百万平方千米。相关石油公司已经制订了开发计划，希望 2025 年达到规模化的商业开发。其他致密油、页岩油资源丰富的国家包括墨西哥、澳大利亚等致密油、页岩油资源也较为丰富，但尚处于早期研究阶段（邹才能等，2020）。

二、中国陆相页岩油勘探开发进展

中国陆相致密油、页岩油主要发育在准噶尔盆地二叠系（芦草沟组、风城组、平地泉组）、鄂尔多斯盆地长 7 段、松辽盆地白垩系青山口组与嫩江组、渤海湾盆地沙河街组—孔店组、四川盆地侏罗系、柴达木盆地古近—新近系、三塘湖盆地二叠系（芦草沟组、条湖组）、江汉盆地古近系等，资源潜力大。近期，针对致密油、中高成熟度页岩油勘探开发实践取得重要突破和进展，准噶尔盆地吉木萨尔凹陷芦草沟组与玛湖凹陷风城组、鄂尔多斯盆地长 7 段、松辽盆地青山口组、三塘湖盆地二叠系条湖组与芦草沟组、济阳坳陷沙河街组、沧东凹陷孔店组二段、潜江凹陷潜江组、泌阳凹陷核桃园组 3 段、四川盆地侏罗系、柴达木盆地古近—新近系等获得一批工业油气流井；中低成熟度页岩油也已开展鄂尔多斯盆地长 7 段及松辽盆地嫩江组选区评价研究，并在鄂尔多斯盆地长 7 段开展了现场先导试验，陆相页岩油革命正在积极推进（邹才能等，2020）。

（一）泥页岩裂缝性油藏勘探开发阶段

自 20 世纪 50 年代以来，国外就已经对一些泥页岩油气藏进行了开采，如阿根廷的圣埃伦那油田，美国的圣玛丽亚谷油田、卢申油田和鲁兹维利特油田，苏联的萨累姆油田和南萨累姆油田等。1979 年在萨累姆油田还进行了地下核爆炸开采试验，广泛压裂巴热诺夫组沥青质页岩以强化开采，获得了显著效果（高瑞琪，1984）。

中国在东部陆相盆地泥页岩段中发现了多个"泥页岩裂缝性油藏"。如 1973 年在济阳坳陷东营中央隆起带钻探的河 54 井，在沙河街组三段下亚段 2928～2964.4m 泥页岩层中进行中途测试，以 5mm 油嘴放喷，产量为原油 91.3t/d 和天然气 2740m³/d，获得工业油气流（董冬等，1993）。在松辽盆地北部的英 3、英 5、英 8、英 12、大 4、大 11 和古 1 等井的青山口组富有机质黑色泥岩中，发现了良好的油气显示和工业油气流。英 12 井在 2033.7～2083.65m 井段日产原油 4.56m³ 和天然气 497m³，其他如英 3 井、大 111 井都属于低产油流井（高瑞琪，1984）。1976 年，东濮凹陷文 6 井在 3132.0～3136.5m 井段见褐色油浸泥岩 3.5m/2 层，随后相继在文留、淮城、卫城、胡状、庆祖、刘庄等地区发现泥岩裂缝油气。此外，在柴达木盆地、吐哈盆地、酒西盆地、江汉盆地、苏北盆地、四川盆地中均发现了具有工业价值的泥页岩裂缝油气藏或重要的油气显示，有的单井初期产量达 80～90t/d（邹才能，2020）。

总体上，泥页岩裂缝出油已成共识，但由于受当时传统油气成藏理论及工程工艺技术的束缚，一般将其视为泥页岩裂缝性常规油气藏，作为隐蔽油气藏勘探的一个领域。

（二）致密油、页岩油勘探开发阶段

在国内，文献中较早使用的术语包括低渗透致密油层（周厚清等，1992）、致密油气层（马强，1995）、致密油层（付广等，1998）、致密砂岩油藏（张金亮等，2000）和致密油藏（李忠兴等，2006）。2009 年，在国内引入连续型油气藏概念，提出了连续型砂岩油藏、连续型砂岩气藏、致密砂岩油气、页岩油气、致密油、页岩油等术语（邹才能等，2009，2012）。

2011 年，中国石油天然气集团公司（简称中国石油）在西安召开了致密油研究会议，致密油成为非常规资源，并首次在鄂尔多斯盆地延长组陆相页岩中发现纳米级孔隙中赋存石油（邹才能，2012）。2012—2013 年，中国石油召开两次致密油气推进会，推动了致密油气工业化试验；2013 年，评价中国致密油地质资源量为 $125.8 \times 10^8 t$，明确了发展的资源基础；中国石油勘探开发研究院组建页岩油研发团队和纳米油气工作室，成立 CNPC-SHELL 页岩油研发中心，超前开展页岩油基础研究和致密储层微观孔隙表征。2014 年启动了国家"973"项目"中国陆相致密油（页岩油）形成机理与富集规律"，长庆油田发现了国内第一个亿吨级致密大油田——新安边油田，开辟了中国非常规石油新领域；成立"国家能源致密油气研发中心"，成为国家致密油科技创新的重要平台。2016 年启动了国家重大专项"致密油富集规律与勘探开发关键技术"；中国工程院举办了页岩油原位转化高端论坛，推动了页岩油领域发展。2017 年，中国石油勘探开发研究院提出《关于启动页岩油"地下炼厂"工程，推动我国石油革命的建议》《页岩油原位转化实验室建设和原位转化先导试验请示报告》。2018 年，GB/T 34906—2017《致密油地质评价方法》国家标准颁布实施，推动了陆相致密油规模发展；2020 年，GB/T 38718—2020《页岩油地质评价方法》国家标准颁布实施，引领了陆相页岩油革命（邹才能等，2020）。2017—2020 年，中国石油积极筹建页岩油原位转化实验室和准备现场先导试验，开展了鄂尔多斯盆地长 7 段及松辽盆地嫩江组中低成熟度页岩油的选区评价研究，并在鄂尔多斯盆地长 7 段开展了现场先导试验（赵文智等，2018；付金华等，2019）（图 1-5）。

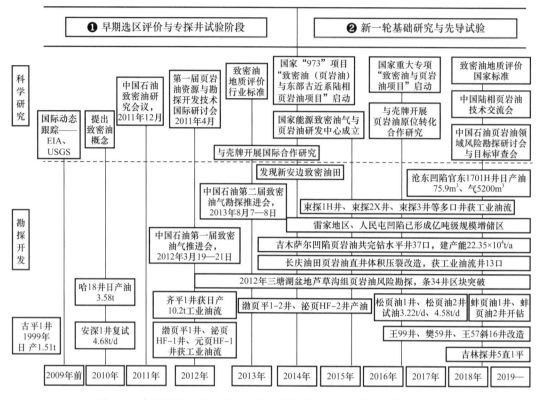

图 1-5　中国石油工业致密油页岩油研究探索历程（邹才能等，2020）

通过深化基础研究，加强选区评价和"甜点"区/段分布预测研究及工程技术攻关，中国石油在地质认识、地球物理技术和工程技术等方面取得了一系列进展。近期，加强重点地区攻关，加大了勘探开发力度，在 11 个区块相继获得了发现和突破（邹才能等，2013，2014，2019；杨华等，2013，2016；杜金虎等，2014，2019；赵贤正等，2018，2019；付金华等，2015，2019；梁世君等，2019；李晓光等，2019；吴河勇等，2019；王小军等，2019；李国欣等，2020）；在准噶尔、鄂尔多斯、渤海湾、松辽等盆地开展了致密油页岩油的工业化试验，部署了一批重点井，取全取准了第一手资料，证实了地质认识的正确性与工程技术攻关的有效性，初步建成了多个规模产能区，鄂尔多斯盆地发现 10×10^8t 级庆城大油田（4000m 水平井试验成功），吉木萨尔页岩油国家级示范区获批设立，中国石油目前已探明致密油、页岩油地质储量 7.37×10^8t，剩余控制 + 预测储量 18.3×10^8t，建成产能 400×10^4t/a（邹才能，2020）。

2010 年，中国石油化工集团公司（简称中国石化）针对常规探井页岩层段开展了页岩油老井复查复试工作。结果显示，东部探区页岩层段油气显示丰富，93 口井获工业油流。济阳坳陷共有 322 口井见到页岩油气显示，35 口井获得工业油气流，累计产油超过万吨的井有 5 口。其中，沾化凹陷新义深 9 井在沙三下亚段 3355.11～3435.29m 井段试油日产油 38.5t，累计产油 11346t；东营凹陷河 54 井在沙三下亚段 2962～2964.4m 井段进行中途测试，日产油 91.3t，日产气 2740m³，累计产油 27896t，展示了济阳坳陷页岩油良好的勘探前景。

在老井复查复试的基础上，通过选区评价，优选了东部探区南襄盆地泌阳凹陷古近系核桃园组、济阳坳陷古近系沙河街组、南方探区四川盆地元坝地区中侏罗统千佛崖组为重点，进行页岩油专探井钻探。在泌阳凹陷，2010 年常规探井 AS1 井在古近系核桃园组核三段页岩见良好显示，直井压裂试油获最高日产油 4.68m³，揭示核三段为勘探突破目的层，随后部署实施 2 口水平井进行分段压裂求产，BYHF-1 井垂深 2450m，对1044m 水平段实施 15 级分段压裂，最高日产油 20.5t；BY2HF 井垂深 2816m，对 1402m水平段实施 22 级分段压裂，最高日产油 25t。在济阳坳陷，优选沾化凹陷和东营凹陷沙四上亚段—沙三下亚段，部署 L69 井等 4 口井进行系统取心，心长累计达到 1010.26m，为济阳坳陷页岩油气的系统研究奠定了基础。在对页岩油形成条件研究的基础上，部署实施了 BYP1 井、BYP2 井、BYP1-2 井和 LY1HF 井 4 口页岩油专探井，用于评价不同类型页岩的储集性能、含油气性、可压裂性及产能，4 口井均获得了低产页岩油流，但由于页岩热演化程度较低，页岩油密度大，可流动性差，工艺技术适应性较差，未取得预期效果。在四川盆地针对侏罗系千佛崖组二段部署实施了 YYHF-1 井，对 1051m 水平段分 10 段压裂，每段 2 簇射孔，试油获页岩油 14t/d、气 0.72×10⁴m³/d，累计产油 2943t、产气 305.32×10⁴m³（孙焕泉，2017；孙焕泉等，2019）。

2014 年和 2017 年，在国家科技部的支持下，中国石化牵头先后启动了"973 计划"项目"中国东部古近系陆相页岩油富集机理与分布规律"、国家科技重大专项"中国典型盆地陆相页岩油勘探开发选区与目标评价"，重点围绕陆相页岩油"甜点"预测、可流动性和可压裂性进行技术攻关，揭示了陆相页岩油赋存、流动和富集机制，形成了页岩油储层表征、含油性评价、"甜点"预测和资源评价等技术，建立了基于地质工程一体化的页岩油选区评价方法，并针对不同油区、不同地层特点，积极探索多尺度复杂缝网压裂、小规模高导流通道压裂和二氧化碳干法压裂等直井压裂工艺，取得了较好的增产效果（孙焕泉等，2019）。

延长石油（集团）有限责任公司（简称延长石油）自 2013 年以来，通过勘探开发实践，逐步落实长 7 段资源量约为 9×10⁸t，高资源丰度地区分布在定边、吴起、志丹南及直罗—富县地区。

第二章
页岩油的相变规律和赋存状态

页岩油的相变规律直接决定了其在储层岩石内的赋存状态和可动性。北美页岩油开发实践表明，凝析油在已开发的页岩油中占据重要比例，而且受页岩纳米级孔隙受限空间效应的影响，页岩油的相变规律不同于常规油藏。此外，受页岩基质复杂化学组成和多尺度孔隙结构的影响，烷烃在页岩孔隙内的赋存状态也更加复杂。因此，阐明页岩油在微/纳米级孔隙—裂隙系统内的相变规律和赋存状态，厘清页岩油吸附态和游离态的含量和影响因素，有望为页岩油的可动性评价提供新的思路和方法。

第一节　页岩油储层内毛细管压力的计算模型

页岩的基质孔隙主要由矿物晶体颗粒之间的孔隙和有机质的粒内孔组成，而且孔隙半径的变化范围涵盖微米级和纳米级。孔径的减小将造成毛细管压力的增加，进而可能会对油气的相行为产生影响，因此在研究页岩油的相变规律时有必要考虑毛细管压力的影响。常规储层内的毛细管压力采用 Young–Laplace 方程进行计算：

$$p_c = \frac{2\gamma \cos\theta}{r} \tag{2-1}$$

式中，p_c 为毛细管压力，Pa；γ 为表面（界面）张力，N/m；θ 为接触角；r 为毛细管半径，m。

该方程也是采用高压压汞方法进行页岩孔隙结构表征的理论基础。式（2-1）在应用时一般假设流体的表面张力和接触角不随孔径变化；然而，当孔隙尺寸减小到纳米级时，流体的表面张力和接触角可能不再为常数。因此，需要考察常规储层内毛细管压力计算方法在页岩储层中的适用性。

本节中，笔者首先基于分子动力学模拟（Molecular Dynamics，MD）方法，提出了页岩储层内汞的接触角随孔径变化的数学模型，进而与液滴表面张力随曲率变化的理论模型相耦合，提出了新的高压压汞实验解释方法，提高了页岩孔隙结构表征的精度；并进一步讨论了孔径和温度对水气和油气表面张力和接触角的影响，基于 J 函数理论建立了页岩储层中油水气的毛细管压力预测模型。

一、汞在页岩孔隙内的接触角

分子动力学利用牛顿运动定律模拟多体系统（Multibody System）内原子或分子的运动轨迹，并通过对其不同状态所构成的系综（Ensemble）进行统计平均计算体系的结构和性质。由于该方法能够呈现物质之间相互作用的微观细节并准确复现实验结果，因此在生命科学、物理化学和材料等领域得到了长足的发展，目前正在被逐渐应用于地学及石油工程领域。有关该方法的详细介绍请参见 Frenkel 和 Smit（2001）以及 Griebel 等（2007）撰写的经典教材。

当采用分子动力学模拟方法对界面性质进行预测时，模拟结果的可靠性取决于力场参数的选取。由于汞原子间的相互作用势与温度有关（Kutana 和 Giapis，2007；Ellison 等，1967），一般的 Lennard–Jones 模型不能准确描述汞原子之间的相互作用力，因此采用 Bomont 和 Bretonnet（2006）所建立的势能模型。该模型由 Born–Mayer 指数函数所构成的排斥项和高斯函数所构成的吸引项组成，考虑了温度对汞原子间相互作用势的影响，而且已经成功地复现了 X 射线衍射实验中观察到的汞表面分层现象。

为了与汞原子之间的势能参数相配合，本书通过拟合实验测得的汞在光滑石墨表面的宏观接触角对汞原子和碳原子之间的相互作用势进行优化。最终得到的碰撞半径 $\sigma_{\text{Hg-C}}$ 和势阱深度 $\varepsilon_{\text{Hg-C}}/k_{\text{B}}$ 分别为 3.321Å[1] 和 16.74K，随后该参数将被用于研究孔隙尺寸和几何形状对汞在页岩有机孔内接触角的影响。这里主要考虑圆柱形和狭缝形两种孔隙形状。采用三层石墨烯代表页岩有机质狭缝的固体壁面。圆柱形孔隙采用单壁碳纳米管（Carbon Nanotube，CNT）进行描述。类似的模型已经被广泛用于研究页岩孔隙内烷烃的赋存状态和流动规律。为了确保所有蒸发的汞原子均被束缚于孔隙内，将纳米管对称轴所在的方向设置为周期性边界。每个模型前 1.5ns 用于使体系达到平衡，后 2.0ns 用于结果分析。

图 2–1 为圆柱孔内汞的接触角随孔隙尺寸的变化曲线（Wang 等，2016）。可以发现，随着孔径的减小，接触角逐渐增大，其原因在于线张力（Line Tension）的影响。当均质水平面上的液滴足够大时，由界面面积 S 所引起的自由能 F 的变化为：

$$\mathrm{d}F = \gamma_{\text{sl}}\mathrm{d}S_{\text{sl}} + \gamma_{\text{sv}}\mathrm{d}S_{\text{sv}} + \gamma_{\text{lv}}\mathrm{d}S_{\text{lv}} = \left(\gamma_{\text{sl}} - \gamma_{\text{sv}} + \gamma_{\text{lv}}\cos\theta_{\infty}\right)\mathrm{d}S_{\text{sl}} \tag{2-2}$$

式中，下标 s、l 和 v 分别代表固相、液相和气相。

自由能的极小值对应于液滴平衡状态的接触角，由此可得到经典的 Young 氏方程：

$$\gamma_{\text{sv}} = \gamma_{\text{sl}} + \gamma_{\text{lv}}\cos\theta_{\infty} \tag{2-3}$$

然而，由于该方程仅考虑了两相界面的贡献，而忽略了三相接触线的影响，因此仅适用于宏观尺寸的液滴。对于微观的液滴，式（2–2）需要考虑自由能的另一个来源，即线张力 τ 和接触线长度 L_{slv} 变化的乘积（Mugele 等，2002）：

---

[1] 1Å=0.1nm=10^{-10}m。

$$dF = \left(\gamma_{sl} - \gamma_{sv} + \gamma_{lv}\cos\theta\right)dS_{sl} + \tau dL_{slv} \tag{2-4}$$

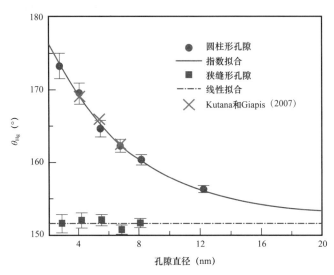

图 2-1　孔隙尺寸和形状对汞在页岩孔隙内接触角的影响

因此，微观尺度下的平衡接触角为：

$$\gamma_{sv} = \gamma_{sl} + \gamma_{lv}\cos\theta + \frac{\tau}{r_B} \tag{2-5}$$

该方程被称为改进的 Young 氏方程（Wang 等，2001）。如果液滴的尺寸足够大，即 r_B 趋近于 0 时，该方程可恢复为宏观的接触角。之前的研究表明，线张力 τ 的数量级为 $10^{-12}\sim10^{-10}$J/m，其符号可正可负。正值表明液滴趋于收缩，接触角较大，而负值将使其润湿性得到增强。正是由于线张力的影响，流体接触角随孔径而变化，而在纳米孔内该变化比较显著，常规油藏中孔径较大，因此可以忽略。

图 2-1 中直径为 4.07nm、5.42nm 和 6.78nm 孔隙内的接触角模拟结果与 Kutana 和 Giapis（2007）的研究非常接近。为了对高压压汞实验的解释方法进行校正，这里采用指数拟合得到了 θ—d 的经验函数关系：

$$\theta = \theta_\infty + C_1\exp\left(-\frac{r - C_2}{C_3}\right) \tag{2-6}$$

式中，θ_∞ 为 152.446°；参数 C_1、C_2 和 C_3 分别为 18.345、1.719 和 2.7117。

可以发现，页岩孔隙内汞接触角与孔径的关系可以很好地用式（2-6）进行描述（$R^2=0.96$）。对应于无限大的液滴，即固体壁面的曲率为 0 时润湿角收敛于 152.45°，该数值与汞在石墨表面润湿角的实验值（152.5°）（Awasthi，1996）一致。图 2-1 也包含了接触角随狭缝尺寸的变化曲线。由于在狭缝内，三相的接触线趋近于一条直线，线张力的影响可忽略不计，因此与圆柱形孔隙不同，汞在狭缝内的润湿角与孔隙尺寸无关。

在误差范围内（±1.4°），接触角的平均值（151.57°）近似于宏观测量值。

二、汞表面张力随液滴尺寸的变化

（一）背景理论

作为各种界面现象和多相流动机理研究所需要的基础数据，表面张力在各种基础学科和工程应用中都具有非常重要的作用。Gibbs（1957）率先研究了表面张力与液滴曲率之间的关系。他认为该影响对于宏观尺度的液滴来说非常小，但对于较小的液滴，该效应将会非常明显，他预测表面张力会随液滴曲率的增加单调递减。由于微尺度下的表面张力很难通过实验直接测定，因此从那时起研究者利用理论分析和数值模拟对该问题进行了深入研究，试图获得纳米尺寸液滴的表面性质（Tolman，1949；Homman 等，2014）。

在这些研究工作中，Tolman（1949）所提出的模型最为著名。20世纪60年代，在 Gibbs 热动力学理论的基础上，Tolman 严格分析了液滴尺寸对表面张力的影响，并提出了著名的 Gibbs–Tolman–Koenig–Buff（GTKB）方程：

$$\frac{1}{\gamma}\frac{\mathrm{d}\gamma}{\mathrm{d}r_{\mathrm{c}}}=\frac{\left(2\delta/r_{\mathrm{c}}^{2}\right)\left[1+\left(\delta/r_{\mathrm{c}}\right)+1/3\left(\delta/r_{\mathrm{c}}\right)^{2}\right]}{1+\left(2\delta/r_{\mathrm{c}}\right)\left[1+\left(\delta/r_{\mathrm{c}}\right)+1/3\left(\delta/r_{\mathrm{c}}\right)^{2}\right]} \tag{2-7}$$

式中，γ 为液滴的表面张力，mN/m；r 为液滴的半径，m。

Tolman 长度 δ 被定义为等物质的量面 R_{e} 与张力面 R_{s} 之间的距离，即 $\delta=R_{\mathrm{e}}-R_{\mathrm{s}}$。一般认为 δ 依赖于液滴曲率 $1/r$ 和温度 T（Tolman，1949）。式（2-7）中仅有一个未知数 δ，如果可以确定 δ，则任意液滴的表面张力均可得到。但是 δ 并非液滴半径的简单函数。迄今为止，δ 的符号仍存在着重大争议（Lei 等，2005）。虽然密度泛函理论预测 δ 是一个较小的负值且 γ 与 r 的关系不是单调函数，大多数研究者认为对于液滴来说 δ 为正值，但气泡的 δ 为负值且小液滴的表面张力较小。

为便于应用，Tolman 对式（2-7）进行了如下简化：将 δ 视为常数，忽略与 1 相比较小的 δ/r 和 δ^2/r^2 项，并对 r 由 ∞（对应于平面）积分到半径 r：

$$\ln\frac{\gamma}{\gamma_{\infty}}=\int_{\infty}^{r}\frac{2\delta/r^{2}}{1+2\delta/r}\mathrm{d}r \tag{2-8}$$

式中，γ_{∞} 为宏观液滴的表面张力，mN/m。

由此可得 Tolman 模型：

$$\gamma=\frac{\gamma_{\infty}}{1+2\delta/r_{\mathrm{c}}} \tag{2-9}$$

对式（2-8）和式（2-9）做进一步简化可以得到其他的模型（Kalová 和 Mareš，2015）。Kalová 和 Mareš（2015）计算了该积分，从而得到了表面张力与液滴尺寸之间的无量纲关系：

$$\frac{\gamma}{\gamma_\infty} = \frac{(r_c/\delta)\exp\left\{0.6437\left[\tan^{-1}\left(0.2046 + 0.8967 r_c/\delta\right) - \pi/2\right]\right\}}{(r_c/\delta + 1.5437)^{0.8012}\left[(r_c/\delta)^2 + 0.4563(r_c/\delta) + 1.2956\right]^{0.0994}} \quad （2-10）$$

虽然这些模型增加了人们对纳米尺寸液滴表面张力的认识，但由于 δ 仍是未知数，这些模型不能直接用于计算汞的表面张力随液滴尺寸的变化。据 Tolman（1949）预测，当 $r \to \infty$ 时，δ 将等于原子或分子的有效直径 h，因此在上述的模型中 δ 常被取为 h。然而，本节将使用 Lu 和 Jiang（2005）所提出的理论模型来预测汞的表面张力随液滴尺寸的变化。该模型中所有的参数均不可调。将模型的计算结果与数值模拟做比较，可以发现其预测效果较好，而且 Tolman 长度 δ 是该模型的输出参数。

（二）汞的表面张力

Tyson 和 Miller（1977）发现对处于熔融状态的金属平面，气固界面能与气液界面能的比例近似为一个常数，即

$$\gamma_{sv\infty} / \gamma_{lv\infty} = k \quad （2-11）$$

式中，$k=1.18 \pm 0.03$。

Lu 和 Jiang（2005）认为与气固界面和气液界面相比，液固界面之间的能量差异非常小，因此他们将式（2-11）拓展到纳米尺度：

$$\gamma_{lv}(r) / \gamma_{sv}(r) = k \quad （2-12）$$

由于受尺寸影响的气固界面能与其体相值之间的相互关系可用式（2-13）进行描述：

$$\frac{\gamma_{sv}(r_c)}{\gamma_{sv\infty}} = \left(1 - \frac{1}{4r_c/h-1}\right)\exp\left(-\frac{2S_b}{3R}\frac{1}{4r_c/h-1}\right) \quad （2-13）$$

式中，$S_b = E_0/T_b$；E_0 为蒸发焓，kJ/mol；T_b 为沸点，K；R 为理想气体常数，即 8.314J/（K·mol）。

由式（2-11）至式（2-13）可以得到：

$$\frac{\gamma(r_c)}{\gamma_\infty} = \left(1 - \frac{1}{4r_c/h-1}\right)\exp\left(-\frac{2S_b}{3R}\frac{1}{4r_c/h-1}\right) \quad （2-14）$$

对于任意一种元素，Lu-Jiang 模型中的所有参数均可由其热动力学性质方便地得到。将式（2-9）和式（2-14）联立，可以得到 Tolman 长度的渐近形式：

$$\delta(r_c) = \frac{r_c}{2}\left[\exp\left(\frac{2S_b}{3R}\frac{1}{4r_c/h-1}\right) \middle/ \left(1 - \frac{1}{4r_c/h-1}\right) - 1\right] \quad （2-15）$$

为了对该模型进行验证，这里将理论模型计算结果与 Samsonov 等（1999，2003）对三种不同材料的模拟结果进行了对比（图 2-2）。图 2-2 也展示了 Tolman 模型的预测

结果（假设 $\delta=h$），输入参数见表 2-1。由此可见，与 Tolman 模型相比，Lu-Jiang 模型
［式（2-14）］计算得到的表面张力与模拟结果更为吻合，而且小液滴的表面张力较小，
这与 Gibbs 的预测结果一致。

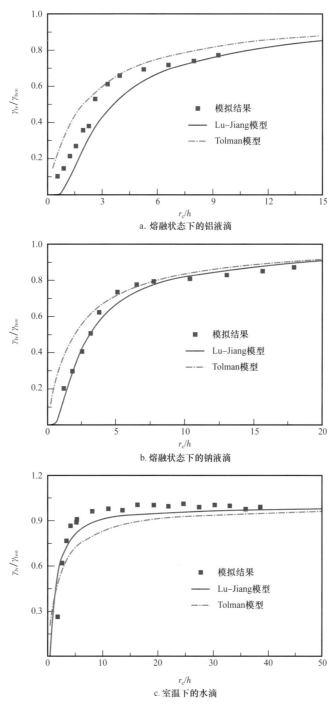

图 2-2　理论模型计算的 $\gamma_{lv}/\gamma_{lv\infty}$ 与 r_c/h 之间关系与模拟结果的对比

表 2-1 Lu-Jiang 模型所用的参数（Wang 等，2016）

材料	h（nm）	$\gamma_{lv\infty}$（mN/m）	$\bar{E}_0$（kJ/mol）	T_b（K）	S_b［J/（mol·K）］
Al	0.286	915	293	2792	104.94
Na	0.372	208	97.7	1156	84.52
H_2O	0.096	71.67	13.6	373	36.46
Hg	0.302	475.5	59.2	629.88	93.99
n-C_8H_{18}	0.655	8.385	39.4	398.7	98.82

采用 Lu-Jiang 模型计算了汞的表面张力与液滴半径之间的关系（图 2-3a）。所需的参数见表 2-1。随着液滴尺寸的增大，表面张力单调递增并逐渐收敛于宏观尺度下的表面张力（475.5mN/m）。特别地，当 $r<10$nm 时表面张力增大得最快。当液滴尺寸由 20nm 增大到 30nm 时，表面张力仅仅增大了 1.06%；然而，当液滴由 1nm 增大到 10nm 时，汞的表面张力增大了 76.8%。鉴于页岩基质中大量的孔隙尺寸处于 1～10nm 之间，对高压压汞的测试数据进行解释时，忽略表面张力随液滴尺寸的变化将会造成极大的误差，因此需要对传统的高压压汞解释方法进行校正。考虑表面张力和接触角随孔径的变化也将提高毛细管压力的预测精度。

由式（2-15）计算得到的 Tolman 长度 δ 与液滴尺寸的关系如图 2-3 所示。与 Tolman 的看法相同，δ 随液滴尺寸的增大而逐渐减小，并在液滴半径趋于无穷大时逼近汞原子的直径 h。图 2-3b 显示了汞的无量纲表面张力 γ/γ_∞ 与液滴尺寸 r_c/δ 之间的关系。由于在 GTKB 方程的解析解中，Kalová 和 Mareš 所提出的模型［式（2-10）］假设条件最少，因此该模型的预测结果也被用来对 Lu-Jiang 模型进行验证。由于 Tolman 长度 δ 未知，因此式（2-10）不能直接用于预测液滴的表面张力。然而，该模型可以较为精确地预测 $\gamma_{lv}(D)/\gamma_{lv\infty}$ 和 r/δ 之间的关系。Lu-Jiang 模型和 Kalová-Mareš 模型的重合进一步验证了汞的表面张力与液滴尺寸之间关系的正确性。

三、高压压汞解释方法的校正

上文已经证实了汞在页岩孔隙内的润湿角 θ_{Hg} 和表面张力 γ_{Hg} 与孔隙尺寸强烈相关。因此，需要对常规的高压压汞（Mercury Intrusion Capillary Pressure，MICP）解释技术进行校正，以此来考虑汞的接触角随孔隙尺寸的变化［式（2-6）］以及汞的表面张力随液滴大小的变化［式（2-14）］。值得注意的是，式（2-14）中的 r_c 不同于式（2-6）中的 r，r_c 代表液滴表面的曲率半径，而 r 代表孔隙半径。两者之间的关系为：

$$r_c = -\frac{r}{\cos\theta} \qquad （2-16）$$

将式（2-6）、式（2-14）和式（2-16）代入 Young-Laplace 方程，可以得到如下的非线性模型：

$$p_c = -\frac{2\gamma_{\text{Hg}}(r)\cos\theta_{\text{Hg}}(r)}{r} \qquad (2-17)$$

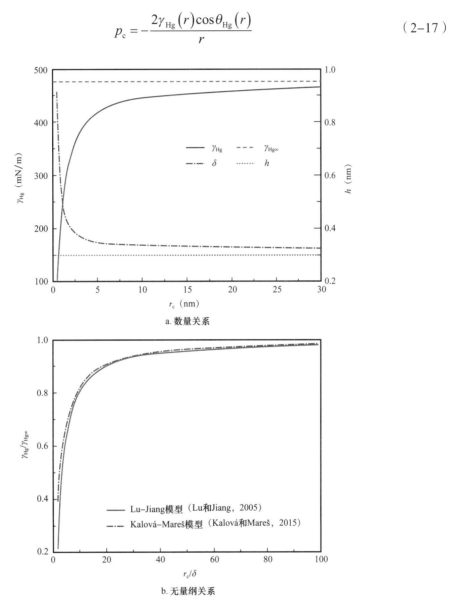

a. 数量关系

b. 无量纲关系

图 2-3　汞的表面张力 γ_{Hg} 与液滴尺寸的关系

方程右侧的负号是为了保证计算得到的毛细管压力为正值而添加的。与原方程
［式（2-1）］不同，γ_{Hg} 和 θ_{Hg} 是 r 的函数，而不再是常数。对于给定的进汞压力 p_c，可以
采用 Newton-Raphson 迭代方法计算孔隙半径 r。定义 $f(r) = p_c r + 2\gamma_{\text{Hg}}(r)\cos\theta_{\text{Hg}}(r)$，则
$f(r) = 0$ 的解即为对应于 p_c 的孔隙半径。$f(r)$ 的微分为：

$$f'(r) = p_c + 2\left[\gamma'_{\text{Hg}}(r)\cos\theta_{\text{Hg}}(r) - \gamma_{\text{Hg}}(r)\sin\theta_{\text{Hg}}(r)\theta'_{\text{Hg}}(r)\right] \qquad (2-18)$$

$$\gamma'_{Hg}(r) = \frac{4\gamma_{Hg\infty}/h}{(4r_c/h-1)^2} \exp\left(-\frac{2S_b}{3R}\frac{1}{4r_c/h-1}\right)$$
$$\left[1 + \frac{2S_b}{3R}\left(1 - \frac{1}{4r_c/h-1}\right)\right]\left[-\frac{\cos\theta_{Hg} + r\sin\theta_{Hg}\theta'_{Hg}(r)}{\cos^2\theta_{Hg}}\right] \qquad (2-19)$$

$$\theta'_{Hg}(r) = \frac{C_1}{C_3}\exp\left(-\frac{r-C_2}{C_3}\right) \qquad (2-20)$$

对于给定的初值 r（这里用的是 2.0nm），该算法可以迭代达到所需的精度：

$$r_{n+1} = r_n - \frac{f(r_n)}{f'(r_n)} \qquad (2-21)$$

为了考察孔隙尺寸对高压压汞解释结果的影响，这里分别采用原方程和式（2-17）计算了 $-\gamma_{Hg}\cos\theta_{Hg}$ 值与孔隙半径 r 之间的关系。通过仅改变一个参数而控制另一个参数不变，图 2-4 展示了 θ_{Hg} 和 γ_{Hg} 对 $-\gamma_{Hg}\cos\theta_{Hg}$ 的单独影响。图中，$\theta_{Hg}(r)$ 和 $\gamma_{Hg}(r)$ 代表润湿角和表面张力随孔径的变化分别被考虑到模型中。常数 θ_{Hg} 和 γ_{Hg} 代表模型中对应参数的数值不随孔径变化，即 θ_{Hg}=152.5° 和 γ_{Hg}=475.5mN/m。图 2-4 显示了孔隙半径由 0 增大到 500nm 时 $-\gamma_{Hg}\cos\theta_{Hg}$ 的变化情况。右坐标轴中相对差异的定义为（$G'-G$）/G，其中 G' 代表由各个模型计算得到的 $-\gamma_{Hg}\cos\theta_{Hg}$ 值，而 G 为标准 Young-Laplace 的计算结果。

可以发现，接触角和表面张力对 $-\gamma_{Hg}\cos\theta_{Hg}$ 的影响相反。当 r 减小时，接触角逐渐增大，从而使 $-\cos\theta_{Hg}$ 值也较大，而 γ_{Hg} 却呈现下降的趋势（图 2-4）。同时考虑两者的影响时，$\gamma_{Hg}\cos\theta_{Hg}$ 随孔隙半径单调递增的趋势表明其主要受表面张力控制，而 $\cos\theta_{Hg}$ 的影响则非常有限。当孔径大于 100nm 时，由式（2-17）计算得到的 $-\gamma_{Hg}\cos\theta_{Hg}$ 与原方程几乎重合，表明在常规油藏（孔隙半径为 1～50μm）内，孔隙尺寸对 $\gamma_{Hg}\cos\theta_{Hg}$ 的影响可以忽略。该结论证实了在对常规储层进行孔隙结构表征时，将 $-\gamma_{Hg}\cos\theta_{Hg}$ 视为常数是合理的。然而，当孔隙半径小于 50nm 时，原方程与式（2-17）计算结果之间存在着较大的误差。这里也对比了不同模型之间的相对误差（图 2-4）。标准形式的 Young-Laplace 方程不适用于较小的孔隙，当 r<5nm 时相对误差可达到 8%～44%。已有研究表明，在该尺度上材料的性质与体相之间存在着较大差异，因此在利用 MICP 方法解释页岩和致密储层的孔径分布时有必要对其进行校正。

Clarkson 等（2013）使用高压压汞技术、气体（N_2、CO_2）吸附方法和小角度/超小角度中子散射（Small-Angle/Ultra-Small-Angle Neutron Scattering, SANS/USANS）测量了北美多个页岩区块的孔径分布，并对比了不同方法对页岩的适用性。他们发现 MICP 实验得到的孔径分布（Pore Size Distribution, PSD）与气体吸附方法的解释结果不一致（图 2-5a、图 2-5b）。他们认为原因可能来源于两方面：（1）高压条件下矿物颗粒的压缩性；（2）MICP 提供的是喉道的信息，而非孔隙体的信息。然而，如果将汞的表面张力和接触角随孔径变化的关系考虑到 MICP 的解释方法中，高压压汞和气体吸附方法得到孔径分布的一致性将大大改善，特别是对于较小的孔径（图 2-5a、图 2-5b）。该图中的测试样品来源于（图 2-5a、图 2-5c）Milk River 储层（上白垩统）和（图 2-5b、图 2-5d）Barnett 页岩（密西西比系）。由吸附实验得到的孔径分布从左侧坐标轴读取，而 MICP 的解释结果从右侧读取；紫色和粉红色箭头分别标注了 CO_2 和 N_2 吸附所对应的孔径范围。累积孔隙体积的对比同样表明，常规 MICP 解释方法与改进方法之间的显著差异出现在半径小于 10nm 的区域。该方法不但改善了高压压汞技术解释孔径分布的精度，而且有望将其适用性拓展至其他的纳米级多孔材料。

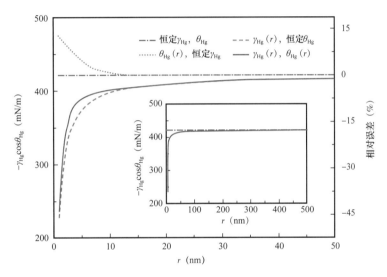

图 2-4 由不同模型计算的 $-\gamma_{Hg}\cos\theta_{Hg}$ 与孔隙半径 r 之间的关系

四、页岩孔隙内的毛细管压力

（一）接触角的变化

本书进一步利用分子动力学模拟方法研究了水在页岩孔隙内的接触角随孔径和温度的变化。模拟模型的孔径变化范围为 2.7～8.1nm。水分子之间的相互作用力采用 SPC/E 模型进行描述并使用 SHAKE 算法将 O—H 键之间的键长固定为 1Å，H—O—H 的键角固定为 109.47°。PPPM 算法被用于计算长程静电作用力。水分子和碳原子之间的相互作用力采用 Lennard-Jones 12-6 势能模型（σ_{O-C}=3.19Å，ε_{O-C}/k_B=47.17K）进行描述，截断半径为 10Å，该优化参数可用来复现 300K 时水在石墨表面的宏观润湿角 86°（Werder 等，2003）。采用 Nosé-Hoover 算法控制体系温度恒定，并分别在 300K、353K、393K 和 423K 下进行 3.0ns 的模拟（NVT 系综），其中前 2.0ns 用于使体系达到平衡，后 1.0ns

收集轨迹用于统计分析。

　　与页岩—汞体系所不同的是，随着孔径的减小，水在页岩孔隙内的接触角也逐渐减小（图 2-6a），即孔隙的内表面将更加亲水。该差异可能与水和汞在页岩有机质表面的润湿性不同有关。页岩—水体系中接触角与孔隙半径的关系和 Werder 等（2001）报道的水在碳纳米管内的结果一致。然而，他们所使用的势能参数（σ_{O-C}=3.19Å、ε_{O-C}/k_B=37.724K）无法重复实验测得的接触角。Werder 等（2003）在随后的论文中讨论了该问题，这组参数所对应的宏观接触角为 103.7°。图 2-6a 中的点划线代表水滴在光滑石墨表面的宏观接触角，即 86°。同时可以发现，水在页岩孔隙内的接触角与孔径之间的关系可以用指数函数进行描述，因此这里将模拟结果指数外推至无穷大半径，预测结果 87.33° 与 300K 时水在石墨表面的宏观接触角 86° 吻合较好。

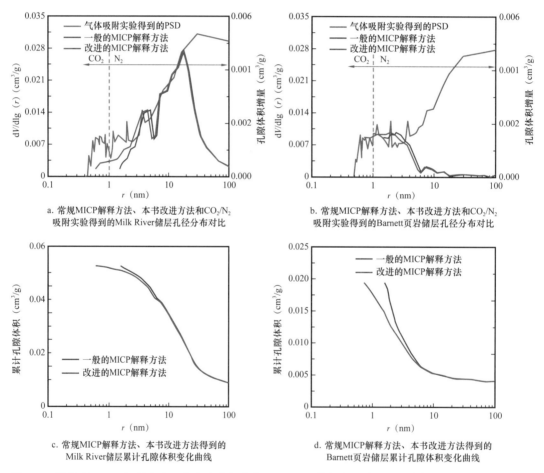

a. 常规MICP解释方法、本书改进方法和ICO$_2$/N$_2$
吸附实验得到的Milk River储层孔径分布对比

b. 常规MICP解释方法、本书改进方法和ICO$_2$/N$_2$
吸附实验得到的Barnett页岩储层孔径分布对比

c. 常规MICP解释方法、本书改进方法得到的
Milk River储层累计孔隙体积变化曲线

d. 常规MICP解释方法、本书改进方法得到的
Barnett页岩储层累计孔隙体积变化曲线

图 2-5　常规的 MICP 解释方法、本书改进方法和 CO$_2$/N$_2$ 吸附实验得到的孔径分布对比以及 Milk River
储层和 Barnett 页岩累计孔隙体积与孔径的关系

　　图 2-6b 为温度对水在不同尺寸页岩孔隙内接触角的影响。图中的体相数值为 Taherian 等（2013）报道的水在石墨表面接触角随温度的变化，298K 时他们所得到的接

触角（87.2°）与本书计算结果（87.33°）一致。随着温度的升高，接触角逐渐减小，表明页岩表面更趋于亲水。此外，温度较高时孔径对接触角的影响更加明显。

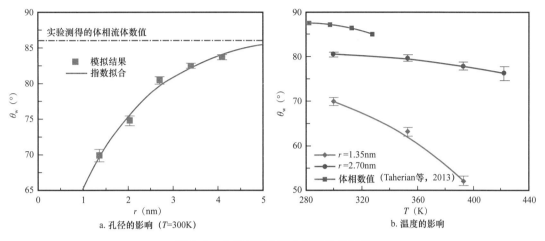

a. 孔径的影响（*T*=300K）　　　　　　b. 温度的影响

图 2-6　水在页岩孔隙内润湿角的变化

（二）表面张力的变化

由前面的对比分析可知，Lu-Jiang 模型预测得到的表面张力更为准确。因此这里采用 Lu-Jiang 模型计算了不同温度下水的表面张力与液滴尺寸的关系（图 2-7）。在该模型中，宏观尺度下水的表面张力来源于国际水蒸气性质协会的推荐数据。值得注意的是，对于水分子，式（2-14）中的 *h* 代表氢原子与氧原子之间的键长（Lu 和 Jiang，2005）。在任意温度下，水的表面张力均随液滴半径的增大而增大，当 *r*>5nm 时趋于收敛。由于温度较高时宏观尺度下水的表面张力较低，因此相同尺寸的液滴在高温时的 γ_w 较小。

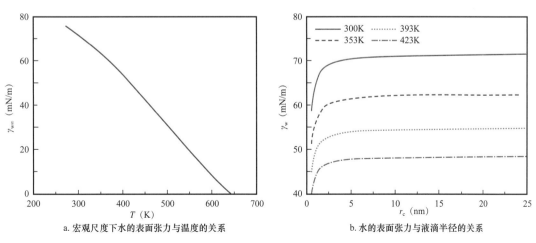

a. 宏观尺度下水的表面张力与温度的关系　　　b. 水的表面张力与液滴半径的关系

图 2-7　水的表面张力变化（Vargaftik 等，1983）

为了检验 Lu-Jiang 模型对链状烷烃分子的适用性，这里分别采用 Tolman 模型和 Lu-Jiang 模型计算了 n-C_8H_{18} 的无量纲表面张力（γ/γ_∞）与液滴半径（r_c/h）之间的关系，并将计算结果与 Singh 等（2009）的模拟结果做比较。Singh 等采用巨正则蒙特卡罗（Grand Canonical Monte Carlo，GCMC）模拟方法研究了石墨孔隙内烷烃的表面张力，发现与体相数值相比减小了很多。尽管 Singh 仅仅提供了 n-C_8H_{18} 在 2nm 和 3nm 孔隙内的表面张力，Lu-Jiang 模型的预测结果与该模拟结果非常吻合（图 2-8a）。此外，随着液滴尺寸的增大，由 Lu-Jiang 模型计算得到的 δ/h 逐渐减小并收敛于 1，该趋势与 Tolman 的预测结论相一致，验证了该模型的有效性。

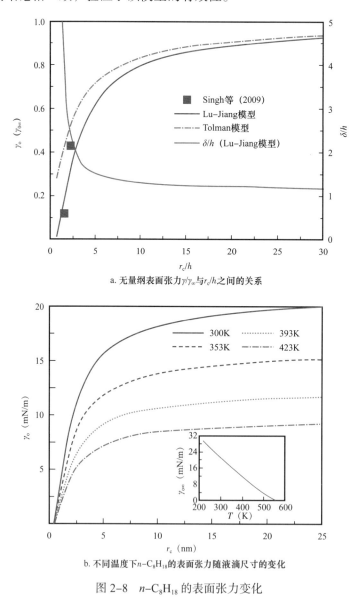

a. 无量纲表面张力 γ/γ_∞ 与 r_c/h 之间的关系

b. 不同温度下 n-C_8H_{18} 的表面张力随液滴尺寸的变化

图 2-8　n-C_8H_{18} 的表面张力变化

为了确定 $n\text{-}C_8H_{18}$ 的表面张力 γ_o 与液滴半径 r_c 之间的关系，首先需要知道宏观尺度下对应于无穷大液滴的表面张力 $\gamma_{o,\infty}$。通过微分毛细管上升方法，Grigoryev 等（1992）测量了从三相点到临界点的体相 $n\text{-}C_5H_{12}$、$n\text{-}C_6H_{14}$、$n\text{-}C_7H_{16}$ 和 $n\text{-}C_8H_{18}$ 表面张力，并提出了如下的数学模型：

$$\gamma_{o\infty} = \gamma_o \tau^{1.26} \left(1 + \gamma_1 \tau^{0.5}\right) \tag{2-22}$$

式中，$\tau = 1 - T/T_c$；T_c 为临界温度。

对于 $n\text{-}C_8H_{18}$，T_c、γ_o 和 γ_1 分别为 568.82K，54.77mN/m 和 −0.0114。该模型的平均绝对误差为 ±0.3mN/m。图 2-8b 表明体相 $n\text{-}C_8H_{18}$ 的表面张力随温度的升高而逐渐减小。因此，对于相同尺寸的 $n\text{-}C_8H_{18}$ 液滴，当温度由 300K 升至油藏温度时，表面张力急剧减小（图 2-8b）。如果 T 保持恒定，在液滴尺寸 $r_c < 10$nm 时，表面张力迅速增大并逐渐趋近于体相流体的数值。

（三）毛细管压力的变化

在油层物理中，J 函数（Tiab 和 Donaldson，2011）将孔隙度（ϕ）、渗透率（K）和接触角（θ）的影响整合到一个无量纲参数中，并用于描述储层岩石的非均质性。对于特定的储层，不同油气水体系的毛细管压力可以归一化为一条 J 函数与液相饱和度的关系曲线。因此，可以通过 J 函数根据高压压汞的测试结果预测油气和水气之间的毛细管压力（Tiab 和 Donaldson，2011）：

$$\frac{p_{c,w}}{\gamma_w \cos\theta_w} = \frac{p_{c,o}}{\gamma_o \cos\theta_o} = \left(\frac{p_{c,Hg}}{\gamma_{Hg} \cos\theta_{Hg}}\right)\left(\frac{K}{\phi}\right)^{0.5} \tag{2-23}$$

式中，下标 w 和 o 分别代表水和油；油在有机质表面的接触角为 0°。

对于常规油藏，表面张力和接触角常被视为常数。然而，页岩纳米级孔隙内汞、水和油的表面张力和接触角均与孔隙尺寸和温度有关。因此，在该研究结果的基础上，页岩孔隙中其他体系的毛细管压力曲线可以利用式（2-23）由 MICP 结果确定。

第二节　页岩油的相平衡计算方法

厘清页岩油的相态行为对明确烷烃的赋存状态和流动规律具有极其重要的作用。页岩基质内大量存在的纳米级孔隙使其具有较大的毛细管压力，从而进一步对油气的相行为产生影响。如果在进行页岩油数值模拟和采收率计算时忽略毛细管压力的影响，那么将造成计算结果不准确。

Sigmund 等（1973）研究了多孔介质对烃类二元混合物相行为的影响。他们发现 30~40 目玻璃珠填料中的泡点/露点压力与不存在多孔介质情况下的相同。Brusllovsky（1992）利用热力学模型研究了毛细管压力对多组分体系相平衡的影响，计算了不同尺

寸孔隙内的泡点 / 露点压力。研究结果表明，孔隙尺寸减小时，泡点压力减小，露点压力升高。他们推断，在非均匀多孔介质中，泡点首先在较大的孔隙中达到，而露点首先在较小的孔隙中出现。此外，当油藏压力较高时，多孔介质对相态的影响较小。Guo 等（1996）建立了考虑多孔介质内毛细管压力和吸附影响的露点计算模型，结果表明毛细管压力和吸附增大了露点压力，而且露点压力随孔隙度和渗透率的降低而增加。Qi 等（2007）提出了深层凝析油藏中相平衡的计算方法，发现界面现象和储层变形增大了露点压力，与毛细管压力为零的情形相比，凝结现象出现得更早。Firincioglu 等（2012）利用 Peng-Robinson 状态方程开展了考虑界面效应和毛细管压力的闪蒸计算，发现孔径大于 1nm 时，界面张力小于毛细管压力。Luo 等（2018）使用差示扫描量热仪测量了玻璃中辛烷和癸烷混合物的泡点压力，发现 37.9nm 孔隙中泡点压力的变化可以忽略，但 4.1nm 孔隙中出现了两个不同的气化事件，与体相流体泡点压力的差别可以达到 ±20K，从而证实了孔径尺寸对泡点压力的影响。

Nojabaei 等（2013）将毛细管压力计算模型与相平衡方程耦合起来，通过对非线性逸度方程组的求解，计算了甲烷 / 重烃二元混合物和 Bakken 页岩油的相态，系统考察了纳米级孔隙对页岩油饱和压力和流体密度的影响。本节主要以 Nojabaei 等（2013）所建立的模型为基础介绍页岩油的相平衡计算方法和相变特征。

一、页岩油相平衡计算的数学模型

这里仅考虑毛细管压力对气液相平衡的影响。忽略吸附作用并假设壁面与流体之间的相互作用力和流体性质的变化很小。该假设适用于孔径大于 10nm 孔隙中的甲烷和水。对于较大的油分子，如正癸烷（分子长度约 1nm），该方法适于更大孔径中的相态预测。对于小孔隙，采用分子模拟或蒙特卡罗方法的效果更好（Evans 等，1986；Restagno 等，2000；Giovambattista 等，2006；Pitakbunkate 等，2017）。

达到相平衡时，气液界面两侧每种组分的逸度均相同，但考虑毛细管压力后相界面两侧的压力是不同的。为简化计算，采用传统的 Young-Laplace 方程计算毛细管压力，因此，该方法仅计算了平均孔径下毛细管压力对相态的影响。气液相平衡时需要满足以下方程（Firoozabadi，1999）：

$$p^V - p^L = p_c = \frac{2\sigma}{r} \qquad (2-24)$$

$$f_i^V = f_i^L \quad i = 1, \cdots, N_c \qquad (2-25)$$

式中，p^V 和 p^L 分别为气相压力和液相压力；r 为孔隙半径；σ 为界面张力；N_c 为组分数目；f_i^V 和 f_i^L 分别为第 i 个组分在气相和液相中的逸度。

因此，在露点处：

$$f_i^L\left(T, p^L, x_1, \cdots, x_{Nc}\right) = f_i^V\left(T, p^V, z_1, \cdots, z_{Nc}\right) \qquad (2-26)$$

$$p^{\mathrm{V}} - p^{\mathrm{L}} = \frac{2\sigma}{r} \tag{2-27}$$

$$\sum_{i=1}^{N_{\mathrm{c}}} x_i = 1 \tag{2-28}$$

式中，T 为温度；x_i 和 z_i 分别为第 i 个组分在液相和总体系中的摩尔分数。

泡点处：

$$f_i^{\mathrm{L}}\left(T, p^{\mathrm{L}}, z_1, \cdots, z_{N_c}\right) = f_i^{\mathrm{V}}\left(T, p^{\mathrm{V}}, y_1, \cdots, y_{N_c}\right) \tag{2-29}$$

$$p^{\mathrm{V}} - p^{\mathrm{L}} = \frac{2\sigma}{r} \tag{2-30}$$

$$\sum_{i=1}^{N_{\mathrm{c}}} y_i = 1 \tag{2-31}$$

式中，y_i 为第 i 个组分在气相中的摩尔分数。

界面张力随组分的变化采用 Macleod 和 Sugden 所提出的关系进行描述（Pedersen 和 Christensen，2007）：

$$\sigma = \left[\sum_i^{N_c} \chi_i \left(x_i \overline{\rho}^{\mathrm{L}} - y_i \overline{\rho}^{\mathrm{V}}\right)\right]^4 \tag{2-32}$$

式中，χ_i 为第 i 个组分的等张比容。

由于临界点处各相的组分和密度相互接近，因此界面张力为 0。采用标准的负压闪蒸计算来求解泡点或露点的方程组，首先采用逐次代换法更新平衡常数，然后用牛顿迭代进行收敛计算。将孔径范围从无穷大（毛细管压力为 0）减少到几纳米，以此来分析毛细管压力对饱和压力的影响。对于尺寸小于 10nm 的孔隙，需要采用上节提出的校正模型［式（2-17）］计算毛细管压力。

二、页岩油的相变特征

首先计算 C_1/C_n 二元混合物的相图，其中 n 代表碳原子数目。C_1、C_3、C_4、C_6 和 C_{10} 的等张比容分别为 77.33、151.90、191.70、271.0 和 392.25。图 2-9 对比了 10nm 孔隙内 C_1 含量为 70% 时 C_1/C_3、C_1/C_4、C_1/C_6 和 C_1/C_{10} 体系考虑毛细管压力和不考虑毛细管压力的相图。如图 2-9 所示，在任意温度下，毛细管压力的存在都使得泡点压力减小，临界点处毛细管压力引起的差异消失。毛细管压力的影响还与温度相关，当温度较低时影响更大。当压力较低时，两种组分越不易混溶，则泡点压力的变化越大，例如从 C_3 到 C_6，毛细管压力对体系泡点压力的影响逐渐变大。但对于 C_1/C_{10} 混合物，毛细管压力对泡点压力的影响减小，其原因在于，该体系的泡点压力很高，减小了气液两相之间的密度差异。因此，较高的压力使得泡点线上的界面张力减小［式（2-32）］。

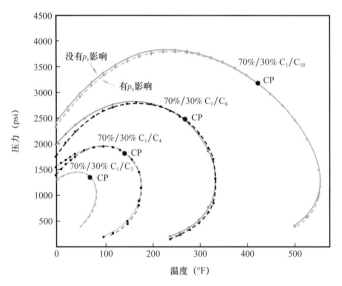

图 2-9　10nm 孔内考虑毛细管压力和不考虑毛细管压力的相图对比

图 2-10 展示了 C_1/C_6 体系考虑和不考虑毛细管压力时泡点压力和露点压力的差异。由图 2-10 可知，毛细管压力对露点压力的影响小于对泡点压力的影响。在高于临界凝析温度的区域内，毛细管压力使得露点压力升高，但在低于临界凝析温度的区域内，毛细管压力则使得露点压力降低。由于临界点处界面张力为零，因此临界点不变。相图上存在两个饱和压力不变的点，一个是临界点，另一个是临界凝析温度点。如果等张比容增大 10%，则 C_1/C_6 体系在温度为 80°F[❶] 时的泡点压力减少量将从 74psi[❷] 增加到 123psi，由此可以看出，合适的等张比容对闪蒸计算非常重要。图 2-11 为 20nm 孔隙内 C_1/C_6 体系不同摩尔组成所对应的相图。可以发现，在相同的温度下，混合物中的重组分含量越高，则毛细管压力对相图的影响越大，这是由于该条件下混合物距离临界点更远，泡点压力更低，气液两相密度差异和界面张力更大。随着流体逐渐变重，临界温度和临界凝析温度逐渐接近，使得毛细管压力所造成的露点压力增大区域逐渐减小。

流体密度也要受到毛细管压力的影响。一般来说，当温压条件从露点线向两相区移动时，对气相密度的影响增大，但当温压条件从泡点线向两相区移动时，对液相密度的影响增大。图 2-12 是 C_1/C_6 混合物的相图，图 2-13 中给出了图 2-12 中各点气液两相密度随孔径的变化。当毛细管压力增大时，气相和液相中的 C_1 含量增加，因此气液两相的密度均减小，但这种影响的程度取决于特定的温压条件。靠近临界点处，由于毛细管

---

❶ °F= $\dfrac{9}{5}$ ℃ +32。

❷ 1psi=6895Pa。

压力逐渐变为零，流体密度的变化量减小。对于所选的数据点，气相密度最大减少 7%，液相密度最大减少 5%。

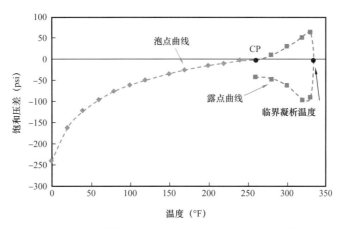

图 2-10　10nm 孔隙内 C_1/C_6 体系（70/30）饱和压力的差异

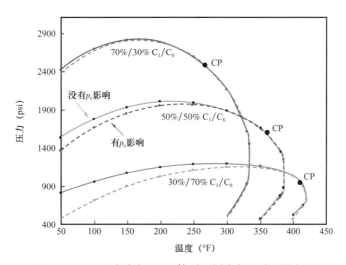

图 2-11　20nm 孔隙内 C_1/C_6 体系不同摩尔组成下的相图

图 2-14 给出了采用式（2-32）计算得到的 C_1/C_{10} 体系界面张力随孔径的变化曲线。由于流体的密度发生变化，因此界面张力随孔径减小而增大，且距离临界点越远，界面张力越大。由于毛细管压力对泡点压力的影响大于对露点压力的影响，因此泡点线上的界面张力大于露点线上的。为了使界面张力的计算更加准确，应当在不同组成、不同温度和不同压力下测量界面张力。进一步根据界面张力，计算了不同温度下 C_1/C_{10} 体系毛细管压力随孔径的变化（图 2-15）。由于界面张力取决于孔径尺寸，而且与流体密度相关，因此毛细管压力并不随孔径的倒数（$1/r$）线性变化。临界点处毛细管压力为零。

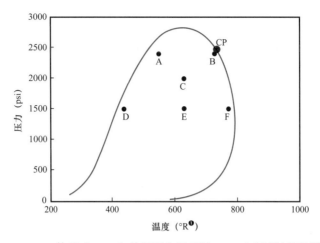

图 2-12　C_1/C_6 体系（70/30）的相图和用于图 2-13 中密度计算的数据点

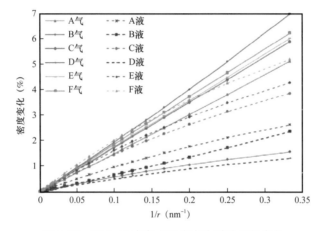

图 2-13　图 2-12 中各点对应密度随孔径的变化

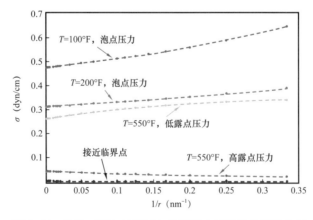

图 2-14　C_1/C_{10} 体系（70/30）界面张力随孔径的变化曲线

---

❶ $°R=°F+459.67$。

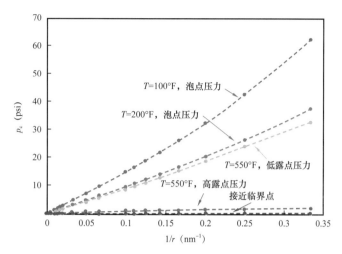

图 2-15 C_1/C_{10} 体系（70/30）毛细管压力随孔径的变化

三、相变对页岩油开发动态的影响

本节将以美国 Bakken 页岩油藏为例，分析毛细管压力对真实页岩油相态及其开发动态的影响。Bakken 油藏是位于威利斯顿盆地的非常规油藏。该盆地坐落于美国 / 加拿大边境处，占地数十万平方英里，覆盖美国的北达科他州、南达科他州和蒙大拿州，加拿大的马尼托巴省和萨斯喀彻温省的部分地区。该油藏的主要产层是 Middle Bakken，其上下有两套烃源岩。孔隙度约 6%，渗透性非常差。由于初始含水饱和度较高，因此油相的有效渗透率为 30～100nD。采用 Kozeny–Carman 方程可以计算得到相应的孔喉半径为 10～40nm。Bakken 油藏的主要参数见表 2-2。表 2-3 为 Peng–Robinson 状态方程计算所需要的输入数据，表 2-4 为 Bakken 原油闪蒸计算所用的二元交互系数。

表 2-2　Bakken 油藏参数（Nojabaei 等，2013）

参数	取值
油藏深度（m）	2895.6
油藏压力（MPa）	47.16
油藏温度（K）	388.7
孔隙度（%）	6
含油饱和度（%）	59
岩石密度（g/cm³）	2.72

图 2-16 表明，考虑毛细管压力的影响后，Bakken 原油的泡点压力降低，且孔径越小，降低的幅度越大，而且毛细管压力对真实原油的影响要比二元混合物更显著，特别是当温度较低时。不同温度下泡点压力随孔隙曲率的变化曲线（图 2-17）表明，孔径

表 2-3　Bakken 原油的组成数据（Nojabaei 等，2013）

组分	摩尔分数	临界压力（MPa）	临界温度（℃）	偏心因子	摩尔质量（g/mol）	临界体积（m³/kmol）	等张比容
C_1	0.367	4.516	-86.852	0.010	16.535	0.098	74.8
C_2	0.149	4.978	32.388	0.103	30.433	0.145	107.7
C_3	0.093	4.246	96.833	0.152	44.097	0.202	151.9
C_4	0.058	3.768	148.632	0.189	58.124	0.255	189.6
C_5—C_6	0.064	3.180	213.227	0.268	78.295	0.335	250.2
C_7—C_{12}	0.159	2.505	311.989	0.429	120.562	0.547	350.2
C_{13}—C_{21}	0.073	1.721	466.903	0.720	220.716	0.943	590
C_{22}—C_{80}	0.037	1.311	751.567	1.016	443.518	2.235	1216.8

表 2-4　二元交互系数（Nojabaei 等，2013）

组分	C_1	C_2	C_3	C_4	C_5—C_6	C_7—C_{12}	C_{13}—C_{21}	C_{22}—C_{80}
C_1	0	0.005	0.0035	0.0035	0.0037	0.0033	0.0033	0.0033
C_2	0.005	0	0.0031	0.0031	0.0031	0.0026	0.0026	0.0026
C_3	0.0035	0.0031	0	0	0	0	0	0
C_4	0.0035	0.0031	0	0	0	0	0	0
C_5—C_6	0.0037	0.0031	0	0	0	0	0	0
C_7—C_{12}	0.0033	0.0026	0	0	0	0	0	0
C_{13}—C_{21}	0.0033	0.0026	0	0	0	0	0	0
C_{22}—C_{80}	0.0033	0.0026	0	0	0	0	0	0

越小，则毛细管压力越大，因此泡点压力越低。当温度升高时，泡点压力的变化趋势趋于平缓，此时毛细管压力对饱和曲线的影响较小。当温度接近临界温度时，斜率为零。Bakken 油藏的温度为 240°F，因此，对于尺寸为 10nm 的孔隙，泡点压力仅下降了 100psi。这个减小的幅度可能太低了，因为使用 Macleod 和 Sugden 方法估算的界面张力误差通常随着烃类流体压力的降低而增加。Ayirala 和 Rao（2006）研究表明，中等压力下测得的界面张力是 Macleod-Sugden 方法计算值的 2～3 倍。此外，油气体系的毛细管压力还是液体饱和度的函数（Du 和 Chu，2012），并受岩石润湿性影响，因此毛细管压力的计算往往存在较大的不确定性。根据 Ayirala 和 Rao 的研究结论，如果将界面张力

增加 3 倍，则孔隙半径为 20nm 时，储层温度下的泡点压力降低了约 150psi；而孔隙半径为 10nm 时，泡点压力降低了 450psi（图 2–17）。因此，准确测量页岩油中的界面张力和毛细管压力非常重要。如果进一步考虑流体在壁面吸附作用，泡点压力会更低。但如何在相平衡计算中考虑吸附的影响，目前仍存在争议。

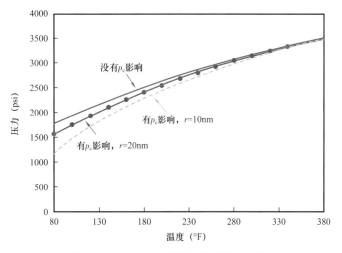

图 2–16　Bakken 油藏的泡点压力曲线

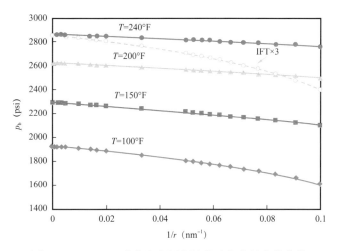

图 2–17　Bakken 油藏泡点压力随孔隙曲率的变化曲线
IFT×3 表示将界面张力增大为原来 3 倍时的计算结果

图 2–18 给出了油藏温度下原油密度随孔隙曲率的变化曲线。当孔隙尺寸减小时，原油密度显著降低。因此，如果忽略毛细管压力的影响，则原油密度将被高估。类似于泡点压力的计算，如果增大界面张力，则原油密度将显著降低。1500psi 时，10nm 孔隙内的原油密度降低了 1.0%～3.4%，20nm 孔隙内原油密度降低了 0.5%～1.6%。储层温度下原油黏度随孔隙曲率的变化（图 2–19）表明，孔隙尺寸的减小使得原油黏度降低，且压力越低，该趋势越明显。

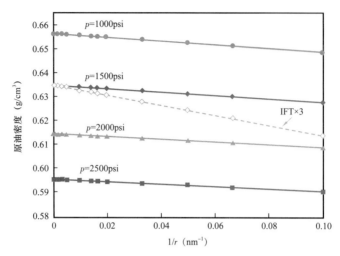

图 2-18 温度为 240°F 时 Bakken 油藏的原油密度

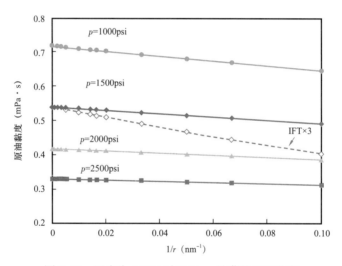

图 2-19 温度为 240°F 时 Bakken 油藏的原油黏度

需要注意的是，页岩储层往往具有较强的应力敏感性。因此在弹性开采过程中，随着孔隙压力的降低，岩石的有效应力逐渐增大，孔隙尺寸显著减小，渗透性变差，这会进一步影响页岩油的相态。图 2-20 是由 Bakken 油藏数十口井历史拟合结果和实验数据得到的，从图中可以得到给定有效应力下孔隙半径减少程度的上下限。图 2-21 为 4 种不同的初始孔径下，泡点压力随有效应力的变化情况。可以发现，如果考虑页岩油开采过程中压实作用所造成的孔隙尺寸减小，则储层在整个寿命周期内泡点压力减小的幅度更大，而且初始孔径越小，该现象越明显。当孔隙半径为 10nm 时，随着储层的枯竭，泡点压力的降低幅度超过 900psi。

上述结论已被用于 Bakken 油藏的数值模拟和 PVT 拟合中，以此来评价其对油井产能和最终采收率的影响。由于纳米孔对流体和岩石性质的影响，Bakken 油藏的许多油井出现了异常现象，但其背后的物理机制尚未完全清楚。其中一个反常之处是，不管是否存在短期波动，许多油井的生产气油比（GOR）都在较长时间内保持稳定（图2-22）。图2-22a为Bakken油藏一口典型的多级压裂水平井F的生产气油比R_p曲线。累产数据和压力测量结果表明，该井的井底流压和近井压力均低于泡点压力，但在4年生产过程中，R_p值仍接近初始的生产气油比（R_{si}）。该现象与实验测出的体相流体的PVT性质相矛盾。在储层压力低于泡点压力的情况下，存在两种可能导致GOR变平的情形：岩石中临界气体饱和度的提高和纳米孔所造成的泡点压力降低。然而，这两种情况下生产气油比的变化特征是不同的。

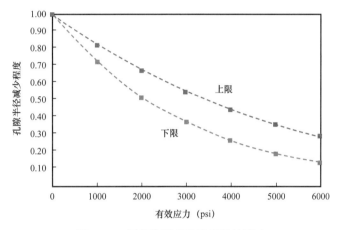

图 2-20　压实作用对孔隙半径的影响

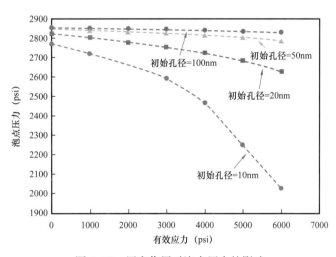

图 2-21　压实作用对泡点压力的影响

模拟结果表明，仅靠增加临界气体饱和度无法解释Bakken油藏的产气特征。一般来说，较高的临界气体饱和度会在一段时间内降低GOR，但在达到临界气体饱和度后，GOR会呈数量级式的急剧增大。如果油藏内流体的泡点压力降低，则只要储层压力高于实际泡点压力，储层中就不会产生气体。如图 2-22 所示，较高的临界气饱和度和较低的泡点压力使得 GOR 在长时期内保持平稳，波动很小。Bakken 油藏不同位置处油井的 GOR 不同，但整体变化范围从 507ft³[1]/bbl 到 1712ft³/bbl，而泡点压力则从 1617psi 到 3403psi 不等。在相当长的时间内，实际的井底流压远低于体相泡点压力，但观察不到任何 GOR 的增加。唯一能够解释该现象的方法就是在数值模拟时采用较低的泡点压力。

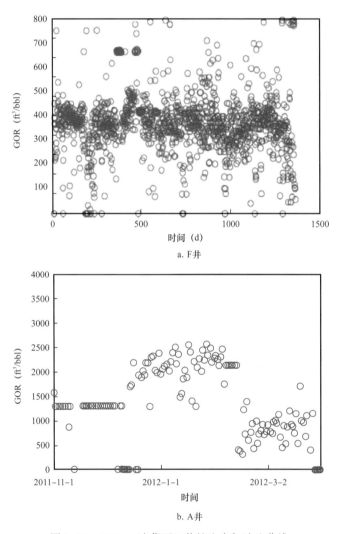

a. F井

b. A井

图 2-22   Bakken 油藏两口井的生产气油比曲线

由于孔隙的可压缩性、含水饱和度变化以及小孔隙造成的高临界气体饱和度，实际情况可能会更加复杂。随着开采的进行，有效应力的增加进一步导致孔隙尺寸减小，因

---

[1] 1ft³=28.32dm³。

此泡点压力和液相密度将继续下降，但每次下降的数值不是常数，而是压力衰减的函数。对于亲水油藏，水将占据储层中的小孔隙，这可能会使油气毛细管压力增大，从而进一步抑制泡点压力。极高的临界气体饱和度可以推迟连续气相的形成。Byrnes（2003）认为，纳达西级别的岩石中临界气体饱和度可以达到30%。

在前面讨论的基础上，可以分析页岩油复杂的相行为和饱和度分布。开采过程中，受孔隙尺寸和开发方式的影响，储层的部分区域可能为两相区，但其他区域只存在液相。即使在两相区，聚集的自由气在达到临界气体饱和度之前不会形成连续相，因此也不会流动。当气相饱和度在短时间内下降到临界水平以下后，气体可能会再次停止流动。泡点压力的降低和高临界气体饱和度的结合，能够解释 Bakken 油藏中部分井 GOR 的异常现象。正确认识微小孔隙的非均质性及其对流体 PVT 性质和相行为的影响，能够有效提高历史拟合的精度，从而使生产动态预测和储量评估更加可靠。

图 2-23 和图 2-24 分别为 Bakken 油藏 R 井日产气量和井底流压 p_{wf} 的历史拟合结果。如果使用原始 PVT，则生产 4 个月后游离气体就开始产出，而且由于日产气量和原油黏度的增加，井底压力远低于历史实测值。对 PVT 性质进行调整，采用受限空间内的泡点压力进行模拟，则井底流压和日产气量均与历史数据吻合较好。PVT 的调整对生产动态和最终可采储量有重要影响。如图 2-25 所示，将纯液相和使用受限空间内泡点压力的模型做比较，可以发现虽然二者早期的生产曲线不同，但最终的累计产油量接近。采用原始 PVT 性质预测的生产动态则与前两种情况存在显著差异。累计产油量的相对误差高达 30%。因此，受限空间对页岩油泡点压力的影响能够改善页岩油开发效果，显著提升页岩油井的经济性。

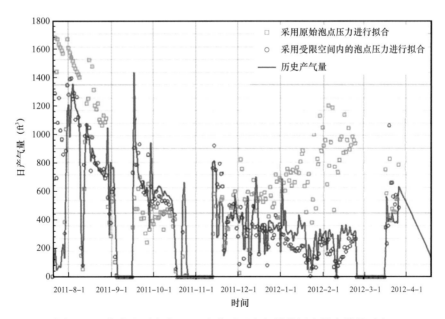

图 2-23　考虑和不考虑 PVT 变化时日产气量的历史拟合结果对比

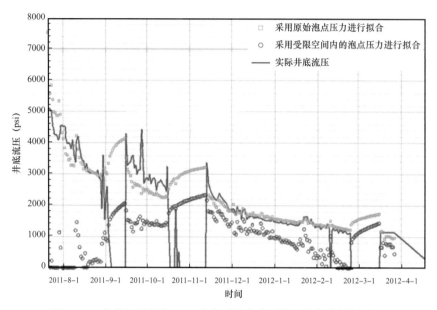

图 2-24 考虑和不考虑 PVT 变化时井底流压的历史拟合结果对比

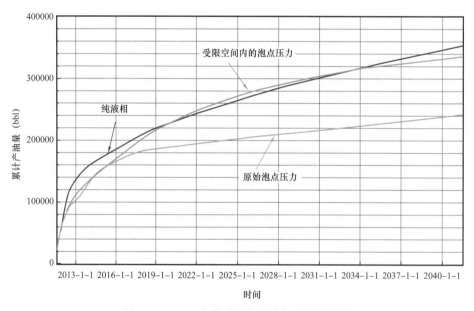

图 2-25 PVT 变化对最终累计产油量的影响

第三节 页岩油储层内烷烃的赋存状态和资源量估算

准确估算页岩油的资源量对于其潜力评价和开发动态预测具有重要意义。开发初期，由于缺少准确的储层物性数据和开发动态数据，体积法常被用来计算勘探有利区的储量（邹才能等，2013a；EIA，2013；张金川等，2012）。然而，目前所使用的体积法没有考虑页岩中烷烃赋存状态的差异。鉴于页岩中广泛分布的纳米级有机质孔隙以及有机质与烷烃之间强烈的相互作用（Clarkson 等，2013；邹才能等，2013b；Josh 等，2012；Tang 等，2014），在进行资源量估算时有必要将吸附态和游离态原油分离开来。对于页岩气，Ambrose 等（2012）曾讨论过类似的问题，他认为吸附态流体很难从储层中采出，因此需要将吸附气体积从资源量中扣除；与常规方法相比，这将使页岩气的储量减少10%～25%。然而，油在页岩中的赋存状态及其对页岩油资源量的影响尚未见报道。

近年来，有机质表面烷烃的吸附在摩擦学、气体分离和原油炼制等领域引起了研究者的广泛关注。McGonigal 等（1990）采用扫描隧道显微镜对烷烃在石墨表面形成的吸附层进行了直接成像。Castro 等（1998）发现长链烷烃在石墨表面具有更强的吸附能力。Do 和 Do（2005）考察了采用 GCMC 模拟方法研究正构烷烃在石墨表面吸附的可行性，他们认为如果烷烃的碳原子数小于6，则该分子可被视为刚性分子。随后，Severson 和 Snurr（2007）研究了烷烃（乙烷、戊烷、癸烷和十五烷）在活性炭表面的吸附等温线，并分析了孔隙尺寸、碳链长度和温度对吸附的影响。此外，Harrison 等（2014）探讨了单组分的正构烷烃和支链烷烃在不同宽度有机质狭缝内的吸附（393K），他们发现由于充填效应，较小孔隙内异辛烷的竞争吸附作用更明显。

虽然液态烷烃在有机质表面的吸附已经有了一些研究，但页岩油的赋存状态以及吸附相对页岩油资源量的影响尚不清楚，其主要原因为：（1）目前的大多数研究主要集中于吸附等温线的测量和计算，而受限空间内烷烃的物理性质（如密度分布和吸附层的厚度等）尚未见报道；（2）现有研究中的温度和压力无法代表真实的页岩储层。

本节采用分子动力学模拟方法研究了油藏条件下页岩有机质孔隙内液态烷烃的赋存状态。主要目的是从分子尺度上探索原油在页岩有机质表面的吸附特征，从而精确描述有机质孔隙内烷烃的赋存方式，并将吸附态与游离态原油分离开来建立更为准确的页岩油资源量计算模型，为页岩油的可动性评价提供新的思路和方法。

一、赋存状态研究的分子动力学模拟方法

页岩中有机质的化学组成非常复杂。为简便起见，目前国际上一般采用石墨烯对有机质的结构进行近似代替（Ambrose 等，2012；Mosher 等，2013）。为保证固体壁面的厚度大于力场的截断半径，这里采用六层石墨烯作为有机质纳米缝的固体壁面。每层石墨烯的表面尺寸为 2.95nm×2.56nm，且相邻两层之间相互平行（间距为 0.335nm）。图 2-26 为烷烃在有机质狭缝内赋存状态模拟的分子结构模型和构型优化后的吸附质分子，其中灰色代表构成石墨的碳原子，白色和红色分别为烷烃中的氢原子和碳原子。由于模型在 3 个方向上均为周期性边界，因此为了避免邻近模型的影响，在固体壁面的外侧加一个至少 2nm 厚的真空层。在模拟过程中，构成有机质表面的碳原子固定不动，而烷烃分子被视为完全灵活的。采用下式计算孔隙的有效直径：$H_{\text{eff}}=H_{\text{cc}}-H_{\text{e}}$，其中 H_{cc} 为石墨烯表面上最内侧的碳原子中心的距离；H_{e} 为 0.27nm（Lucena 等，2013）。图 2-27 为

高压压汞实验得到的 Middle Bakken 的页岩典型孔径分布曲线（Nojabaei 等，2013），其中归一化的孔隙体积为每个孔径所对应的孔隙体积与其最大值之比。该样品孔喉直径的峰值为 37.6nm。本节研究了有效孔径为 2～37.6nm 的有机质孔隙内烷烃的赋存状态。

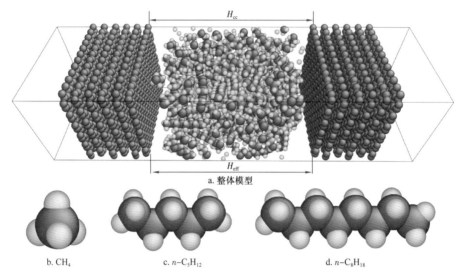

a. 整体模型

b. CH$_4$ c. $n-C_5H_{12}$ d. $n-C_8H_{18}$

图 2-26　烷烃在有机质狭缝内吸附的分子结构模型

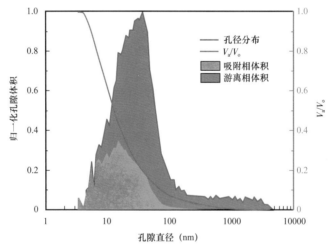

图 2-27　高压压汞实验得到的 Bakken 页岩的典型孔径分布曲线

原油的化学组成非常复杂，包括大量的正构烷烃、支链烷烃、环烷烃、芳香烃和沥青质等，但由于页岩油的油质非常轻（0.7～20mPa·s），本书主要考虑正构烷烃及其混合物。在构建流体的分子结构模型时，将一定数量的烷烃分子放入模拟盒内，并对体系的能量进行监测，避免发生原子相互重叠或距离太近的情形。然后，设置模拟盒在 3 个方向上均为周期性边界，对整个体系进行能量最小化。最后，将流体的分子结构模型嵌入纳米缝的结构模型中，即完成了有机质孔隙内烷烃赋存状态模拟所需的分子结构模型

（图 2–26 ）。

石墨烯和烷烃均采用 OPLS（Optimized Potentials for Liquid Simulation）（Jorgensen 等，1996）力场进行描述。范德华力的截断半径为 1.20nm，并采用标准的开关函数进行平滑校正。不同原子之间的非键结势能采用 Lorentz–Berthelot 混合准则计算。同时为提高模拟效率，采用 Particle–Particle Particle–Mesh（PPPM）算法计算长程静电力。

采用美国 Sandia 国家实验室的大规模原子 / 分子并行模拟器 LAMMPS 进行分子动力学模拟（Plimpton，1995）。首先，利用共轭梯度算法对体系能量进行最小化，通过不断调节原子的位置获得稳定的初始构型；然后，设置模拟的时间步长为 1fs，采用 Nosé–Hoover 算法控制体系的温度为油藏温度，在 NVT 系综下模拟 1000ps 使体系达到平衡。当体系的总能量、温度和压力等不随时间变化时认为体系已达到平衡状态；最后，在 NVE 系综下模拟 2000ps，并以 1ps 为时间间隔收集数据用于统计分析。

由于分子动力学模拟直接得到的是各个原子的运动轨迹，因此必须进一步利用统计热力学方法将模拟结果转换为宏观物理量。为了计算有机质孔隙内烷烃的密度分布，首先在 z 方向上将纳米缝划分为 N_b 个单元，即每个单元的体积为 $L_x \times L_y \times (H_{eff}/N_b)$，并假设各单元的宏观性质位于其中心。定义如下函数（Wang 等，2015）：

$$\begin{cases} H_n(z_{i,j}) = 1 & (n-1)\Delta z < z_i < n\Delta z \\ H_n(z_{i,j}) = 0 & 其他 \end{cases} \tag{2-33}$$

则对于第 n 个单元，从时间步 J_N 到 J_M 的烷烃原子数密度和质量密度的平均值为：

$$\rho_{Number} = \frac{1}{A\Delta z (J_M - J_N + 1)} \sum_{J=J_N}^{J_M} \sum_{i=1}^{N} H_n(z_{i,J}) \tag{2-34}$$

$$\rho_{Mass} = \frac{10^{21}}{N_A} \frac{1}{A\Delta z (J_M - J_N + 1)} \sum_{J=J_N}^{J_M} \sum_{i=1}^{N} H_n(z_{i,J}) W_i \tag{2-35}$$

二、流体的微观赋存特征

图 2–28 为 353K、30.7MPa 下正辛烷（n–C_8H_{18}）在 4.43nm 的有机质狭缝内达到吸附平衡后的连续密度分布。虽然密度分布曲线关于固体壁面的中心线（$z=0$）对称，但孔隙内烷烃的密度分布并不均匀。由于有机质表面与烷烃分子之间具有较强的吸引力，因此固体表面附近烷烃的密度较高且出现了较大的波动。随着与壁面之间距离的增大，密度波动的幅度越来越小。在孔道中央处，流体密度几乎不变。对 $z=-0.30$nm 到 $z=0.30$nm 之间的密度进行算术平均，可以得到孔道中央流体的平均密度为 0.695g/cm³。该值与美国国家标准技术研究院（National Institute of Standards and Technology，NIST）（2011）公布的实验结果（0.686g/cm³）基本一致，验证了模拟结果的可靠性。靠近有机质表面的第一吸附层峰值密度为 1.807g/cm³，比相同条件下体相流体的密度大 1.6 倍。因此，可以认为该吸附层以"类固体"形式存在。逐渐远离固体壁面，流固之间的相互作用力

逐渐减弱，对密度的影响也越来越小，因此第二吸附层的峰值密度较低（0.987g/cm³）。当超出模型的截断半径之后，壁面对烷烃分子不再施加作用力，因此孔道中央处的流体性质与体相流体接近，密度不再发生波动。

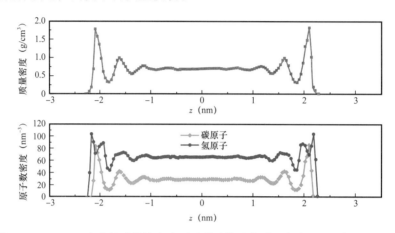

图 2-28　n-C$_8$H$_{18}$ 在有机质狭缝内达到吸附平衡后的质量密度及原子数密度分布

　　除固体壁面附近外，碳、氢原子数密度分布的基本特征（图 2-28）与 n-C$_8$H$_{18}$ 的质量密度分布基本一致。由于密度分布曲线的对称性，下文仅讨论孔隙左侧部分的结果。在第一吸附层附近，碳原子数密度分布曲线上仅有一个峰值（z=-2.09nm）。然而，氢原子数密度分布曲线上有两个波峰（z=2.17nm、-1.93nm）和一个波谷（z=-2.09nm），且该波谷的位置与碳原子波峰的位置一致，表明在有机质狭缝内烷烃具有特殊的分层结构。正辛烷在有机质孔隙内达到吸附平衡后的微观结构也进一步证实了该结论（图 2-29）。为了更好地显示效果，图中由 6 层石墨烯构成的固体壁面仅显示了 4 层。由图 2-29a 可知，在靠近固体壁面处，烷烃分子形成了一个非常明显的吸附层，而且该吸附层与其他的烷烃分子之间相互分离，该分离位置即对应于图 2-28a 中密度分布曲线的极小值。逐渐远离固体壁面，有机质对烷烃分子的吸引力逐渐减小，烷烃分子之间的相互作用力逐渐处于主导位置，因此吸附层的峰值密度较小，在微观结构图上不能观察到明显的分层结构。由于该表面均质光滑，n-C$_8$H$_{18}$ 分子更倾向于在有机质表面平行排列（图 2-29b、图 2-29d）。而在孔道中央位置处，烷烃分子呈现无序的随机分布（图 2-29c）。

三、吸附相体积和密度的计算

　　由于吸附相以类固体形式存在于有机质表面，因此为了更准确地估算页岩油的资源量，必须将吸附相的体积从总孔隙中去除。根据 Severson 和 Snurr（2007）的建议，这里将吸附相定义为局部密度不同于体相流体密度的区域。从图 2-28 中的质量密度分布曲线可以发现，n-C$_8$H$_{18}$ 在有机质狭缝内形成了 4 个吸附层，表明液态烷烃在富有机质页岩表面主要发生多层吸附。该结论与 Domingo-Garcia 等（1985）的实验结论一致。他们采用气相色谱法测量了 363K 下 n-C$_6$ 到 n-C$_9$ 在石墨和炭黑表面的吸附等温线，发现这些吸附等温线属于 IUPAC 分类法中的 II 型，可以用表征多层吸附的 Brunauer–Emmett–Teller（BET）方程进行较好的描述（图 2–30）。

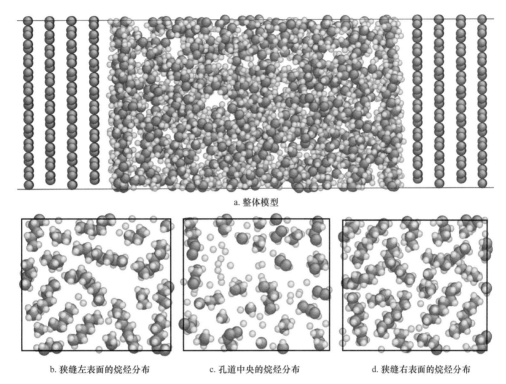

a. 整体模型

b. 狭缝左表面的烷烃分布　　　　c. 孔道中央的烷烃分布　　　　d. 狭缝右表面的烷烃分布

图 2–29　n–C_8H_{18} 在有机质狭缝内达到吸附平衡后的模拟图像

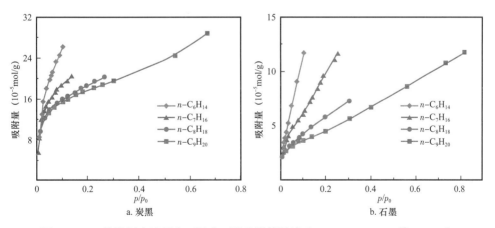

a. 炭黑　　　　　　　　　　　　　　　b. 石墨

图 2–30　正构烷烃在炭黑和石墨表面的吸附等温线（Domingo–Garcia 等，1985）

这里可以根据密度分布曲线上相邻两个波谷之间的水平距离确定每个吸附层的厚度。对于 n–C_8H_{18} 来说，各吸附层的厚度均为 0.48nm，该数值与正构烷烃分子的宽度一致。造成该现象的主要原因是靠近固体壁面处，烷烃分子平行排列于有机质表面。由图 2–28 可知，n–C_8H_{18} 的质量密度波动主要发生在距有机质表面 1.92nm 的范围内。因

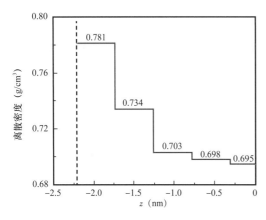

图 2-31　n-C_8H_{18} 在 4.43nm 的有机质孔隙内
的离散密度分布

此，在该有机质狭缝内，占总孔隙体积 87%（$0.48 \times 8/4.43=87\%$）的烷烃吸附于有机质表面。

进一步将孔隙内的连续密度分布进行平均，得到各吸附层的平均密度。图 2-31 为 n-C_8H_{18} 在 4.43nm 的有机质孔隙内的离散密度分布，图中黑色竖线代表固体壁面的位置。与小分子在受限空间内的吸附特征类似（Ambrose 等，2012；Severson 和 Snurr，2007），由于流固之间的相互作用力逐渐减弱，每个吸附层的平均密度从固体壁面到孔道中央逐渐减小。但 n-C_8H_{18} 第一吸附层的平均密度仅为其体相流体密度的 1.12 倍，该数值远小于甲烷在有机质孔隙内吸附模拟的结果（1.8～2.5）（Ambrose 等，2012），这主要是由于油藏条件下甲烷和正辛烷体相流体的密度差异造成的。甲烷和正辛烷的临界温度和临界压力分别为 190.6K、4.61MPa 和 568.7K、2.49MPa（Ambrose 等，1995）。因此，在储层条件下甲烷以超临界状态存在而正辛烷以液态形式存在，辛烷的密度远大于甲烷，所以吸附相与游离相流体密度之间的相对差异较小。

四、参数敏感性分析

（一）孔喉尺寸对烷烃赋存状态的影响

图 2-32a 为不同宽度有机质狭缝内 n-C_8H_{18} 的连续密度分布。在较小的孔隙内，如 H_{eff}=1.95nm 或 3.80nm 时，与烷烃分子间的相互作用力相比，有机质表面对烷烃分子的吸引力更强，因此狭缝内所有的烷烃分子均吸附于表面，孔隙内不存在游离态烷烃。对于较大的孔隙，液固之间的相互作用力逐渐减弱，因此在孔道中央出现游离态流体，其密度不随空间位置而变化，且数值与该条件下体相流体密度的实测值基本一致（NIST，2011）。除了在 1.95nm 孔隙内形成两个吸附层以外，其他孔隙内均形成了 4 个对称的吸附层，而且每个吸附层的峰值密度逐渐减小。因此，随着孔隙尺寸的增大，吸附层的数目逐渐增多并最终保持恒定。当有机质孔隙的宽度小于 3.88nm 时（对应于 4 个对称的吸附层），所有的正辛烷分子均以吸附态形式存在于孔隙内，没有体相流体存在。

对比不同尺寸孔隙内第一吸附层的峰值密度可以发现，11.58nm 的孔隙内该数值最大（0.820g/cm³），为体相流体密度（0.687g/cm³）的 1.2 倍。图 2-32b 同样表明，随着缝宽的增大，吸附层流体的平均密度也逐渐增大，但是其增大的趋势逐渐变缓并最终趋于恒定（Chen 等，2008）。由于实际页岩储层的孔喉直径可能大于本章所模拟的孔径范围，因此由该趋势可以预测出，第一吸附层的峰值密度最终大约将达到体相流体密度的 1.25 倍。

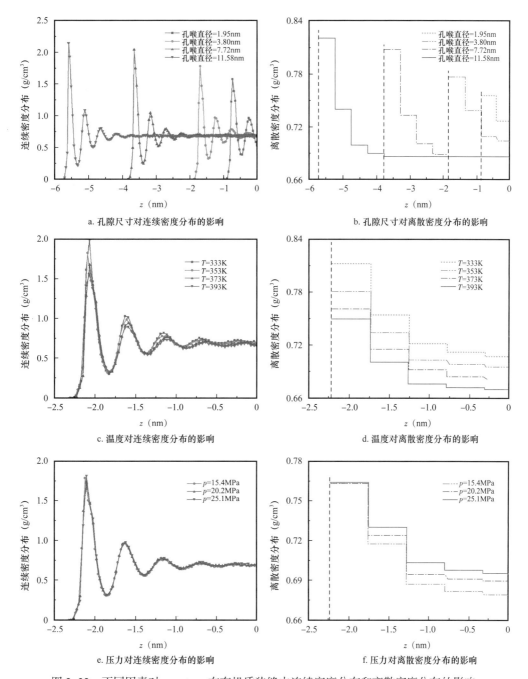

图 2-32　不同因素对 n-octane 在有机质狭缝内连续密度分布和离散密度分布的影响

（二）温度对烷烃赋存状态的影响

不同温度（333～393K）下 n-C$_8$H$_{18}$ 在 4.43nm 的有机质狭缝内达到吸附平衡（$p \approx 30.7$MPa）后的密度分布如图 2-32c 和图 2-32d 所示。与前面的结论类似，有机质表面均形成了 4 个吸附层。模拟所得到的体相流体密度与 NIST 所提供的实验值基本一致，其相对误差分别为 1.07%（333K）、1.35%（353K）、1.25%（373K）和 1.52%（393K）。第一吸附层与体相流体的密度之比为 1.12～1.15（平均值 1.126）。由于体系的动能与温度正相关，因此，随着温度的升高，烷烃分子更易于从有机质表面逃逸，其吸附将受到抑制，由此靠近固体壁面处吸附层的密度较小。

考虑到升高温度将减少原油在页岩表面的吸附，这里简要讨论了采用热力采油技术来提高页岩油可采储量的可行性。图 2-33a 为不同温度下各吸附层与体相流体的质量。因此，温度为 T 时，非可采原油（吸附态原油）的质量为：

$$m_{\mathrm{nr},T} = \sum_{i=1}^{K} \rho_{\mathrm{a}i} V_{\mathrm{a}i} = At \sum_{i=1}^{K} \rho_{\mathrm{a}i} \qquad （2-36）$$

式中，K 为吸附层的数目，对于 $n\text{-}C_8H_{18}$ 来说，$K=4$；$\rho_{\mathrm{a}i}$ 为第 i 个吸附层的质量密度，可以直接利用式（2-35）由分子动力学模拟结果计算得到。

在模拟时，为了保证升温的同时孔隙内的压力不变，每个孔隙内烷烃分子的数目是不同的，因此孔隙内总的流体质量需要重新计算。表 2-5 为各模型中烷烃分子数目和流体质量的详细信息，其中采收率由下式计算得到：

$$R_T = 1 - \frac{m_{\mathrm{nr},T}}{m_{\mathrm{t},T}} \qquad （2-37）$$

原油采收率与温度的关系（图 2-33b）表明，当温度由 333K 升高到 393K 时，页岩油的采收率增加了 2%，但增加的趋势逐渐变缓。考虑到页岩油的初始采收率很低（11.36%），这个增加幅度还是比较可观的。但在实际应用中，应进一步开展经济评价，以确定该技术是否实用。

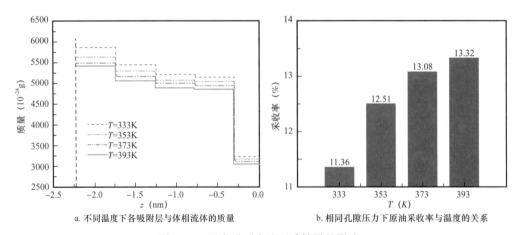

a. 不同温度下各吸附层与体相流体的质量　　b. 相同孔隙压力下原油采收率与温度的关系

图 2-33　温度对页岩油可采储量的影响

（三）压力对烷烃赋存状态的影响

压力对物理吸附的影响通常比较显著。然而，图 2-32e 表明在所研究的范围内，压力对流体密度分布的影响不明显。这主要是由于油藏压力远大于正辛烷的饱和蒸气压，因此发生了毛细管凝聚现象，随着压力的升高，烷烃的吸附量基本不变。因此，模拟得到的第一吸附层的峰值密度几乎不变（$0.764g/cm^3$）；然而，在孔道中央处，压力对体相流体密度的影响比较明显，而且数值与 NIST 的实验测定值基本一致（误差在 2% 以内）。

表 2-5　不同温度下的页岩油采收率

温度（K）	分子数目	总质量（$10^{-24}g$）	采收率（%）	采收率增加值（%）
333	129	24420.46	11.36	
353	127	24041.85	12.50	1.14
373	125	23663.23	13.08	1.72
393	123	23284.62	13.32	1.96

（四）烷烃组分对赋存状态的影响

接下来分别讨论单组分 $n\text{-}C_5H_{12}$ 和由 CH_4、$n\text{-}C_5H_{12}$、$n\text{-}C_8H_{18}$ 所构成的三组分混合物在有机质狭缝内的赋存状态。图 2-34a 表明，$n\text{-}C_5H_{12}$ 的连续密度分布曲线上仅有 3 个吸附层，而且由于其碳链较短，各吸附层的密度峰值均小于 $n\text{-}C_8H_{18}$。通过测量密度分布曲线上两个相似点间的水平距离，可以得到每个吸附层的厚度也是 0.48nm，进而可确定各吸附层的平均密度（图 2-34b）。对于正戊烷，第一吸附层的平均密度为 $0.682g/cm^3$，约为体相流体密度的 1.11 倍。孔隙尺寸和温度对 $n\text{-}C_5H_{12}$ 赋存状态的影响与 $n\text{-}C_8H_{18}$ 类似。

为了考察不同摩尔组成的烷烃混合物在页岩孔隙内的赋存状态，这里设计了两种不同的模拟样品。构成这两种样品的化学成分均相同，即为 CH_4、$n\text{-}C_5H_{12}$ 和 $n\text{-}C_8H_{18}$，但各组分的摩尔分数不同。样品 1 中各组分的摩尔分数分别为 50%、25% 和 25%；而样品 2 中各组分的摩尔分数分别为 89.6%、5.2% 和 5.2%。图 2-34c、图 2-34d 中的红色曲线为样品 1（页岩油）的模拟结果，蓝色曲线为样品 2 的模拟结果。可以发现，与单组分烷烃的模拟结果类似，在靠近固体壁面处均出现了明显的密度波动。样品 2 中甲烷的比例很高，因此密度分布曲线的波动特征与纯甲烷的非常接近（Ambrose 等，2012）。由于碳原子数较多的烷烃具有较强的吸附能力，因此固体壁面优先被长链烷烃所吸附（Castro 等，1998；Harrison 等，2014），重质组分含量较高的混合物在靠近固体壁面处的密度峰值更高。将其与单组分烷烃的密度分布曲线做对比可以得到如下结论：吸附层的数目受轻烃和重烃的相对比例影响。样品 2 中甲烷的摩尔分数高达 89.6%，仅形成了单个吸附层；但样品 1 中 CH_4 和 C_{5+} 的组分各占据了混合物的一半，因此发生了多层吸附。由此表明，在进行页岩油的资源量估算时更有必要考虑原油吸附的影响。

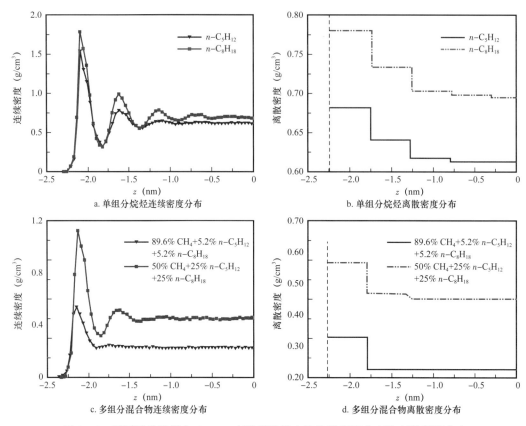

图 2-34 不同组分烷烃在 4.54nm 有机质狭缝内的连续密度分布和离散密度分布

五、页岩油的资源量估算模型

（一）模型的建立

为了分析液态烷烃赋存状态对页岩油资源量的影响，本书在 Ambrose 等（2012）、Michael 等（2011）和 Passey 等（2010）的基础上建立了新的页岩岩石物理模型。在该模型中，总孔隙度对应于无机矿物和有机质的所有孔隙空间，既包括孤立的孔隙体积，也包括油气、束缚水和自由水所占据的部分。图 2-35a 中橙色区域代表含油、气、可动水和毛细管束缚水的连通孔隙空间。一般来说，如果不考虑吸附态原油，则标准状况下 1t 富有机质页岩中的原油储量（O_t）可以利用体积法计算得到（EIA，2013）：

$$O_t = \frac{\phi S_o}{\rho_b B_o} \qquad （2-38）$$

式中，ρ_b 为岩石的密度，g/cm^3；ϕ 为总孔隙度；S_o 为油相饱和度；B_o 为原油体积系数。在下文的讨论中，将该模型记为 EIA 模型。

接下来本书将考虑吸附态和游离态原油的差异建立页岩油资源量估算的数学模型。

由于吸附相同样是流体的一部分，而且它占据孔隙空间的方式与其他的流体组分相同（Haghshenas 等，2014），因此采用吸附相饱和度的定义来处理吸附态烷烃的比例会更符合实际。这部分饱和度所对应的孔隙体积将会从总孔隙体积中去除，从而得到游离态原油的资源量。

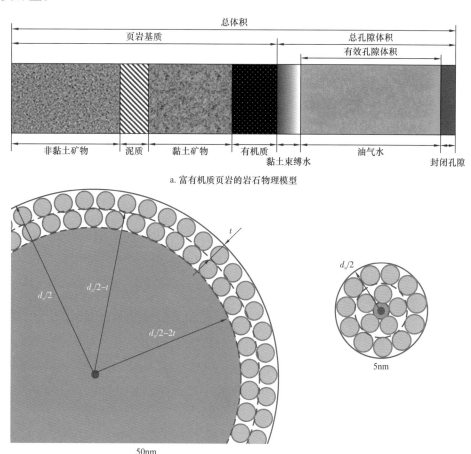

a. 富有机质页岩的岩石物理模型

b. 油在不同尺寸孔隙内的赋存状态示意图

图 2-35 页岩油的资源量估算模型示意图

由低温氮气吸附、高压压汞或图像处理等方法得到的孔径分布可以用如下公式进行描述：$R_u = V_u/V$（$u = 1, 2, \cdots, U$），其中 V_u 是直径为 d_u 的孔隙所对应的体积，V 为总孔隙体积。1t 页岩内原油所占据的孔隙体积（V_o）为：

$$V_o = \frac{\phi S_o}{\rho_b} \tag{2-39}$$

Song 和 Chen（2008）证实，在相同尺寸的狭缝形和圆柱形孔隙内流体密度分布的差异可以忽略。因此，本节的分子动力学模拟结果可以直接用于圆柱形孔隙，由此可以得到直径为 d_u 的孔隙数目为：

$$N_u = \frac{V_o R_u}{\frac{\pi}{4} d_u^2 l} = \frac{4\phi R_u S_o}{\rho_b \pi d_u^2 l} \qquad (2-40)$$

式中，l 为圆柱形孔隙的平均长度，nm。

图 2-35b 为不同尺寸孔隙内原油赋存状态的示意图，其中固体壁面上的橙色小球代表被吸附的烷烃分子，蓝色阴影区域为游离态原油所占据的孔隙空间，绿色实线代表孔隙的边界。在直径为 d_u 的有机质孔隙内，第 i 个吸附层所占据的孔隙体积为：

$$V_{u,ai} = \frac{\pi l}{4}\left\{\left[d_u - 2(i-1)t\right]^2 - (d_u - 2it)^2\right\} \qquad (2-41)$$

式中，t 为每个吸附层的厚度，nm。

进而可以得到 1t 页岩中吸附态原油所占据的总孔隙体积：

$$V_a = \sum_{u=1}^{U}\left(N_u \sum_{i=1}^{K} V_{u,ai}\right) = \frac{\phi S_o}{\rho_b}\sum_{u=1}^{U}\left(\frac{R_u}{d_u^2}\sum_{i=1}^{K}\left\{\left[d_u - 2(i-1)t\right]^2 - (d_u - 2it)^2\right\}\right) \qquad (2-42)$$

因此，富有机质页岩内游离态和吸附态原油的储量分别为：

$$O_f = \frac{\phi(S_o - S_a)}{\rho_b B_o} \qquad (2-43)$$

$$O_a = \frac{\phi S_a}{\rho_b B_o} \qquad (2-44)$$

其中吸附态原油的饱和度为：

$$S_a = S_o \sum_{u=1}^{U}\left(\frac{R_u}{d_u^2}\sum_{i=1}^{K}\left\{\left[d_u - 2(i-1)t\right]^2 - (d_u - 2it)^2\right\}\right) \qquad (2-45)$$

严格来说，由于吸附态与游离态原油的组成不同，因此它们的体积系数也不相同。然而，这两个体积系数之间的差异很小而且不易测量，因此这里不再对该问题进行深入探究。式（2-43）和式（2-44）的单位均为 m³/t，代表 1t 页岩中所储存原油的标准体积，将两式相加可以得到储层的总储集能力。需要注意的是，不管是否存在吸附，储层总的孔隙体积都不会变化，因此总储集能力与 EIA 模型的计算结果一致（图 2-36）。但由于烷烃与有机质壁面之间强烈的相互作用，弹性开采所导致的压力降落对于吸附态原油并没有明显影响，仅仅依赖于现有技术，页岩中的吸附态原油无法采出。因此，在进行经济评价和投资决策时，游离态原油的储量则显得更加重要。

鉴于吸附相与体相流体的密度存在较大差异，可以对式（2-43）和式（2-44）进行完善，以此来计算吸附态和游离态原

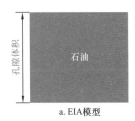
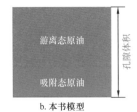

图 2-36　EIA 模型和本书模型的对比

油的质量：

$$M_f = 10^3 O_f \rho_o = \frac{10^3 \phi (S_o - S_a) \rho_o}{\rho_b} \tag{2-46}$$

$$
\begin{aligned}
M_a &= 10^3 \sum_{u=1}^{U} \left(N_u \sum_{i=1}^{K} \rho_{u,ai} V_{u,ai} \right) \\
&= \frac{10^3 \phi S_o}{\rho_b} \sum_{u=1}^{U} \left(\frac{R_u}{d_u^2} \sum_{i=1}^{K} \rho_{u,ai} \left\{ \left[d_u - 2(i-1)t \right]^2 - \left(d_u - 2it \right)^2 \right\} \right)
\end{aligned}
\tag{2-47}
$$

特别地，如果使用平均孔径，则可对式（2-46）和式（2-47）做进一步简化：

$$S_a = \frac{S_o}{d_m^2} \sum_{i=1}^{K} \left\{ \left[d_m - 2(i-1)t \right]^2 - \left(d_m - 2it \right)^2 \right\} \tag{2-48}$$

$$M_a = \frac{10^3 \phi S_o}{\rho_b d_m^2} \sum_{i=1}^{K} \rho_{m,ai} \left\{ \left[d_m - 2(i-1)t \right]^2 - \left(d_m - 2it \right)^2 \right\} \tag{2-49}$$

式中，d_m 为平均孔隙直径。

表 2-6 列举了 4 个页岩样品的物理性质及其资源量计算结果。A1 和 A2 样品中的烷烃为混合物，而 A3 和 A4 中为正辛烷（单组分），同时 A1 和 A3 中页岩的平均孔隙直径为 5nm，而 A2 和 A4 中为 50nm。对比可以发现，在较小的孔隙内（$d_m \leqslant 5$nm），大多数烷烃分子以吸附态形式存在，而游离态原油在总体积中的比例不足 40%。然而，在较大的孔隙内，液态烷烃吸附对资源量的影响很小，例如 A2 和 A4 样品中吸附相流体的饱和度 S_a 分别为 3.74% 和 7.38%，仅占原油总体积的 7.48% 和 14.76%。将 A1—A3 或 A2—A4 样品做比较，可以观察到流体组分对资源量的影响。A3 和 A4 样品保留了 A1 和 A2 样品的所有性质，但是由 CH_4、$n\text{-}C_5H_{12}$ 和 $n\text{-}C_8H_{18}$ 所构成的烷烃混合物被单组分的 $n\text{-}C_8H_{18}$ 所替代。很明显，对于重烃，吸附相流体在总原油体积中所占的比例较高。如果从质量的角度（M_f）来考虑游离态原油的储量，则吸附的影响将更加明显。由于吸附相流体的密度较高，因此与 EIA 模型相比，页岩中所储存原油的总质量（$M_f + M_a$）增大。

（二）矿场实际应用

本节将利用美国 Bakken 页岩油实际的原油组分数据和油藏性质估算其资源量。表 2-7 汇总了 Bakken 页岩油的组分数据和分子动力学模拟时各组分的摩尔分数和分子个数。可以发现，除轻烃（C_1、C_2 和 C_3）外，C_5—C_6 和 C_7—C_{12} 是页岩油中主要的拟组分。本书在油藏条件（47.16MPa，388.7K）下进行了两次模拟：B1 模型采用较轻的组分（C_5、C_7、C_{13} 和 C_{22}）分别代替拟组分 C_5—C_6、C_7—C_{12}、C_{13}—C_{21} 和 C_{22}—C_{80}；而在 B2 模型中则采用较重的组分（C_6、C_{12}、C_{21} 和 C_{80}）来代替。Bakken 页岩油区块基本的油藏性质见表 2-2。

表 2-6　算例所采用的油层物理参数和资源量估算结果

序号	流体组分	页岩性质					EIA 模型	本文模型		EIA 模型	本文模型	
		ϕ (%)	S_o (%)	B_o (bbl/bbl)	ρ_b (g/cm³)	d_m (nm)	O_t (10^{-3}m³/t)	O_f (10^{-3}m³/t)	O_a (10^{-3}m³/t)	M_t (kg/t)	M_f (kg/t)	M_a (kg/t)
A1	50%CH₄+ 25% n–C₅H₁₂+ 25% n–C₈H₁₈	8	50	1.35	2.7	5	10.97	4.16	6.81	6.70	2.54	4.80
A2	50%CH₄+ 25% n–C₅H₁₂+ 25% n–C₈H₁₈	8	50	1.35	2.7	50	10.97	10.15	0.82	6.70	6.19	0.62
A3	100% n–C₈H₁₈	8	50	1.35	2.7	5	10.97	0.59	10.38	10.30	0.55	10.37
A4	100% n–C₈H₁₈	8	50	1.35	2.7	50	10.97	9.35	1.62	10.30	8.78	1.65

表 2-7　Bakken 页岩油组分数据与模拟模型的对比

Bakken 页岩油 (Nojabaei 等，2013)			B1 模型				B2 模型			
组分	摩尔 分数	摩尔质量 (g/mol)	组分	分子 数目	摩尔 分数	摩尔质量 (g/mol)	组分	分子 数目	摩尔 分数	摩尔质量 (g/mol)
C₁	0.36736	16.535	CH₄	603	0.36730	16.535	CH₄	389	0.36736	16.535
C₂	0.14885	30.433	C₂H₆	244	0.14883	30.433	C₂H₆	158	0.14885	30.433
C₃	0.09334	44.097	C₃H₈	153	0.09333	44.097	C₃H₈	99	0.09334	44.097
C₄	0.05751	58.124	C₄H₁₀	94	0.05750	58.124	C₄H₁₀	61	0.05751	58.124
C₅—C₆	0.06406	78.295	C₅H₁₂	105	0.06405	72.149	C₆H₁₄	68	0.06406	86.175
C₇—C₁₂	0.15854	120.562	C₇H₁₆	260	0.15852	100.202	C₁₂H₂₆	168	0.15854	170.335
C₁₃—C₂₁	0.07330	220.716	C₁₃H₂₈	120	0.07329	184.361	C₂₁H₄₄	78	0.0733	296.574
C₂₂—C₈₀	0.03704	443.518	C₂₂H₄₆	61	0.03703	310.601	C₈₀H₁₆₂	39	0.03704	1124.142
平均摩尔质量	—	74.8	—	—	—	63.6	—	—	—	114.0

图 2-37 为 Bakken 页岩油的连续密度和离散密度剖面。B1 模型在靠近固体壁面处形成了 3 个吸附层（总厚度约为 1.44nm），而重质组分较多的 B2 模型则形成了 4 个吸附层（总厚度约为 1.92nm），且每个吸附层的平均密度均大于 B1。与纯组分的模拟结果相比可以发现，Bakken 页岩油第一吸附层和第二吸附层密度的巨大差异表明重质组分优先吸附于固体壁面。由式（2-21）可得，B1 和 B2 模型的吸附相体积 V_a 与烷烃所占总

孔隙体积 V_o 之比分别为 14.7% 和 19.4%，表明在 Bakken 页岩油储层中，14.7%～19.4%（平均为 17.05%）的含油孔隙体积被吸附相流体占据，每吨页岩中游离态和吸附态的原油质量分别为 6.69～7.29kg 和 1.34～1.98kg。鉴于该结果是由平均孔隙半径得到的，而且小孔隙在 Bakken 页岩储层中的分布比例较高（图 2-27），可以预测实际的吸附相饱和度以及质量略大于该结果。由上文孔径对赋存状态的影响可知，当孔隙直径小于 3.84nm 时，孔隙内只存在吸附态烷烃，然而，在较大的孔隙中将会形成厚度为 1.92nm 的吸附层。对于每个孔隙，本书计算了吸附相总体积 V_a 和吸附层体积在原油总体积中所占的比例 V_a/V_o。如图 2-27 所示，随着孔径的增大，V_a/V_o 值单调递减。如果孔隙直径大于 100nm，则液态烷烃在 Bakken 页岩中的吸附可以忽略。

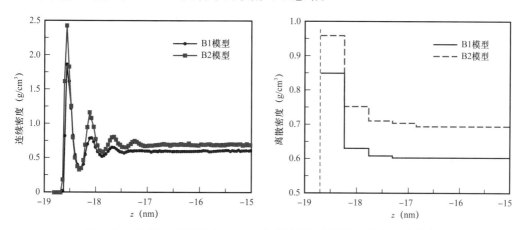

图 2-37　Bakken 页岩油在 37.6nm 狭缝内的连续密度和离散密度分布

（三）孔隙形状对资源量的影响

Bu 等（2015）报道，圆柱形和狭缝形是页岩基质中最主要的孔隙形状。因此，本书进一步考察了孔隙形状对页岩油资源量的影响。这里假设 Bakken 页岩孔隙主要由狭缝形和圆柱形组成，并将狭缝形孔隙数目 $N_{u,s}$ 与圆柱形孔隙数目 $N_{u,c}$ 之比记为 RSC。接下来将对页岩油资源量估算的数学模型［式（2-42）至式（2-49）］进行扩展，来考虑不同比例的狭缝形和圆柱形孔隙。由于在相同尺寸下，圆柱形孔隙的体积不同于狭缝形孔隙，因此直径为 d_u 的孔隙数目需要重新进行计算。如果狭缝形孔隙的宽度与其开度（d_u）相等，则可得到如下关系：

$$\begin{cases} \dfrac{N_{u,s}}{N_{u,c}} = \text{RSC} \\[3mm] \dfrac{\pi}{4} d_u^2 l N_{u,c} + d_u^2 l N_{u,s} = V_o R_u \end{cases} \qquad （2-50）$$

式中，$N_{u,s}$ 和 $N_{u,c}$ 分别为尺寸等于 d_u 的狭缝形和圆柱形孔隙数目；l 为孔隙的平均长度，nm。

对式（2-50）进行求解可以得到：

$$N_{u,\mathrm{s}} = \frac{V_{\mathrm{o}}R_u}{d_u^2 l} \frac{1}{1 + \frac{\pi}{4}\frac{1}{\mathrm{RSC}}} \tag{2-51}$$

$$N_{u,\mathrm{c}} = \frac{V_{\mathrm{o}}R_u}{d_u^2 l} \frac{1}{\mathrm{RSC} + \frac{\pi}{4}} \tag{2-52}$$

则在狭缝形和圆柱形孔隙内，第 i 个吸附层所占据的孔隙体积分别为：

$$V_{u\mathrm{s,ai}} = 2d_u t l \tag{2-53}$$

$$V_{u\mathrm{c,ai}} = \frac{\pi l}{4}\left\{\left[d_u - 2(i-1)t\right]^2 - (d_u - 2it)^2\right\} \tag{2-54}$$

因此，1t 页岩中吸附相流体所占有的体积为：

$$\begin{aligned} V_{\mathrm{a}} &= \sum_{u=1}^{U}\left(N_{u,\mathrm{c}}\sum_{i=1}^{K}V_{u\mathrm{c,ai}} + N_{u,\mathrm{s}}\sum_{i=1}^{K}V_{u\mathrm{s,ai}}\right) \\ &= \frac{\phi S_{\mathrm{o}}}{\rho_{\mathrm{b}}}\sum_{u=1}^{U}\left(\frac{\pi}{4}\frac{R_u\sum\limits_{i=1}^{K}\left\{\left[d_u-2(i-1)t\right]^2-(d_u-2it)^2\right\}}{d_u^2\left(\mathrm{RSC}+\frac{\pi}{4}\right)} + \frac{R_u\sum\limits_{i=1}^{K}2d_u t}{d_u^2\left(1+\frac{\pi}{4}\frac{1}{\mathrm{RSC}}\right)}\right) \end{aligned} \tag{2-55}$$

吸附相饱和度 S_{a} 为：

$$S_{\mathrm{a}} = S_{\mathrm{o}}\sum_{u=1}^{U}\left(\frac{\pi}{4}\frac{R_u\sum\limits_{i=1}^{K}\left\{\left[d_u-2(i-1)t\right]^2-(d_u-2it)^2\right\}}{d_u^2\left(\mathrm{RSC}+\frac{\pi}{4}\right)} + \frac{R_u\sum\limits_{i=1}^{K}2d_u t}{d_u^2\left(1+\frac{\pi}{4}\frac{1}{\mathrm{RSC}}\right)}\right) \tag{2-56}$$

页岩中吸附油的质量［式（2-47）］变为：

$$\begin{aligned} M_{\mathrm{a}} &= 10^3\sum_{u=1}^{U}\left(N_{u,\mathrm{c}}\sum_{i=1}^{K}\rho_{u,\mathrm{ai}}V_{u\mathrm{c,ai}} + N_{u,\mathrm{s}}\sum_{i=1}^{K}\rho_{u,\mathrm{ai}}V_{u\mathrm{s,ai}}\right) \\ &= \frac{10^3\phi S_{\mathrm{o}}}{\rho_{\mathrm{b}}}\sum_{u=1}^{U}\left(\frac{\pi}{4}\frac{R_u\sum\limits_{i=1}^{K}\rho_{u,\mathrm{ai}}\left\{\left[d_u-2(i-1)t\right]^2-(d_u-2it)^2\right\}}{d_u^2\left(\mathrm{RSC}+\frac{\pi}{4}\right)} + \frac{2R_u\sum\limits_{i=1}^{K}\rho_{u,\mathrm{ai}}d_u t}{d_u^2\left(1+\frac{\pi}{4}\frac{1}{\mathrm{RSC}}\right)}\right) \end{aligned} \tag{2-57}$$

如果采用孔径分布的峰值，则式（2-57）可简化为：

$$V_{\mathrm{a}} = V_{\mathrm{o}}\left(\frac{\pi}{4}\frac{\sum\limits_{i=1}^{K}\left\{\left[d_{\mathrm{m}}-2(i-1)t\right]^2-(d_{\mathrm{m}}-2it)^2\right\}}{d_{\mathrm{m}}^2\left(\mathrm{RSC}+\frac{\pi}{4}\right)} + \frac{2Kt}{d_{\mathrm{m}}\left(1+\frac{\pi}{4}\frac{1}{\mathrm{RSC}}\right)}\right) \tag{2-58}$$

如果所有的孔隙均为圆柱形（RSC=0），则式（2-55）至式（2-57）可以恢复为式（2-42）、式（2-45）、式（2-47）和式（2-49）的形式。对于两种极端情形，即孔隙全为圆柱形或狭缝形，可以得到：

$$\begin{cases} \dfrac{V_a}{V_o} = \dfrac{4t_a d_u - 4t_a^2}{d_u^2} & \text{圆柱形孔隙} \\[3mm] \dfrac{V_a}{V_o} = \dfrac{2t_a}{d_u} & \text{狭缝形孔隙} \end{cases} \qquad (2-59)$$

式中，t_a 为吸附层的总厚度，nm。

图 2-38 为圆柱形和狭缝形孔隙内 V_a/V_o 与孔隙尺寸 d_u 和吸附层厚度 t_a 的关系。该图表明，随着 d_u 的增大或 t_a 的减小，V_a/V_o 将逐渐减小。由于狭缝形孔隙和圆柱形孔隙的比表面积不同，因此在孔隙尺寸和吸附层厚度相同的情况下，圆柱形孔隙内吸附相流体所占的比例更大。如果孔隙尺寸为 d_u，则两端开口的圆柱形孔隙的比表面积为 $4/d_u$，狭缝形孔隙的比表面积为 $2/d_u$。对于相同的孔隙体积，圆柱形孔隙的液固接触面积为狭缝形的 2 倍，因此圆柱形孔隙内吸附相流体的饱和度更高。

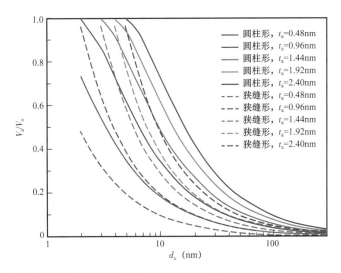

图 2-38　孔隙尺寸 d_u 和吸附层厚度 t_a 对吸附相体积 V_a 在总孔隙空间 V_o 内所占比例的影响

图 2-39 为孔隙形状对 Bakken 页岩中吸附相流体比例 V_a/V_o 的影响，其中横坐标代表总孔隙（$N_{u,s}+N_{u,c}$）中狭缝形孔隙（$N_{u,s}$）所占的比例。RSC 与其横坐标的关系为 $N_{u,s}/(N_{u,s}+N_{u,c})=\text{RSC}/(\text{RSC}+1)$，若 $N_{u,s}/N_{u,s}+N_{u,c}=0$，则 RSC=0，储层中只存在于圆柱形孔隙；若 $N_{u,s}/(N_{u,s}+N_{u,c})=1$，则所有孔隙均为狭缝形。虽然圆柱形与狭缝形孔隙内流体的密度分布基本一致，但是孔隙形状对页岩油资源量估算具有重要影响。对 B2（或 B1）模型来说，如果页岩中仅存在狭缝形孔隙，则 10.2%（或 7.7%）的原油以吸附态形式存在；反之，如果所有的孔隙均为圆柱形，则 19.4%（或 14.7%）的原油吸附于有机质表面。如果页岩中两种孔隙同时存在，则平均的吸附相饱和度约为 13%。

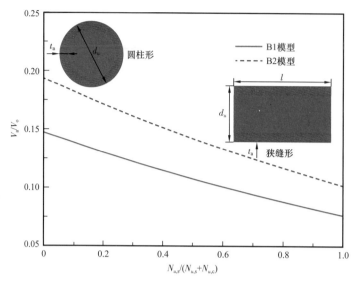

图 2-39　孔隙形状对 Bakken 页岩油资源量的影响

第三章

页岩油的多尺度流动机理

与常规油藏相比，页岩油的储层物性很差，一般孔隙度小于10%，覆压基质渗透率小于0.1mD；储集空间主体为纳米级孔隙—裂隙系统，仅在局部发育微米—毫米级孔隙。与页岩气相比，页岩油储层中烃类分子扩散及吸附解吸的作用不明显；由于组成石油的烃类分子大，油的黏度高，因此流动需要更大的孔喉直径；而且由于液固表面的强相互作用，微尺度效应下的流动机理比气体复杂得多，传统的研究方法和手段难以准确描述页岩油的流动机制。本章综合利用分子动力学模拟方法、孔隙网络模型和物理模拟实验方法探索了页岩油的流动机理，以期为页岩油的高效开发奠定理论基础。

第一节 分子尺度上页岩油的输运机理

扫描电子显微镜、气体吸附实验和高压压汞测试结果表明，页岩基质中存在着大量的微米—纳米级孔隙，其尺寸由亚微米级别逐渐变化到纳米级（2～100nm）（Loucks等，2012；Javadpour，2009），例如美国两个最大的页岩油区块——Bakken 和 Eagle Ford，其孔喉半径的峰值分别为19nm和8.5nm（Nojabaei等，2013；Rylander等，2013）。页岩的复杂性不仅仅在于其广泛分布的微米——纳米级孔隙，其基质的岩石组成也非常复杂。X射线衍射（X-ray diffraction，XRD）结果表明，页岩中存在着不同比例的有机质（干酪根）和无机质，如石英、方解石和黏土矿物等。图3-1为 Eagle Ford 页岩的典型 SEM 图片，其中 Si 和 Ca 分别代表石英和方解石，黑色的区域代表有机质，颜色最深的区域为有机质中的纳米孔。可以发现与常规油气藏不同，页岩中的孔隙既存在于无机晶粒之间，同时也分布于有机质中。

虽然已经有许多学者对气体在致密多孔介质中的流动机理开展了研究，然而，液体在页岩纳米级孔隙内的流动研究却很少。Wu 等（2013）结合外荧光显微镜和纳米流体芯片研发了 lab-on-a-chip 方法直接对纳米级孔道内的单相和两相流体流动进行可视化。他们发现水在100nm深的硅狭缝内流动时服从 Poiseuille 方程。Dehghanpour 团队（Lan等，2015；Xu 等，2014）测试了油和水向完整的页岩岩心和碎屑发生自发渗吸时的速率，他们认为页岩的连通孔隙亲水，而不连通的孔隙亲油。Javadpour 等（2015）采用原子力显微镜测量了盐水在页岩有机质表面流动时的滑移长度，并初步建立了页岩视渗透率计算的数学模型。尽管这些研究非常有价值，但还不足以充分揭示页岩内流体的流动机制。其主要原因在于：（1）许多因素，如液体纯度、矿物成分和表面粗糙度等都会对流体的流动测试产生极大的影响。Wu 等（2013）所使用的固体与页岩中的矿物组成不同，而 Javadpour 等（2015）的实验是针对固体表面进行的，流动并不发生于受限空间内。（2）几乎所有的物理模拟实验都是在常温常压条件下进行的，不能代表页岩储层的温压条件。（3）现有的实验数据非常有限，无法对页岩纳米级孔隙内的流体流动进行完整的数学描述。（4）不同矿物孔隙内流体流动规律的差异尚不清楚。

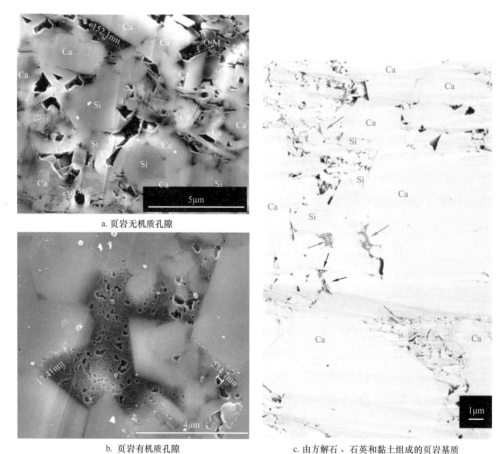

图 3-1　美国 Eagle Ford 页岩的 SEM 图片（Driskill 等，2013）

　　鉴于纳米尺度上液固表面的相互作用对流体的赋存状体、流动规律和物化性质都将产生巨大的影响，本节利用分子动力学模拟方法对储层条件下石英、有机质和方解石孔隙内液态烷烃的流动规律进行细致研究，并通过对比揭示了滑移现象产生的机制，以期为孔隙尺度上页岩油流动规律的研究提供基础数学模型。

一、石英纳米级孔内页岩油的输运机制

（一）模拟模型与方法

　　采用完全羟基化的石英表面来代表原始储层（Skelton 等，2011）。如图 3-2a 所

示，该表面模型由从石英晶体上切下来的两个（10$\bar{1}$0）晶面组成，图中黑色点划线代表羟基氧（O$_h$）和羟基氢（H$_h$）之间的氢键。通过在未成键的氧原子上添加氢原子得到石英的表面模型，其羟基基团的密度为7.55nm^{-2}，该数值与晶体化学（5.9～18.8nm^{-2}）（Koretsky 等，1998）和原子间作用势（6.6～7.6nm^{-2}）（Leung 等，2006；Siboulet 等，2011）的计算结果一致。模型的表面尺寸为2.95nm×2.70nm，z 方向的厚度为1.28nm，并在 x 和 y 方向上采用周期性边界条件。

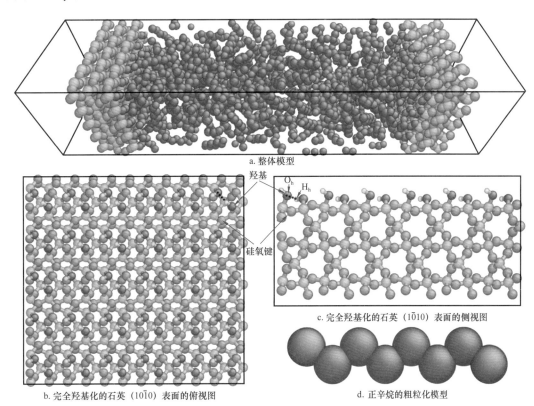

a. 整体模型

b. 完全羟基化的石英（10$\bar{1}$0）表面的俯视图

c. 完全羟基化的石英（1$\bar{0}$10）表面的侧视图

d. 正辛烷的粗粒化模型

图3-2　正辛烷在7.8nm 的石英狭缝内流动的模拟模型

红色，羟基氧；白色，羟基氢；橙色，硅；绿色，石英的桥氧；
黑色和蓝色分别代表正辛烷中的甲基（—CH$_3$）和亚甲基（—CH$_2$—）

　　许多经典力场，如 LFF（Lopes 等，2006；Chilukoti 等，2014）、CLAYFF（Bourg 和 Steefel，2012；Cygan 等，2004；Skelton 等，2011）、CWCA（Cruz-Chu 等，2006）和 LR（Lee 和 Rossky，1994）常被用来描述水与石英之间的相互作用。在这些模型中，由于 CLAYFF 力场是针对水合物和多组分矿物以及它们与流体界面的相互作用而开发的，因此与第一性原理具有较好的一致性（Skelton 等，2011）。此外，CLAYFF 力场能够复现有机物在二氧化硅表面吸附时的取向特征（Ledyastuti 等，2012），并准确预测丙烷在石英孔隙内的吸附等温线（Le 等，2015），因此这里将使用该势能模型对石英表面进行描述。该力场直接考虑水分子、羟基、可溶性多原子分子和离子之间的键伸缩和键角弯曲项，其他所有的作用力均采用非键相互作用势（即 Lennard-Jones 势和库仑力之和）进行描述。

由于 C_8H_{18} 的性质比较接近于页岩油的整体性质，因此采用正辛烷代替原油进行流动模拟（Hu 等，2014）。考虑到 NEMD 模拟所需要的计算量非常大，特别是在驱动力较小时，需要较多的时间步来消除粒子热运动对速度带来的干扰，因此采用粗粒化的 OPLS 力场描述烷烃。不同原子之间的范德华力采用 Lorentz-Berthelot 混合准则进行计算（截断半径为 1.2nm）。在模拟过程中，除了羟基氢被允许在固定 Si—O—H 键角（109.47°）和 O—H 键长（1.0Å）的圆内运动外，构成壁面的所有原子均固定不动，长程静电力通过 PPPM 方法计算。

在建立了分子结构模型以后，利用共轭梯度算法通过不断调整原子的坐标使初始构型的势能达到最小。随后通过以下步骤确定实际储层条件下一定数量的正辛烷分子所对应的狭缝宽度：

（1）将任意数量的 n-C_8H_{18} 分子放置在两个石英表面之间。

（2）保持下表面的位置固定不动，将上表面作为活塞，在定温条件下通过调节两表面之间的距离使体系达到预定压力（Falk 等，2012）。该步骤通过在 NPT 系综下运行 2ns 的 EMD 模拟实现。

（3）达到平衡以后，通过测量石英表面最外侧氢原子在 z 方向的距离确定狭缝的宽度。在后续的模拟中，石英表面的位置不再变化。通过 Gibbs 分界面的定义可得到石英狭缝的宽度为 1.7～11.2nm。然后，在 NVT 系综下以 1fs 为时间步长进行平衡分子动力学模拟，并通过 Nosé-Hoover 算法控制体系温度恒定（松弛时间为 0.1ps）。经过 2.0ns 的弛豫后，收集最后 6.0ns 的轨迹进行统计分析。

随后，对模型内构成 n-C_8H_{18} 的每个拟原子沿 x 方向施加一个平行于固体表面的外力，以此来模拟压差驱动下油在石英纳米孔内的流动。每个粒子的恒定加速度保持在 10^{-4}～10^{-3}nm/ps^2。需要注意的是，MD 模拟中流体的温度是由动能（即所有粒子的速度平方和）计算得到的，然而，驱动力方向的粒子速度是热力学速度（粒子的随机运动，即"温度"）和质心移动速度之和。因此，在 NEMD 中对温度进行控制时，应当保证温度的计算没有将质心的运动速度包括进来。模拟过程中稳定状态非常容易达到，但为了得到较为光滑的速度剖面，模拟时间必须足够长。该研究中 NEMD 的持续时间由 16ns 到 60ns 不等，具体数值与驱动力、狭缝宽度和流体温度有关。

（二）流动机理

图 3-3 为 5.24nm 的石英狭缝内正辛烷的密度分布（353K，30MPa）。可以发现，密度分布曲线关于狭缝的中心面对称，而且在靠近固体壁面处出现了明显的波动，表明烷烃分子在液固界面区域出现了分层。由于狭缝内势能分布并不均匀，烷烃分子更倾向于聚集在势能较低的区域。正辛烷在石英表面形成了 4 个对称的吸附层，因此密度波动区域的厚度约为 18Å。通过测量密度分布曲线上两个相邻波峰对应位置的距离可以得到每

个吸附层的厚度约为 4.5Å，该数值与实验测试结果（4~5Å）（Christenson 等，1987）和烷烃在其他固体孔隙内吸附的模拟结果（4~4.5Å）（Jin 等，2000；Dijkstra 等，1997）一致，其原因在于：液固之间的相互作用使得 n-C$_8$H$_{18}$ 分子在靠近固体壁面处优先以平行方式存在。逐渐远离石英表面，C$_8$H$_{18}$ 分子的空间分布变得杂乱无章，密度的波动逐渐减小并趋于常数。孔道中央处的流体密度（0.681g/cm^3）与该温度、压力条件下体相流体的实验值（0.686g/cm^3）基本一致。

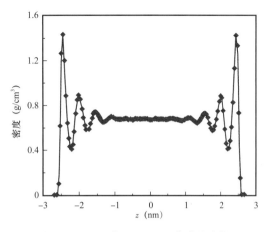

图 3-3　C$_8$H$_{18}$ 在 5.24nm 石英狭缝内的密度分布曲线

将该密度分布曲线与链状烷烃在其他孔隙［如石墨（Balasundaram 等，1999）、SiO$_2$（Chilukoti 等，2014；Le 等，2015）和 Al$_2$O$_3$（Jin 等，2000）］内的密度分布曲线做对比可以发现，在液固界面附近，烷烃分子普遍出现了分层现象，每层的厚度近似等于液体分子的宽度，而与其碳链长度无关。由于密度剖面主要受液固之间的相互作用控制，因此对于给定的烷烃类型，密度的波动幅度主要取决于固体壁面的物质组成。当烷烃处于非受限空间或孔隙尺寸大于某个阈值（对于正辛烷，该数值约为 3.6nm）时，密度波动区域的宽度受壁面的影响很小。如果孔隙尺寸小于该阈值，则孔隙内不存在体相流体。

进一步分析正辛烷在石英纳米孔内的流动特征。如图 3-4a 所示，虽然石英表面附近存在滑移，但孔道中央处烷烃分子的速度剖面仍为抛物线形状，表明在纳米单管内连续流体力学理论依然适用（Thomas 和 McGaughey，2008；Botan 等，2011）。有必要指出的是，Navier-Stokes 方程仅仅是质量和动量方程，而并不包括边界条件，因此微尺度流动可以通过 Navier-Stokes 方程和滑移边界条件的耦合进行描述（Thomas 和 McGaughey，2008；Botan 等，2011）。为了从多个角度讨论烷烃在纳米级孔隙内的流动机制，这里采用不同的方法计算了烷烃的剪切黏度。

（1）体相黏度。

采用 Green-Kubo 公式，基于平衡分子动力学模拟方法计算 n-C$_8$H$_{18}$ 在无剪切时的体相流体黏度（Mondello 和 Grest，1997）：

$$\eta = \frac{V}{10k_{\mathrm{B}}T} \int_0^\infty \left\langle \sum_{\alpha\beta} p_{\alpha\beta}(0) p_{\alpha\beta}(t) \right\rangle \mathrm{d}t \tag{3-1}$$

式中，$p_{\alpha\beta}$ 为应力张量 $\sigma_{\alpha\beta}$ 的对称无迹部分。

$p_{\alpha\beta}$ 定义为：

$$p_{\alpha\beta} = \frac{1}{2}\left(\sigma_{\alpha\beta} + \sigma_{\beta\alpha}\right) - \frac{1}{3}\delta_{\alpha\beta}\left(\sum_y \sigma_{yy}\right) \tag{3-2}$$

流体黏度即为该积分曲线的稳定值。计算结果（0.373mPa·s±0.012mPa·s）与体相流体的实验值（0.397mPa·s）非常接近。

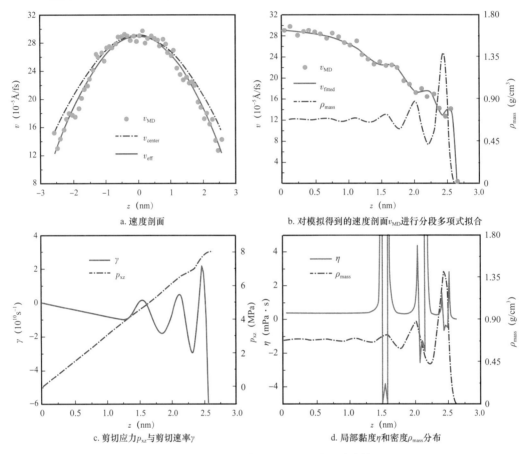

a. 速度剖面　　　　　　　　　　　　　　b. 对模拟得到的速度剖面v_{MD}进行分段多项式拟合

c. 剪切应力p_{xz}与剪切速率γ　　　　　　　d. 局部黏度η和密度ρ_{mass}分布

图 3-4　正辛烷在石英狭缝内流动时的动态特征

（2）有效黏度。

假设流体的密度和黏度不随空间变化，由 Navier-Stokes 方程和无滑移边界条件可知，在恒定外力 F 的驱动下，两个光滑平面（宽度为 w）内不可压缩层状流体的稳态速度剖面为抛物线形状，可通过经典的 Poiseuille 方程进行描述：

$$v(z) = -\frac{nF}{2\eta}\left(z^2 - \frac{w^2}{4}\right) \qquad (3-3)$$

由该式可知，受限空间内流体的黏度可由速度剖面的曲率计算得到。由于流动速度分布关于 z 轴对称，因此这里采用抛物线 $v = az^2 + b$ 对数据进行拟合，则其黏度为 $\eta = -nF/(2a)$（Botan 等，2011）。

选取两个不同的部分对速度剖面进行处理：① 仅对密度恒定区域的速度进行拟合，将得到的黏度记为 η_{center}；② 对所有的数据点进行拟合，将结果记为 η_{eff}。由于在孔道内流体的黏度分布并不均匀，η_{center} 代表 n–C_8H_{18} 的体相流体黏度，而 η_{eff} 为整个流动区域内的有效流体黏度，计算结果如图 3–4a 所示。正如想象的那样，在计算精度的范围内，η_{center} 为 0.359mPa · s ± 0.024mPa · s（v=$-0.02083 \times 10^{20}z^2$+29），近似与采用同样力场参数的 EMD 模拟得到的体相流体黏度一致，证实了孔道中央处流体的静态和动态性质均接近于体相流体。由于在界面处存在滑移，平均黏度 η_{eff} 为 0.295mPa · s ± 0.012mPa · s（v=$-0.0253 \times 10^{20}z^2$+28.95），远小于体相流体的黏度。图 3–4a 同样表明与具有超低摩擦力的体系不同（Falk 等，2012），如果以体相流体的黏度为约束对 a、b 进行拟合，则得到的结果 v_{center} 无法准确地对速度剖面进行描述。

（3）局部黏度。

为了更准确地对石英狭缝内正辛烷的流动进行描述，计算了 n–C_8H_{18} 的局部黏度分布。由于模拟得到的速度剖面与抛物线之间仍然存在偏差，因此采用分段多项式（图 3–4b）对 v_{MD} 进行拟合（Botan 等，2011），则局部的剪切速率可以通过代数方程 $\gamma（z）$=dv/dz 得到，从而有效避免了数值微分的波动。图 3–4c 为局部剪切速率的分布和通过对数密度积分所得到的非对角压力张量：

$$p_{xz}\left(z\right) = F\int_0^z n\left(z'\right)\mathrm{d}z' \tag{3-4}$$

剪切应力 p_{xz} 与剪切速率 γ 之比即为局部黏度（图 3–4d）：

$$\eta\left(z\right) = -\frac{p_{xz}\left(z\right)}{\gamma\left(z\right)} \tag{3-5}$$

与密度分布类似，孔道中央处流体的黏度基本恒定（0.358mPa · s ± 0.006mPa · s）。该数值与 EMD 计算得到的体相流体黏度和对密度恒定区域进行抛物线拟合所得到的流体黏度 η_{center} 非常接近。然而，在界面区域黏度出现了极大的波动，甚至出现负值，表明牛顿内摩擦定律在微尺度流动中的应用受到限制，因此采用局部黏度对靠近固体壁面处的流体流动进行描述是不合适的。

连续流体力学理论假设流体在固体壁面处的速度为 0，即 $v_x（z_{surf}）$=0，其中 z_{surf} 为固体壁面的位置。然而，如图 3–4a 所示，当烷烃在石英狭缝内流动时，液固界面存在滑移，因此引入滑移长度 L_s 的概念建立了更为通用的边界条件。滑移长度为从固体壁面到流体速度为零处的外推距离：

$$L_s = -\frac{v\left(z_{surf}\right)}{\left(\dfrac{\mathrm{d}v}{\mathrm{d}z}\right)_{z_{surf}}} \tag{3-6}$$

则狭缝内具有滑移的 Poiseullie 流动速度剖面为：

$$v = -\frac{nF}{2\eta}\left(z^2 - \frac{w^2}{4} - wL_s\right) \tag{3-7}$$

无滑移流动的速度分布可以将 L_s 取 0 得到式（3–3）。

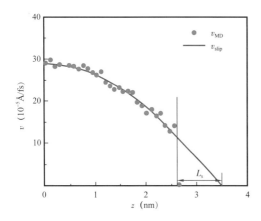

图 3-5 n-C_8H_{18} 在 5.24nm 的石英狭缝内的
速度剖面

鉴于纳米尺度单管内流体流动的数学模型是建立孔隙尺度和油藏尺度数学描述的基础，较简单的形式将会有助于进一步的尺度升级。因此，虽然纳米级狭缝内流体的密度和黏度分布并不是常数，这里仍然采用有滑移的 Poiseuille 流动方程对其流动规律进行描述（Thomas 和 McGaughey，2008；Kannam 等，2012）。结果表明，虽然受限空间内的流体性质并不均匀（图 3-3 至图 3-6），并且液固界面处的流体流动不能用局部黏度进行描述（图 3-4d），采用有效黏度和滑移边界条件的连续流体力学理论仍可对纳米缝内的流体

流动进行合理的描述（图 3-5）。图 3-5 中 v_{MD} 是非平衡分子动力学的模拟结果，其驱动力为 7.5×10^{-4} kcal/（mol·Å）；红色实线 v_{slip} 为对 v_{MD} 进行抛物线拟合的结果。

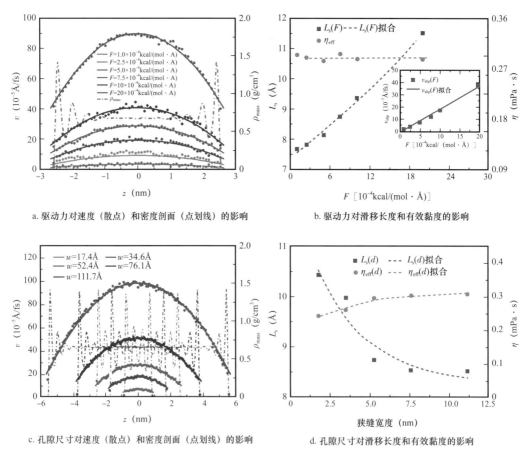

a. 驱动力对速度（散点）和密度剖面（点划线）的影响

b. 驱动力对滑移长度和有效黏度的影响

c. 孔隙尺寸对速度（散点）和密度剖面（点划线）的影响

d. 孔隙尺寸对滑移长度和有效黏度的影响

图 3-6 不同因素对油在石英狭缝内流动规律的影响

驱动力对烷烃在石英纳米缝内流动规律影响的汇总数据见表 3-1。图 3-6a 为正辛烷在 5.24nm 的石英狭缝内流动时的速度分布与驱动力之间的关系。其中，散点是 MD 模拟所得到的速度剖面，实线为该速度剖面的抛物线拟合结果。可以发现，随着驱动力的增加，流体的流动速度逐渐增大。对每个驱动力下的速度分布，采用前述方法计算出流体的滑移长度和有效黏度，结果如图 3-6b 所示。由于流体粒子在较小驱动力下的运动速度远小于分子的热运动速度，因此在 MD 模拟中如果想要得到合理的速度剖面，则需要非常大的计算量以平衡分子随机热运动的影响，这是现有计算能力所达不到的，所以 NEMD 中所施加的压力梯度无法像实验中所使用的那样小。为了检验本书的计算结果是否可用于较小的压力梯度，图 3-6b 显示了不同驱动力 F 下的滑移速度 v_{slip}。v_{slip} 与 F 之间的线性相关关系表明，本书中的结果可以外推至实验所用的压力梯度下（Kannam 等，2013）。

表 3-1　由 NEMD 计算得到的石英孔隙内烷烃流动的滑移长度（L_{s}）和有效黏度（η_{eff}）

体系	石英—烷烃	
性质	L_{s}（nm）	η_{eff}（mPa·s）
驱动力的影响		
参数	T=353K，w=5.4nm	
F[kcal/（mol·Å）]		
1.0×10^{-4}	0.765	0.2931
2.5×10^{-4}	0.780	0.2886
5.0×10^{-4}	0.811	0.2835
7.5×10^{-4}	0.874	0.295
1.0×10^{-3}	0.935	0.2867
2.0×10^{-3}	1.150	0.2862
孔径的影响		
参数	F=7.5×10^{-4}kcal/（mol·Å），T=353K	
w（nm）		
1.74	1.042	0.242
3.46	0.997	0.2611
5.24	0.874	0.295
7.61	0.853	0.3049
11.17	0.852	0.3075

　　在所研究的范围内，驱替压力对流体有效黏度的影响可以忽略。将驱动力 F 增加 20 倍，流体的有效黏度始终近似为常数（0.289mPa·s ± 0.009mPa·s），表明该性质主要受空间的限制作用所影响。虽然 n-C_8H_{18} 的滑移长度随驱动力的增大单调递增，其数值

（7～12Å）远小于其他的体系，如 H_2O–CNT（60～180nm）（Kannam 等，2013）、H_2O–石墨烯（约 60nm）（Kannam 等，2012）、$C_{10}H_{22}$–石墨烯体系（约 100.7nm）（Falk 等，2012），然而增大的趋势与其他体系（Delhommelle，2004）以及简单流体（Nagayama 和 Cheng，2004）相一致。对于该范围内的驱动力，可以通过指数拟合得到 $L_s \sim F$ 的定量关系（图 3-6b 中的点划线）：

$$y = C_1 \exp\left(\frac{x}{C_2}\right) + C_3 \qquad (3-8)$$

式中，x 和 y 分别为自变量和因变量；拟合系数 C_1、C_2 和 C_3 的结果见表 3-2。该结果可以进一步与其他的尺度升级技术（如孔隙网络模型或格子 Boltzmann 模拟方法等）相耦合，来研究孔隙尺度上页岩油的流动规律。

表 3-2　式（3-8）中指数函数的拟合参数

x	y	C_1	C_2	C_3	R^2
$F\left[(\text{kcal}/(\text{mol}\cdot\text{Å})\right]$	L_s（nm）	0.830	0.00495	−0.090	0.96
	η_{eff}（mPa·s）	0	0	0.289	—
w（nm）	L_s（nm）	0.387	−32.470	0.826	0.83
	η_{eff}（mPa·s）	−0.127	−33.513	0.315	0.91

图 3-6c 对比了不同宽度的石英狭缝内正辛烷的密度和速度分布曲线 $[F=7.5\times 10^{-4}\text{kcal}/(\text{mol}\cdot\text{Å})]$。由于液固之间的相互作用，较小的孔隙（$w$=1.74nm、3.46nm）完全被吸附相流体所占据，因此不存在体相流体。然而，孔隙内的速度剖面仍然呈现抛物线形式，表明连续流体力学理论仍然适用于孔径大于 1.7nm 的石英狭缝。当孔径继续增大时，对应于密度分布曲线上的 4 个峰值，靠近固体壁面处一共形成了 4 个对称的吸附层，而孔道中央流体的密度则与相同压力、温度条件下体相流体的实验值基本一致。因此，随着孔径的增大，吸附层的数目逐渐增多并最终趋于恒定。如果 n–C_8H_{18} 分子位于孔径小于 36Å 的狭缝内——对应于 8 个吸附层，则所有的烷烃均以吸附态形式存在。然而，如果孔隙尺寸大于该阈值，则流体的密度波动将由固体壁面向外延伸约 18Å，而孔道中央的流体则为体相。同时可以注意到，烷烃分子的速度随着孔径的增大而增大。对于较大的孔隙，滑移长度逐渐减小并在孔径大于 7.5nm 时趋于常数 8.5Å。图 3-6d 同样表明，η_{eff} 和 L_s 与孔径之间的相互关系可以用指数函数进行很好的描述。

二、有机质孔隙中页岩油的输运机制

本节将对有机质纳米孔内原油的流动规律进行研究。分子动力学模拟中经常使用多层石墨烯来代表页岩中的有机质（Ambrose 等，2012；Mosher 等，2013）。Supple 和 Quirke（2003）的分子动力学模拟结果表明，298K 时癸烷在碳纳米管内会发生快速的自发吸渗，而且吸渗长度与时间线性相关。他们将该现象与 Washburn 方程的差异归因于石墨表面的超光滑性。Majumder 等（2005）测量了多种流体通过由平行排列的多壁碳纳米管（直径为 7nm）所构成碳薄膜的流动，他们发现实际流量比用常规 Poiseuille 方程计算得到的流量高 4～5 个数量级。对水、已烷和癸烷来说，流量的增加倍数分别为 $(4.4～7.6) \times 10^4$ 倍，约 1×10^4 倍和约 4×10^3 倍。Whitby 等（2008）测量了较大孔径（约 44nm）的无定形碳纳米束内的流动，发现癸烷的流动增强了约 40 倍。为了证实碳纳米管内流体快速流动的原因在于其完美的有序结构和超低摩擦力表面，而与润湿性和衰竭长度无关，Falk 等（2012）采用 MD 模拟计算了液体在不同形状、不同大小的有机质孔隙内流动时（300K，0.1MPa）的液固摩擦系数。他们发现，与无滑移的 Poiseuille 方程相比流动增强了 $10～10^3$ 倍，而且摩擦系数主要受固体壁面的曲率和界面结构控制。当癸烷在石墨狭缝内流动时，摩擦系数受狭缝宽度的影响不大，只有当孔隙尺寸小于 3nm 时，受限空间效应的影响才逐渐明显。这些文献的主要结论汇总于表 3-3 中。

表 3-3　相关文献主要结论的汇总

固体	流体类型	孔径（nm）	流速（m/s）	滑移长度（nm）	增加倍数	方法	参考文献
碳纳米管	C_{10}	1.8	445	—	—	分子模拟	Supple 和 Quirke（2003）
碳薄膜	C_6	7	5.6	9500	约 1×10^4	实验	Majumder 等（2005）
	C_{10}	7	0.67	3400	约 4×10^3	实验	Majumder 等（2005）
	C_2H_5OH	7	4.5	28000	3×10^4	实验	Majumder 等（2005）
无定形碳纳米束	C_{10}	44	—	41	约 30	实验	Whitby 等（2008）
	C_2H_5OH	44	—	29	16	实验	Whitby 等（2008）
碳纳米管	C_{10}	3	—	100.7	—	分子模拟	Falk 等（2012）
石墨狭缝	C_8	2～12	—	125～200	50～600	分子模拟	本书结果

烷烃在有机质纳米孔内流动的相关研究目前主要存在以下问题：（1）现有的研究都是在常温常压条件下进行的，不能代表实际页岩储层内的真实流动；（2）由于现有的数据量非常少，因此缺乏对滑移长度进行预测的理论或经验数学模型。本节采用分子动力学模拟方法研究了页岩有机质纳米孔内液态烷烃的流动规律。首先，采用 EMD 对比了有机质对不同流体的吸附能力，并分析了孔隙尺寸对烷烃赋存状态的影响。随后，利用 NEMD 分析了外力驱动下烷烃在受限空间内的流动。发现速度剖面的形状趋于活塞形，而且远大于无滑移 Poiseuille 方程的预测结果。在此基础上，利用滑移长度对烷烃在有机质纳米孔内的流动规律进行了表征，并分析了驱动力和孔隙尺寸对原油流动的影响。

图 3-7 为页岩有机质纳米孔的结构模型，其中紫色代表石墨的碳原子，蓝色和绿色分别为正辛烷中的甲基（—CH$_3$）和亚甲基（—CH$_2$—）。模型的固体壁面由 6 层石墨烯构成，层间距为 3.35Å。类似的模型已经被广泛应用于研究有机质孔隙内烷烃的热动力

学性质。壁面尺寸为 2.95nm×2.556nm，模拟盒在 x 和 y 方向上为周期性边界条件。采用 OPLS 力场对有机质壁面的势能参数进行描述。模型其他参数的设置与石英纳米孔内输运机理的研究相一致。

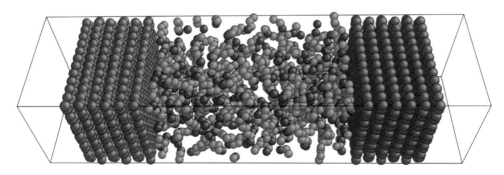

图 3-7　正辛烷在 5.24nm 的有机质狭缝内流动的初始结构模型

　　图 3-8 为正辛烷在 5.24nm 的有机质狭缝内的密度分布（353K，30MPa）。可以发现，烷烃分子的密度分布曲线关于孔道中央（z=0）对称。由于狭缝内的势能分布不均匀，在靠近固体壁面处，烷烃的密度围绕着孔道中央的常数上下波动，体现了受限空间内流体的分层结构。该现象已经被实验证实。Christenson 等（1987）测量了浸泡在液态烷烃内的两个云母片之间的溶剂化力，发现溶剂化力的大小随间隔的增大呈现衰减似的波动。狭缝内的某些位置处的势能比较小，更接近于平衡，因此流体分子更易于聚集在这些位置，从而形成了密度分布曲线上的峰值。由于较强的排斥力，其余的分子很难占据密度峰值附近的区域。因此，聚集层两侧的分子较少，对应于密度分布曲线上的波谷。由于有机质与油相之间较强的作用力，烷烃分子更倾向于平行地排列于固体壁面附近。密度波动扩展到 18Å，对应于 4 个吸附层。由密度分布曲线上两个相邻波谷之间的距离可以确定单层的厚度（约 4.5Å）。吸附层的厚度与烷烃分子的宽度接近，但是碳链长度或平均分子直径对层间距的影响基本可以忽略。逐渐靠近孔道中央，有机质对烷烃的作用力逐渐减弱，使得烷烃分子的空间分布变得杂乱无章，因此烷烃的密度波动逐渐变缓并收敛于 0.678g/cm³，该值与 NIST 公布的体相流体黏度（0.686g/cm³）吻合较好。

　　图 3-8b 对比了有机质与石英狭缝内烷烃的密度分布曲线（狭缝宽度 w=5.24nm）。该图表明有机质孔隙内烷烃的分层结构与石英孔隙内的基本相同：孔道中央处烷烃的密度相重合，都接近于体相流体的密度，然而壁面附近都出现了巨大的波动。同时可以注意到，在有机质孔隙内任意位置处烷烃的峰值密度均远大于石英孔隙的，表明有机质孔隙与烷烃的相互吸引力更强，烷烃更易于吸附在有机质表面。

　　利用不同宽度的狭缝内烷烃密度分布曲线的变化来考察有机质孔隙尺寸对烷烃赋存状态的影响。在 5.45Å 的有机质狭缝内，由于两个壁面对烷烃的势能相互重合，因此烷烃分子形成了一个单分子链，密度峰值达到最高（图 3-9a）。当壁面间距增大到 8.9Å 时，相互作用势开始分离，因此形成了两个对称的吸附层（图 3-9b）。孔径继续增大，有机质狭缝中央产生多余的空间，从而导致另一个吸附层的形成（图 3-9c）。同时可以发现，该层的密度比最靠近固体壁面的吸附层密度低，表明流体粒子优先占据壁面附近的吸附位，然后才向孔道中央移动。对于 d=17.6Å 的有机质孔隙，中间层进一步分裂为两个吸附层，即图 3-12d 中的次级密度峰值。35.7Å 或更大的孔隙中均形成了 4 个吸附层。由于壁面对烷烃的相互作用力在界面处完全分离为两个独立的势能系统，孔道中央的流体不再受到壁面限制作用的影响，因此出现了体相流体区域（图 3-9f）。由此可知，随着孔径的增大，吸附层的数目逐渐增多并最终趋于常数。如果有机质孔隙的尺寸小于 36Å，即对应于 4 个对称吸附层的宽度，则所有的流体均以吸附相形式存在。

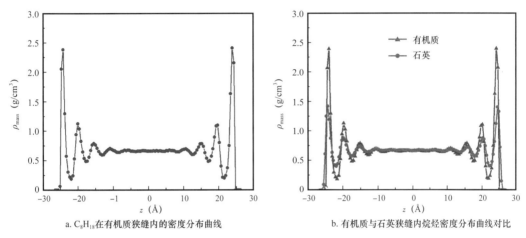

a. C_8H_{18}在有机质狭缝内的密度分布曲线　　　　b. 有机质与石英狭缝内烷烃密度分布曲线对比

图 3-8　C_8H_{18} 在有机质狭缝内的密度分布曲线以及有机质与石英狭缝内烷烃密度分布曲线对比

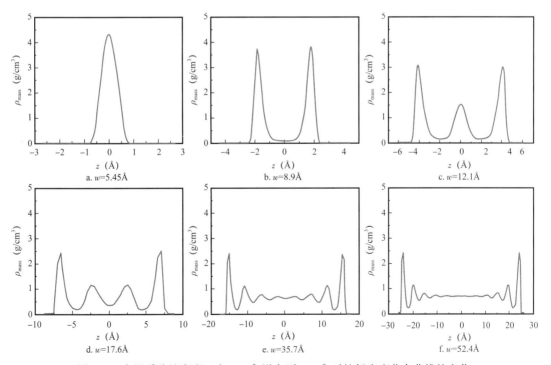

图 3-9　有机质狭缝宽度 d 由 5.45Å 增大到 52.4Å 时烷烃密度分布曲线的变化

图 3–10a 为 5.24nm 的有机质和石英狭缝内正辛烷流动速度剖面的对比。除了驱动力大小外，模型的模拟条件均相同。有机质孔隙内流体粒子所受的驱动力为 $F=1.0 \times 10^{-4}$kcal/（mol·Å），而石英孔隙内的驱动力为它的 7.5 倍。虽然有机质孔隙内驱动力很小，但流动的速度远大于石英孔隙的，而且其速度剖面与一般的抛物线形状不同，而是趋近于活塞状，该结论证实了在石墨烯孔隙或碳纳米管内流体的流速非常快（Falk 等，2012；Supple 和 Quirke，2003；Majumder 等，2005；Whitby 等，2008）。石墨孔隙内快速的质量传输是由固体壁面上超低的摩擦力造成的，由此表明润湿性并非滑移的决定性因素（Kannam 等，2013；Chen 等，2008）。为了估计有机质孔隙内流体的流动速度比石英快了多少，这里采用公式 $v=Q/A$ 计算了烷烃的平均速度，其中 Q 为总流量，A 为孔隙的截面积。在驱动力 $F=1.0 \times 10^{-4}$kcal/（mol·Å）时，有机质和石英孔隙内烷烃流动的平均速度分别为 185.33×10^{-5}Å/fs 和 2.94×10^{-5}Å/fs，因此有机质孔隙内流体的流动速度比石英孔隙内快了约 60 倍。

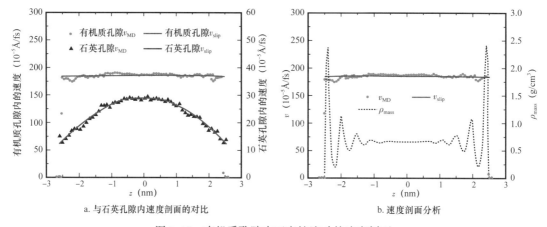

a. 与石英孔隙内速度剖面的对比　　　　　　b. 速度剖面分析

图 3–10　有机质孔隙内正辛烷流动的速度剖面

同样采用滑移长度对有机质孔隙内流体的流动进行表征。然而，由于有机质孔隙内流体流动的速度剖面趋于活塞状，固体表面和孔道中央处流体的流动速度差异非常小，直接采用抛物线拟合方法计算烷烃的有效黏度和滑移长度将带来极大的误差（Kannam 等，2013）。因此，本节将以总流量为核心，采用另一种方法计算滑移长度。滑移流动的体积流量为：

$$Q_{\mathrm{slip}} = \frac{nFw^3}{12\eta}\left(1+\frac{6L_{\mathrm{s}}}{w}\right) \tag{3-9}$$

令实际流量 Q 与 Q_{slip} 相等可得到以下方程：

$$L_{\mathrm{s}} = \frac{w}{6}\left(\frac{Q \times 12\eta}{nFw^3}-1\right) \tag{3-10}$$

式中，η 为有机质狭缝内烷烃的黏度。

由于活塞流动无法通过抛物线拟合方法计算受限空间内流体的黏度，因此现有的文献中在计算水或其他流体在石墨烯或碳纳米管内流动的滑移长度时常使用体相流体黏度（即 0.397mPa·s）进行拟合（Falk 等，2012；Thomas 和 McGaughey，2008）。从本质上讲，该方法等价于以体相流体的黏度为约束对速度剖面进行抛物线拟合。利用式（3–10）计算得到的滑移长度进行预测可得到其速度剖面（图 3–10b），可以发现两者吻合较好。图中 v_{MD} 是驱动力为 $F=1.0 \times 10^{-4}$kcal/（mol·Å）时 NEMD 模拟得到的速度剖面，v_{slip} 是以体相流体黏度对 v_{MD} 进行抛物线拟合的结果。由于滑移长度非常大（132.48nm），因此在图中没有绘制出来。根据式（3–7）可得，最大速度与滑移速度之比为：

$$R = \frac{v_{max}}{v_{slip}} = 1 + \frac{w}{4L_s} \tag{3-11}$$

当滑移长度 L_s 远大于狭缝宽度 w 时，R 趋近于 1，因此当液态烷烃在有机质孔隙内流动时速度剖面为活塞状。

由于从物理本质上来说，滑移来源于液固表面之间的摩擦，因此黏滞力 p_f（Pa）为：

$$p_f = -\lambda v\left(z_{surf}\right) = -\eta \left(\frac{dv}{dz}\right)_{z_{surf}} \tag{3-12}$$

由该式可得液固表面之间的摩擦系数为 $\lambda = \eta/L_s$。正辛烷在石英狭缝内流动的摩擦系数 $\lambda = 4.54 \times 10^5$N·s/m^3，比正癸烷在石墨狭缝内流动的摩擦系数（约 8.2×10^3N·s/m^3）（Falk 等，2012）大 55 倍，因此在石英纳米缝内烷烃的速度剖面呈抛物线分布，而在有机质狭缝或碳纳米管内呈活塞状。

表 3–4 为驱替压力梯度和孔隙尺寸对油在有机质孔隙内流动时滑移长度 L_s 的影响。图 3–11a 对比了不同驱动力下正辛烷在 5.24nm 有机质孔隙内流动的速度剖面。随着驱动力的增大，正辛烷的流动速度逐渐增大，但剖面始终为活塞状。速度剖面在靠近固体壁面处出现了两个对称的极小值，F 越大，其与平均速度之间的差异也越大。将速度剖面与密度分布进行对比，可以发现速度的波谷对应于最靠近壁面的两个吸附层之间的孔隙。图 3–11b 为该孔隙内的滑移长度和视黏度与驱替压力之间的关系。在计算过程中，n-C_8H_{18} 的体相流体黏度采用的是 NIST 公布的实验值。当 F 增大时，滑移长度单调递增，而且增加的速度逐渐变大。当 F 较小时，L_s 基本恒定不变，但随后 L_s 随 F 的增加而快速增大。此外，该图也表明，L_s 随驱动力的变化关系可以很好地用指数函数关系［式（3–8）］进行描述，拟合参数见表 3–5。

图 3–11c 为定驱动压力梯度［1.0×10^{-4}kcal/（mol·Å）］下烷烃的密度与速度分布随有机质狭缝宽度的变化。可以发现只有当狭缝宽度大于临界值 4.5nm 时，孔道中央才会出现体相流体，而对于较小的孔隙（$w=1.8$nm 和 3.6nm），孔道内只能观察到烷烃密度的波动。当孔径由 1.8nm 变化到 11.3nm 时，烷烃流动的速度剖面均为活塞状，而且流动速度逐渐增大。随着孔径的增大，滑移长度急剧减小，但减小的趋势逐渐变慢，当

孔径大于 6.0nm 时开始收敛。将流动增强倍数 E 定义为实际流量与无滑移 Poiseuille 方程预测流量之比，则随着孔径的增大，E 逐渐减小，并最终在微米级孔隙内达到无滑移 Poiseuille 方程的预测结果。

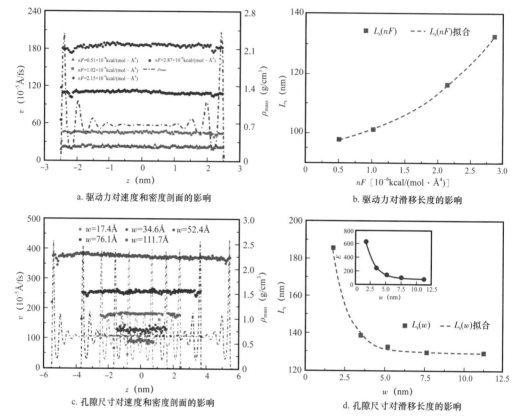

a. 驱动力对速度和密度剖面的影响　　　　　　b. 驱动力对滑移长度的影响

c. 孔隙尺寸对速度和密度剖面的影响　　　　　　d. 孔隙尺寸对滑移长度的影响

图 3-11　不同因素对油在有机质狭缝内流动规律的影响

表 3-4　由 NEMD 计算得到的有机质孔隙内烷烃流动的滑移长度（L_s）

体系	有机质—正辛烷	
性质	变量	L_s（nm）
压力梯度的影响		
参数	T=353K，w=5.24nm	
nF［kcal/（mol·Å⁴）］	0.51×10^{-6}	97.95
	1.02×10^{-6}	100.65
	2.15×10^{-6}	116.18
	2.87×10^{-6}	132.48

续表

体系	有机质—正辛烷	
孔径的影响		
参数	$nF=2.87 \times 10^{-6}$kcal/（mol·Å^4），T=353K	
w（nm）	1.74	184.97
	3.46	138.21
	5.24	132.48
	7.61	129.16
	11.17	128.41

表 3–5　式（3–8）中指数函数的拟合参数

体系		有机质—辛烷		
x	y	C_1	C_2	C_3
F［kcal/（mol·Å）］	L_s（nm）	6.813	5.322×10^{-5}	87.980
w（nm）	L_s（nm）	311.367	−1.0236	129.135

三、方解石孔隙中页岩油的输运机制

除石英和有机质外，页岩中方解石的含量也很高。图 3–12 为北美典型页岩的矿物组成，可以发现在 Eagle Ford 和 Marcellus 页岩中方解石的含量分别高达 78% 和 40%，因此有必要对方解石孔隙内烷烃的流动规律进行研究。

方解石为三方晶系，R3c 空间群。首先根据晶格参数（$a=b$=0.4988nm，c=1.7061nm，$\alpha=\beta$=90°，γ=120°）构建其晶胞单元（van Cuong 等，2012），然后切出（10$\bar{1}$4）晶面，因为它在方解石各个晶面中的热力学状态最为稳定。图 3–13 为方解石—CH$_4$ 体系的模拟模型，其中固体壁面由两个完全相同的（10$\bar{1}$4）晶面构成。其尺寸为 3.24nm×3.0nm，z 方向的厚度为 1.21nm，由 240 个 CaCO$_3$ 单元组成。采用 Xiao 等（2011）建立的势能模型来描述方解石表面。该力场模型已经被应用于研究生物分子在方解石表面的吸附以及盐水中多糖与方解石之间的相互作用。为了与该力场开发过程中所使用的规则一致，采用全原子力场的 OPLS 模型来表征烷烃分子，并利用几何平均混合准则计算不同原子之间的 LJ 势能。其他的模拟参数设置与前述相同。

图 3–14a 对比了不同烷烃在方解石孔隙内流动时的速度剖面［F=25×10^{-4}kcal/（mol·Å）］，可以发现 CH$_4$、C$_3$H$_8$ 和 C$_8$H$_{18}$ 的速度剖面在定性特征上非常类似。根据孔道中央处速度剖面的曲率可以计算 C$_3$H$_8$ 和 C$_8$H$_{18}$ 在方解石孔隙内的黏度，其结果（95.66μPa·s 和 339.03μPa·s）与体相流体的黏度值相近。同时可以注意到，由于部分烷烃被吸附在固体壁面上无法流动，导致了负滑移现象的出现，所有烷烃在方解

石孔隙内的流动速度均小于 Poiseuile 方程的预测结果。C_3H_8 和 C_8H_{18} 的滑移长度分别为 –0.8682nm 和 –0.959nm，表明随着碳链长度的增加，滑移长度单调递减。由于长链烷烃与方解石之间的吸引力较强，其吸附层数和密度峰值均大于短链烷烃（图 3–14b），该结论与之前研究中已被证实的长链烷烃优先吸附特征一致，因此长链烷烃与方解石之间的摩擦阻力更大，从而使得滑移长度较小。

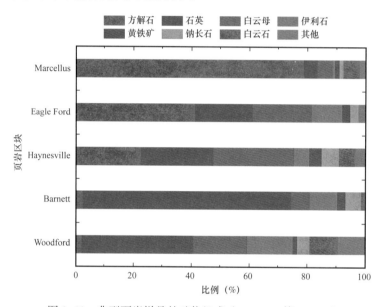

图 3–12　典型页岩样品的矿物组成（Clarkson 等，2013）

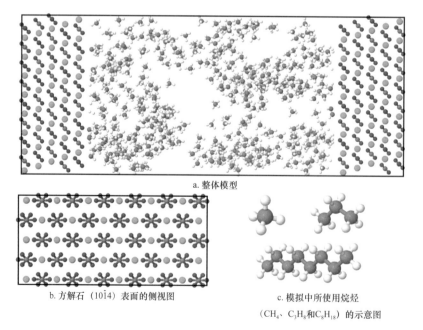

a. 整体模型

b. 方解石（10$\bar{1}$4）表面的侧视图

c. 模拟中所使用烷烃
（CH_4、C_3H_8和C_8H_{18}）的示意图

图 3–13　5.24nm 的方解石孔隙内油气流动的模拟模型
绿色表示钙原子，红色表示氧原子，黑色表示碳原子，白色表示氢原子

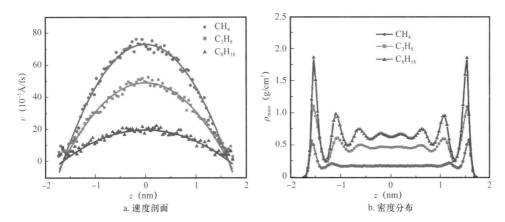

a. 速度剖面　　　　　　　　　　b. 密度分布

图 3-14　CH_4、C_3H_8 和 C_8H_{18} 在方解石孔隙内流动时的速度剖面与密度分布

四、页岩纳米级孔隙内油水两相的输运机制

达西定律常常用来描述单相流体在多孔介质内的流动规律。当两相同时存在时，只有一相的流动不被另一相干扰时，通过多孔介质的流体流量与驱替压力梯度之间才是线性关系。然而，在纳米级孔隙内，由于流体之间复杂的相互作用以及毛细管压力、黏性力和孔隙空间的变化都使得达西定律不再适用于纳米级孔隙。由于测量技术的局限性，纳米尺度多相流动的研究一直发展较为缓慢。

本书根据页岩的矿物组成分别构建有机质、无机质（方解石和黏土矿物）纳米孔的分子结构模型（图 3-15），采用非平衡动力学方法（NEMD）开展了压差驱动下页岩孔隙内油水两相流动的模拟研究，以期为页岩纳米孔内两相流动机理的揭示提供指导。

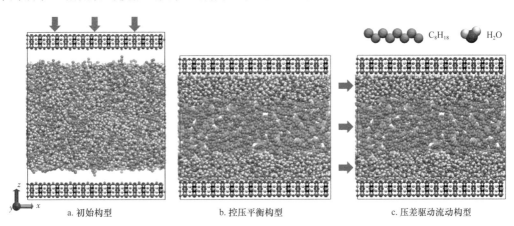

a. 初始构型　　　　　　b. 控压平衡构型　　　　　　c. 压差驱动流动构型

图 3-15　蒙皂石纳米孔内油水两相分子构型

分子构型及模拟过程如图 3-15 所示：首先根据狭缝体积及油水比计算烷烃和水的分子数，将两种分子随机放在两个壁面之间；固定下壁面，在上壁面的每个分子上施加作用力使上壁面做活塞运动，调节流体压力，外力大小根据式（3-13）计算，弛豫 2ns 达到平衡后，固定上下壁面并测量狭缝宽度。然后，在 NVT 系综下进行 3ns 平衡分子

动力学模拟，并收集轨迹统计静态特征。

$$f = \frac{p_{\text{pore}} \times A}{N_{\text{wall}}} \tag{3-13}$$

给每个流体原子在流动方向施加驱动力，模拟压差驱动下的流动，驱动力大小通过压力梯度及狭缝体积计算得到［式（3-14）］。模拟时长 6ns 并收集轨迹进行统计分析。

$$f_{\text{ex}} = \frac{\nabla p \times V}{N_{\text{fluid}}} \tag{3-14}$$

单相烷烃在蒙皂石和方解石纳米孔内均有 4 个吸附层。压差驱动下烷烃流动的速度剖面可用抛物线拟合，基本符合 Poiseuille 方程的特征。连续流体力学假设固液界面为无滑移边界，即假设流体在固体壁面处的速度为 0，然而在纳米孔内，无滑移边界条件不再适用。由于不同矿物的壁面性质不同，与烷烃之间的相互作用力也不同，单相烷烃在蒙皂石壁面处的速度大于 0，即为正滑移边界，滑移长度随驱替压差增大而增大；然而在方解石孔隙中，烷烃与壁面间的相互作用较强，第一个烷烃吸附层基本不流动，压差驱动下为多层黏滞流，即为负滑移边界，如图 3-16 所示。纳米孔内考虑滑移边界的 Poiseullie 流动速度剖面可用式（3-15）描述：

$$v = -\frac{\nabla p}{2\eta}\left(z^2 - \frac{w^2}{4} - wL_{\text{s}}\right) \tag{3-15}$$

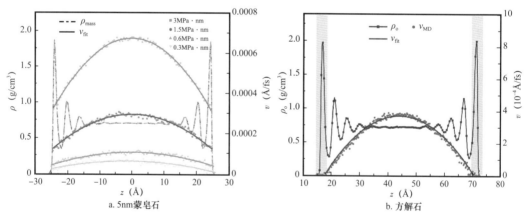

图 3-16　油相在 5nm 蒙皂石和方解石孔内流动的密度分布和速度分布（T=343K，p=30MPa）

当水存在时，水分子与无机质壁面间的相互作用较强，优先形成吸附，烷烃赋存于孔隙中央（图 3-17）。当含水量较高时，孔隙中间形成水桥，压差驱动下为段塞流；随着含水量减小，水桥消失，油水在纳米孔内形成层状结构，压差驱动下流态变为层流。当含水量很少时，固体壁面上吸附的水膜很薄，不能完全屏蔽烷烃与壁面间的相互作用，烷烃在壁面发生吸附。

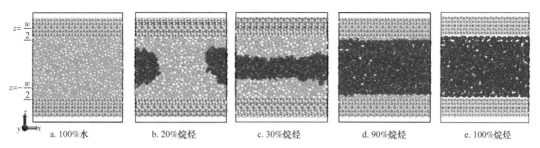

图 3-17 5nm 方解石孔隙中不同油水比的平衡构型

油水两相流动中，无机质孔隙内体相区油和水的速度剖面均可用抛物线拟合，符合 Poiseuille 流动的基本特征。根据经典 Poiseuille 流动方程，流体的黏度可由速度剖面的曲率计算得到。假设狭缝垂直方向中心轴线为 $z=0$，流动速度分布关于 $z=0$ 对称，因此采用抛物线 $v=az^2+c$ 对中心区域（体相区）C_8H_{18} 的速度进行拟合，可以得到黏度 $\eta_{o\_center}=0.43$mPa·s，与相同温压条件下体相 C_8H_{18} 黏度的实验值以及通过 Green-Kubo 关系模拟得到的体相流体黏度值一致，表明水的存在并不改变混合物中烷烃的性质。固液界面的滑移现象与固体表面的润湿性有关，由于蒙皂石和方解石等无机质矿物均亲水，油水两相流动中，水与蒙皂石壁面无滑移，与方解石壁面为负滑移（图 3-18），因为水中的氧原子与方解石中 Ca 原子之间的相互作用力较强，压差驱动下第一层吸附水基本不可动。油和水的速度分布在油水界面处有明显的不连续，说明油水之间存在液液滑移现象。若采用抛物线对油水两相区速度分布进行拟合，可以得到油水两相区的黏度远远小于体相油和体相水的黏度。

$$\lambda = \frac{1}{2Ak_BT}\int_0^\infty \langle F_x(t)F_x(0)\rangle \mathrm{d}t \tag{3-16}$$

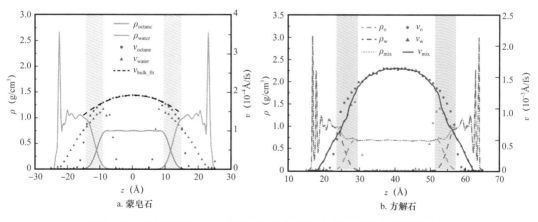

图 3-18 油水两相在 5nm 蒙皂石和方解石孔内的密度分布和速度分布

油的质量分数 =40%，T=343K，p=30MPa

根据 Green-Kubo 关系［式（3-16）］，采用平衡分子动力学方法分别计算了固液、液液间的摩擦系数，得到单相油与蒙皂石间的摩擦系数约为 48.3×10^4N·s/m³，单相水与蒙皂石之间的摩擦系数约为 $55.6 \times 10^4 \mathrm{N \cdot s/m^3}$，油水之间的摩擦系数约为 $13.5 \times 10^4 \mathrm{N \cdot s/m^3}$，远远小于固液之间的摩擦系数；当水膜存在时，烷烃与壁面之间的摩擦几乎为 0。将有水膜与无水膜情况下烷烃流量的比值 $\varepsilon = Q_{o\_ow}/Q_o$ 定义为烷烃流动的增强倍数，在蒙皂石孔隙中得到 $\varepsilon \approx 1.95$，表明水膜的存在大大降低了烷烃与壁面之间的摩擦，烷烃与壁面之间的相互作用和固液滑移变为烷烃与水之间的相互作用和油水液液滑移，有利于增强烷烃的流动。

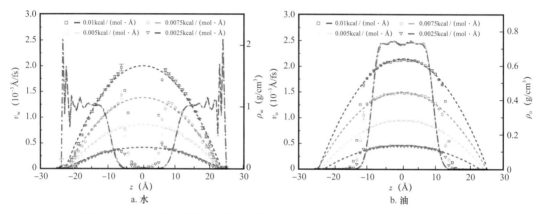

图 3-19　5nm 方解石孔隙中水和油的密度、速度分布随驱动力大小的变化

油的质量分数 =40%，T=343K，p=30MPa

对烷烃和水的密度、速度分布进行积分，得到烷烃和水在纳米级狭缝中的流量：

$$Q = \int_{-w/2}^{w/2} \rho_{\mathrm{n},i}(z) v_i(z) \mathrm{d}z \qquad （3-17）$$

式中，ρ_n 为数密度，i 为分子种类，即烷烃或水。图 3-20 为 5nm 方解石孔隙中烷烃和水的流量随油水质量比的变化情况：随着烷烃含量增加，水桥消失，流态由段塞流变为层流（图 3-17b、图 3-17c），流态变化导致混合物总流量骤减；由于单相烷烃在方解石孔隙中为多层黏滞流，滑移长度为负值，水膜降低了烷烃与壁面的相互作用，增强了烷烃的流动性，因此当水膜消失时，即烷烃质量分数由 90% 变为 100% 时，总流量降低。

为评价达西方程在单相和两相流动中的适用性，图 3-21 分别给出了单相烷烃、单相水和不同油水比情况下烷烃和水的流量随驱动力（驱替压差）的变化情况。由于单相烷烃和单相水在方解石纳米孔内均存在滑移现象，单相流中流量与驱动力之间均为非线性关系。在油水两相流动中，由于水分子与壁面间的相互作用与单相水流动情况相同，水的流量呈非线性变化；水膜的存在屏蔽了烷烃与壁面间的相互作用，因此烷烃的流量随驱动力大小呈线性增长，表明达西方程适用，且水膜越厚，烷烃流动的有效面积越小，导致渗透率下降；当水膜厚度太小，不能够完全屏蔽烷烃与壁面间的相互作用时，烷烃的流量变为非线性增加。

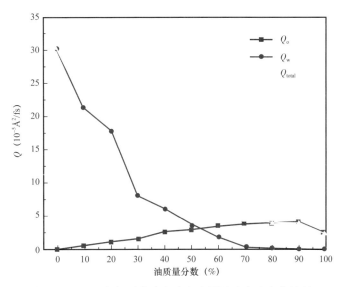

图 3-20　5nm 方解石孔隙中油水流量随油水比变化情况

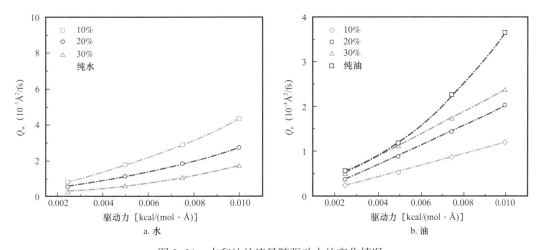

图 3-21　水和油的流量随驱动力的变化情况

采用相同的分子动力学方法，模拟得到了 5nm 有机质狭缝内油水两相流动的密度及速度剖面和总流量随油水比的变化情况。单相烷烃和单相水在石墨孔隙内快速传质的现象已经被证实，这是由于石墨表面超光滑，流体与固体壁面间的摩擦力非常低。根据 Green-Kubo 关系模拟得到的烷烃与石墨间的摩擦系数为 $4.95 \times 10^4 N \cdot s/m^3$，比无机质中小一个数量级。油水两相流体在石墨纳米孔内的赋存状态为：水在孔隙中央聚集形成团簇，烷烃吸附于石墨壁面。模拟过程中，有机质孔隙内流体所加的压力梯度比无机质孔隙中的压力梯度小两个数量级，但流体的速度远大于无机质孔隙中的速度。有机质孔隙中油水两相的速度剖面趋近于活塞状流动，不同于无机孔中的抛物线形状。由于流动速度较快且模拟过程中采用周期性边界条件，若采用速度密度积分的方法计算流量会造成较大误差，因此通过统计单位时间内通过周期性边界的分子数来计算了流体的总流量。图 3-22b 为总流量随油水比的变化，总流量在烷烃质量分数（OMP）达到 12% 前随 OMP 增加而骤减，之后趋于稳定，这是由于 OMP 小于 12% 时，烷烃和水在石墨壁面均有吸附现象。随着 OMP 增加，水与石墨间的相互作用减小至完全被烷烃层屏蔽，当 OMP 大于 12% 后，流体与壁面间的相互作用基本不再变化，因此总流量和滑移长度趋于稳定。

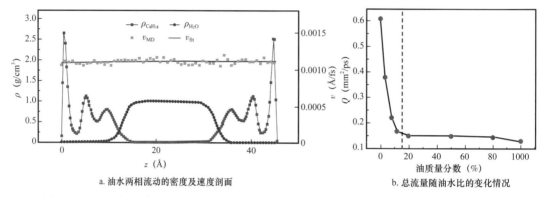

a. 油水两相流动的密度及速度剖面 b. 总流量随油水比的变化情况

图 3-22　5nm 有机质狭缝中油水两相流动的密度及速度剖面和总流量随油水比的变化情况

根据油水两相流动的分子动力学模拟结果，进一步建立了纳米孔内油水两相流动的数学模型。假设流体为不可压缩流体，速度连续，不发生化学反应，则流动控制方程为：

$$\frac{\mu}{r}\frac{\partial}{\partial r}\left(r\frac{\partial v}{\partial r}\right) = \frac{\partial p}{\partial z} \tag{3-18}$$

将流体分为 4 个区域，分别为体相油区、油水两相过渡区、体相水和吸附层水，流体间边界条件为速度连续，固液边界条件为滑移边界条件，即 $-l_{st}\left(\frac{\partial v_{nw}}{\partial r}\right)_{r=r_{nw}} = v_{nw}|_{r=r_{nw}}$，其中 l_{st} 为固液滑移长度，结合控制方程及边界条件，可以得到流体在不同区域内的速度。

体相油的速度：

$$v_{bo} = \left[\frac{1}{4\mu_{bo}}\left(r_{bo}^2 - r^2\right) + \frac{1}{4\mu_{ow}}\left(r_{ow}^2 - r_{bo}^2\right) + \frac{1}{4\mu_{bw}}\left(r_{bw}^2 - r_{ow}^2\right) + \frac{1}{4\mu_{nw}}\left(r_{nw}^2 - r_{bw}^2\right) + \frac{r_{nw}}{2\mu_{nw}}l_{st}\right]\frac{\partial p}{\partial z}, r\in[0,r_{bo}] \tag{3-19}$$

油水两相区：

$$v_{ow} = \left[\frac{1}{4\mu_{ow}}\left(r_{ow}^2 - r^2\right) + \frac{1}{4\mu_{bw}}\left(r_{bw}^2 - r_{ow}^2\right) + \frac{1}{4\mu_{nw}}\left(r_{nw}^2 - r_{bw}^2\right) + \frac{r_{nw}}{2\mu_{nw}}l_{st}\right]\frac{\partial p}{\partial z}, r\in[r_{bo},r_{ow}] \tag{3-20}$$

体相水：

$$v_{\mathrm{bw}} = \left[\frac{1}{4\mu_{\mathrm{bw}}} \left(r_{\mathrm{bw}}^2 - r^2 \right) + \frac{1}{4\mu_{\mathrm{nw}}} \left(r_{\mathrm{nw}}^2 - r_{\mathrm{bw}}^2 \right) + \frac{r_{\mathrm{nw}}}{2\mu_{\mathrm{nw}}} l_{\mathrm{st}} \right] \frac{\partial p}{\partial z}, \ r \in [r_{\mathrm{ow}}, r_{\mathrm{bw}}] \tag{3-21}$$

吸附层水：

$$v_{\mathrm{nw}} = \left[\frac{1}{4\mu_{\mathrm{nw}}} \left(r_{\mathrm{nw}}^2 - r^2 \right) + \frac{r_{\mathrm{nw}}}{2\mu_{\mathrm{nw}}} l_{\mathrm{st}} \right] \frac{\partial p}{\partial z}, \ r \in [r_{\mathrm{bw}}, r_{\mathrm{nw}}] \tag{3-22}$$

对速度分布进行积分可以得到不同区域内流体的体积流量，因此油和水的总流量分别为：

$$Q_{\mathrm{w}} = Q_{\mathrm{nw}} + Q_{\mathrm{bw}} + \frac{1}{2}Q_{\mathrm{ow}} = \int_{r_{\mathrm{nw}}}^{r_{\mathrm{bw}}} v_{\mathrm{nw}} \mathrm{d}A + \int_{r_{\mathrm{bw}}}^{r_{\mathrm{ow}}} v_{\mathrm{bw}} \mathrm{d}A + \frac{1}{2} \int_{r_{\mathrm{ow}}}^{r_{\mathrm{bo}}} v_{\mathrm{ow}} \mathrm{d}A \tag{3-23}$$

$$Q_{\mathrm{o}} = Q_{\mathrm{bo}} + \frac{1}{2}Q_{\mathrm{ow}} = \int_0^{r_{\mathrm{bo}}} v_{\mathrm{bo}} \mathrm{d}A + \frac{1}{2} \int_{r_{\mathrm{ow}}}^{r_{\mathrm{bo}}} v_{\mathrm{ow}} \mathrm{d}A \tag{3-24}$$

式中，μ_{nw}、μ_{bw}、μ_{ow} 和 μ_{bo} 分别为不同区域流体的局部黏度，可以通过分子模拟结果得到。

第二节　孔隙尺度上页岩油的流动机理

本节将基于页岩的多尺度孔隙网络模型，开展单相和油水两相流体流动的模拟研究，分析页岩绝对渗透率与驱替压力梯度的关系，探讨页岩油水两相相对渗透率曲线的基本特征，评价页岩油的可动性。

一、页岩数字岩心的构建

（一）目前常用方法的优缺点

准确的孔隙结构是进行多孔介质内流动模拟的基础。目前常用的数字岩心建模方法主要可分为物理实验法和数值重建法两大类。物理实验法是指借助高倍光学显微镜、扫描电镜或 CT 成像仪等高精度仪器获取岩心的平面或立体图像，之后通过对其进行三维重构得到数字岩心；数值重建法则借助岩心平面图像等少量资料，通过图像分析等方法提取模型的空间结构信息进而建立数字岩心。

X 射线 CT 方法建立数字岩心的过程主要包括三步：首先对经过预处理的岩样进行 CT 得到投影数据，然后利用图像重建方法得到岩心的灰度图像，最后根据二值分割法将灰度图像表示的孔隙和骨架分开，从而建立数字岩心（赵秀才，2009）。虽然 CT 方法可以直接得到岩心的三维孔隙结构，但目前微米 CT 的分辨率一般在 2μm 以上，无法观察到页岩基质中的纳米孔；纳米 CT 的分辨率虽然明显提升，但最小只能观察到直径 50nm 的孔隙，因此目前 CT 方法在页岩中常被用于微裂缝的表征。

模拟退火算法是一种寻找最优解的概率演算方法。建立数字岩心时，该方法以反映岩心微观结构的统计函数作为约束条件建立方程（Yeong 和 Torquato，1998），因此，对建模资料要求较少，少量的岩心切片图像就能够满足要求。与 X 射线 CT 方法相比，模拟退火法的成本低、效率高，但该方法的理论基础是传统的两点地质统计学，因此一般只能表征空间上两点之间的相关性，很难精确模拟具有复杂几何形态和拓扑结构的页岩孔隙空间，长距离连通性较差。

过程法是通过模拟颗粒的沉积和压实作用、成岩作用来建立数字岩心。重构过程中，首先对颗粒的沉积过程进行模拟，颗粒尺寸与真实岩心粒度组成保持一致，但包含许多假设条件，如岩石颗粒为球形、不考虑形变、颗粒碰撞不发生弹跳等。然后，通过压实过程模拟岩石孔隙结构的变化，最后通过黏土矿物在颗粒表面的随机沉淀模拟孔隙的充填过程。该方法建立数字岩心时考虑所有颗粒为球形，与实际页岩岩心组成颗粒有一定差别，模拟过程较简单，因此对于页岩模拟效果不理想。

马尔科夫理论可以精确地模拟岩心，因为岩心的组成结构是空间相关的。岩心空间中任何一个特定点的结构状态都有条件地依赖于其附近点的状态，这些依赖关系以条件概率的形式表示。而蒙特卡洛这种以概率统计为指导的数值计算方法，能够保证岩心重建结构的随机性，并可利用已有的真实图像数据预测其分布特征（Wu 等，2004）。马尔科夫链蒙特卡洛法（MCMC）重构数字岩心的过程，考虑了空间结构信息，是以岩心 3 个正交的二维切面图像的孔隙度及条件概率为基础的，以此对岩心逐层赋值进行重构。一般数字岩心中任意一点的状态取决于少数邻近点的状态，对真实岩心二维切面的图像进行遍历扫描，可得到其 2 点和 5 点邻域系统的条件概率，从而可以重构数字岩心二维切面。三维数字岩心重构过程中，由于其边界类型变多，需要利用不同的邻域系统，如 7 点、11 点邻域系统等，而对于非边界区一般采用 15 点邻域系统。Wu 等利用 MCMC 法对非均质土壤的结构进行模拟重建，取得了较好的效果，如图 3-23 和图 3-24 所示，分别是真实切片图像与 MCMC 法重建图像，重建图像与真实图像具有相似的特征。MCMC 法能够从 3 个方向快速构建出所需尺度的数字岩心，且所建数字岩心效果较好，其空间分布特征与真实岩心有较高相似性，但对于建立非均质性较强的数字岩心效果不是很理想（王晨晨等，2013）。

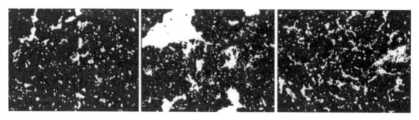

图 3-23　真实切面图像

多点地质统计学方法（MPS）是相对于传统的两点地质统计学而言的，两点地质统计学只能考虑空间中任意两点之间相关性，而 MPS 方法可以表征空间中多点之间的相关性，它们最主要的区别在于条件概率的确定方法不同。MPS 方法中的部分建模理论已经比较成熟，并被广泛应用于储层地质建模中。

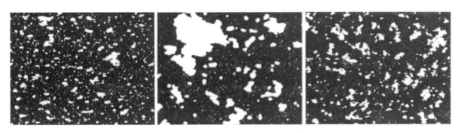

图 3-24 MCMC 法重建图像

MPS 方法的基本原理是从训练图像中提取特征的图像模式，然后将这些模式在最终的模型上体现出来，最终建立起数字岩心。训练图像是指能够表述实际储层结构、几何形态及其分布的数字化图像，反映待模拟区域的不同特征模式。在 MPS 方法中，会使用训练图像代替变差函数来体现空间结构，通过在训练图像中寻找周围条件数据分布和待模拟点完全相同的事件个数，来确定概率分布，从而反映空间多点之间的相关性，来弥补两点地质统计学方法的不足。图 3-25 是岩心真实模型和利用 MPS 方法重建模型的孔隙空间分布对比结果（吴玉其等，2018），可以看出重建模型与真实模型相似度较高，表明该方法的准确性较好。

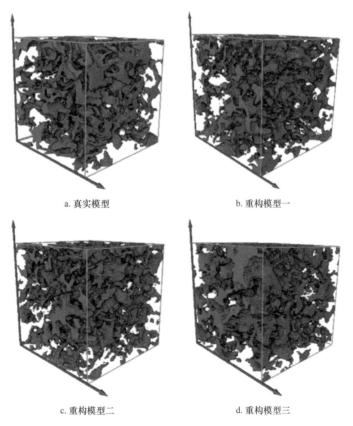

a. 真实模型　　　　　　　　　　　　b. 重构模型一

c. 重构模型二　　　　　　　　　　　d. 重构模型三

图 3-25 真实模型和重建模型

针对非均质性较弱的岩石，MPS 方法能够构建出较理想的三维数字岩心模型，但是该方法建立的数字岩心模型中会出现较大比例的微小孔隙，并不太适用于非均质性较强的介质。同时 MPS 方法采用数据模板对图像进行扫描训练，计算复杂度依赖于模板的尺寸和训练算法，计算效率较低。

几种典型数字岩心重构算法的对比见表 3-6。下一节将在生成对抗神经网络模型的基础上建立页岩多尺度数字岩心的重构算法，以克服目前算法无法有效考虑页岩多尺度特征的问题。

表 3-6   典型数字岩心重构算法的对比

方法	特点
X 射线 CT	能较准确地建立三维数字岩心模型，但价格昂贵、实验周期长、分辨率较低，无法描述页岩基质中的纳米级孔隙
过程法	模拟岩石的沉积、压实与成岩过程，但一般将颗粒假设为球状，与实际颗粒形态差别较大，而且成岩过程模拟较简单
模拟退火法	基于两点地质统计学理论，只能表征空间上两点之间的相关性，无法准确模拟复杂的拓扑结构，长距离连通性较差
马尔科夫链蒙特卡罗法	需要进行马尔科夫链式的采样和诊断，计算有一定复杂度，不适用于建立非均质性较强的数字岩心
多点地质统计学方法	采用数据模板对图像进行扫描训练，计算复杂度依赖于模板的尺寸和训练算法，效率较低，适用于各向同性介质

（二）生成对抗型神经网络的基本原理

生成对抗型网络（Generative Adversarial Networks，GAN）（Goodfellow 等，2014）是近年来比较流行的一种深度学习模型（图 3-22）。它于 2014 年被提出，目前已发展成为复杂分布上无监督学习最具前景的方法之一。其主要思想来源于博弈论，通过生成模型（Generative Model）和判别模型（Discriminative Model）两个模块的互相博弈学习产生较好的输出。其中生成模型 G 捕捉样本数据的统计特征，并用服从某一分布的噪声 z 生成一个类似训练数据的样本，其追求的效果尽可能接近真实样本；而判别模型 D 则是一个分类器，估计某个样本来自训练数据（而非生成数据）的概率。如果样本来源于真实的训练数据，则 D 输出大概率；否则，D 输出小概率。

如果以图像举例，则判别模型用于判断一个给定的图片是不是真实的图片，即判断该图片是从数据集里获取的真实图片，还是生成器生成的图片；而生成模型的任务则是去创造一个看起来像真实图片一样的图片。刚开始时这两个模型都没有经过训练，随后两个模型一起对抗训练，生成模型产生一张图片去欺骗判别模型，而判别模型去判断这张图片是真是假，在这两个模型训练的过程中，模型的能力越来越强，最终达到稳态。在原始 GAN 理论中，并不要求生成器 G 和判别器 D 都是神经网络，只需要是能拟合相应生成和判别的函数即可。但实际应用中一般采用深度神经网络作为生成器和判别器。

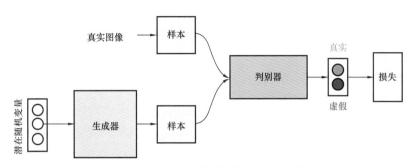

图 3-26 生成对抗型网络的基本原理

从数学上来讲，生成对抗网络实际是让生成器和判别器进行一个极小极大的博弈，最终达到纳什均衡，即判别器无法区分样本是来自生成器伪造的样本，还是真实样本。以往的深度生成模型需要马尔科夫链或近似极大似然估计，因此会产生很多难以计算的概率问题，而 GAN 框架的训练过程采用成熟的算法即可。其基本模型为：

（1）生成器 G。输入噪声 z（z 服从人为选取的先验概率分布，如均匀分布、高斯分布等）。采用多层感知机的网络结构来表示可导映射 G（z：），将输入空间映射到样本空间。

（2）判别器 D。输入真实样本 x 和伪造样本 D（z），并分别带有标签 real 和 fake。判别器网络用带有参数的多层感知机表示，输出为 D（x），表示来自真实样本数据的概率。

（3）优化目标。生成器 G 和判别器 D 在极小极大博弈（非凸优化）中扮演两个竞争对手的角色，可以用下列函数 V（G，D）来表示：

$$\min_G \max_D V(D, G) = E_{x \sim p_{\text{data}}(x)}\Big[\lg D(x)\Big] + E_{z \sim p_z(z)}\Big[\lg\big(1 - D\big(G(z)\big)\big)\Big] \tag{3-25}$$

（4）优化过程。训练初期，当 G 的生成效果很差时，D 会以高置信度来拒绝生成的样本，因为它们与训练数据明显不同。因此，$\lg$（$1{-}D$（G（z）））饱和（即为常数，梯度为 0），选择最大化 $\lg D$（G（z）），而不是最小化 $\lg$（$1{-}D$（G（z）））来训练 G。在训练的内部循环中完成 D 的优化在计算上是不可行的，而且有限的数据集将导致过拟合。因此，一般在优化 D 的 k 个步骤和优化 G 的一个步骤之间交替更新。只要 G 变化足够慢，就可以保证 D 在其最优解附近。当生成器产生的样本分布与训练数据集一致时，即达到全局最优。

在图像处理方面，生成对抗网络的优势主要体现在可以填补缺失信息和超分辨率等方面。真实环境下带标注的信息很少，而且标注信息往往依靠高成本的人工标注。生成模型能够在很少标注样本的情况下提高半监督学习算法的泛化能力。同时，给定一张二维图片，可以通过生成模型来填补更多的图像信息，生成可能的三维图像。对于单张图片的超分辨率任务，往往需要给低分辨率的图像填补缺失信息合成高分辨率图像。相对于生成对抗网络，其他生成模型往往对多种可能的生成图像进行平均，从而造成图像模糊，而 GAN 则会生成多个可能的清晰图像。这些优点使得生成对抗网络广泛应用于超分辨率、图像生成、场景渲染和图像修复等方法，而且也使得页岩多尺度数字岩心的重构成为可能。

（三）生成对抗型神经网络重构页岩数字岩心的算法

帝国理工大学的 Mosser 等（2017）率先提出了基于生成对抗型神经网络模型重构数字岩心的算法，其基本流程如图 3-27 所示。首先将扫描得到的原始图像分割为 64^3 或 128^3 体素的训练图像，然后利用生成器 G 从均匀分布的隐藏空间 z 产生虚拟样本。将真实的训练图像标记为 1，将虚拟样本标记为 0，然后利用判别器确定某个样本是真实的，还是虚拟的。计算判别器的误差并将其反向传播，以此来改进判别器的判别能力。同时对生成器 G 进行更新，改善生成样本的质量。当图像质量达到要求时停止训练，此时生成器就可以产生代表训练图像特征的新样本。与之前的数字岩心重构算法相比，其主要优势在于：（1）能够生成分辨率更高、尺寸更大的数字岩心模型；（2）训练完成后的参数可以保存，从而直接生成多个实现，而不需要每次都进行训练；（3）生产采样的时间更短，GAN 网络每次产生一个样本（即一个二维图像或三维数据体），而非一个像素，因此算法效率更高。

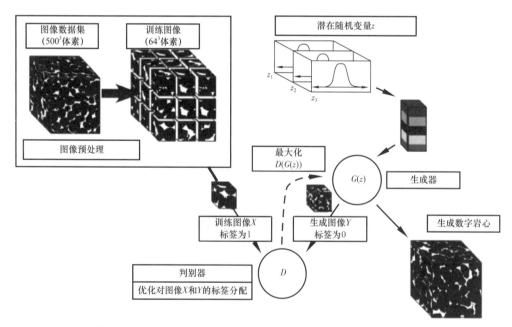

图 3-27　GAN 网络重构数字岩心的算法流程（Mosser 等，2017）

Mosser 等采用该方法对颗粒堆积模型、Berea 砂岩和 Ketton 灰岩的数字岩心模型进行了重构，并从欧拉特征、两点统计和单相渗透率等方法评价了重构效果。结果表明，

GAN 网络能够生成反映多孔介质特征（如各向异性等）的高分辨率三维数据体，而且能够保证较高的计算效率。

但需要注意的是，Mosser 等仅将该方法应用于常规油气藏，并未将其应用于页岩等纳米级多孔介质。如果直接将生成对抗型神经网络模型用于重构页岩数字岩心，则仍面临着多尺度的问题。在 Mosser 等所建立的方法中仅使用了同一分辨率的图像，并未采用不同分辨率的图像进行训练，因此无法体现页岩岩心的多尺度特征。这里基于 Laplace 金字塔方法对其进行改进，建立页岩多尺度数字岩心的重构算法。

一幅图像的金字塔是一系列以金字塔形状排列的分辨率逐步降低，且来源于同一张原始图的图像集合，从塔顶到塔底图像分辨率越来越高。用 $d(.)$ 表示向下采样，$u(.)$ 表示向上采样。首先构建图像 I 的高斯金字塔 $G(I) = [I_0, I_1, \cdots, I_k]$，其中 I_0 是原图，I_1 到 I_k 都是由它之前的 I 经过向下采样得到的，k 表示金字塔的层数。第 k 层的拉普拉斯金字塔：$h_k = I_k$，其他层的拉普拉斯金字塔为：

$$\overline{h_k} = L_k(I) = G_k(I) - u(G_{k+1}(I)) = I_k - u(I_{k+1}) \tag{3-26}$$

用拉普拉斯金字塔恢复图像：

$$I_k = u(I_{k+1}) + \overline{h_k} \tag{3-27}$$

因此，利用拉普拉斯金字塔可以由粗到精逐级生成越发清楚的图像。将拉普拉斯金字塔与生成对抗网络相结合的算法也称为 LapGAN（Denton 等，2015）。传统 GAN 算法只采用一个卷积神经网络（CNN）作为生成器，负责重构整幅图像；而 LapGAN 的每一层对应于不同的分辨率，都有一个关联的 CNN，从而能够由粗到细逐渐生成图像的每一部分。拉普拉斯金字塔的顶端（也就是像素最低的图像）用来训练普通的 GAN，生成器的输入只有噪声。而后像素更高的图像用来训练有条件的生成对抗网络 (CGAN)，输入的不光有噪声，还有同级的高斯金字塔的图像经过向上采样后得到的图像。

本节在进行页岩数字岩心重构时，不再使用传统的生成对抗网络 GAN，而是采用了 LapGAN 利用不同分辨率的图像数据进行训练，从而得到了页岩的多尺度数字岩心。图 3-28 为训练过程中生成器和判别器损失函数数值随迭代次数的变化。迭代刚开始时，由于图像质量很低，可以观察到大量的噪声。大概 2000 步以后，生成器的损失函数骤降，此时可以明显地观察到已经生成了较粗略的图像。需要注意的是，损失函数并不能严格反映重构数字岩心的质量，仍然需要在训练过程中关注学习率。8000 步以后，网络的学习率达到稳定，此时产生的数字岩心如图 3-29a 所示，其中红色代表孔隙，而蓝色代表骨架。为了对数字岩心的可靠性进行验证，图 3-29b 对比了重构数字岩心和实际图像中两点相关函数 S_2 随距离的变化关系，可以发现两者吻合得很好。重构数字岩心所得到的孔隙度和渗透率分别为 0.119mD ± 0.005mD 和 0.079mD ± 0.012mD，与实际样品的 0.127mD 和 0.082mD 非常接近，充分证明了该方法的有效性。采用最大球算法提取三维的孔隙网络模型，如图 3-30 所示。该模型将被用于孔隙尺度上页岩的两相流动模拟。

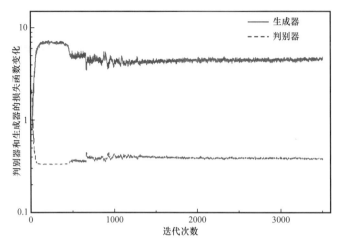

图 3-28　损失函数数值随迭代次数的变化

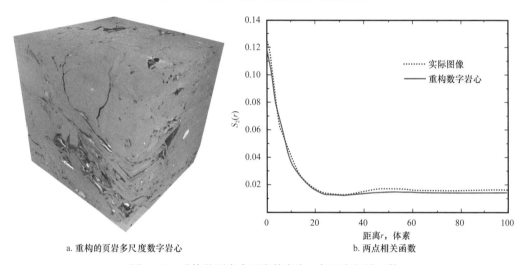

a. 重构的页岩多尺度数字岩心　　　　　　　b. 两点相关函数

图 3-29　重构的页岩多尺度数字岩心与两点相关函数

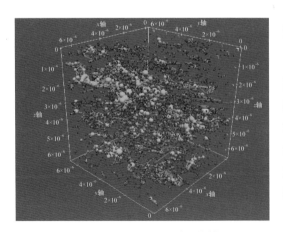

图 3-30　页岩的三维孔隙网络模型

二、孔隙尺度上页岩油的单相流动模拟

本章第一节对石英、有机质和方解石孔隙内油的微观流动机理进行了研究，并基于滑移长度建立了流体流动的数学模型。本节将在此基础上分析孔隙尺度上页岩油的流动规律。原子力显微镜和扫描电镜的观测结果表明，页岩储层表面其实是非常粗糙的（Javadpour 等，2015）。随着孔径的减小，表面粗糙度对流体流动的影响必然越来越大。鉴于上文的研究结果均是在

假设固体表面光滑的情况下得到的，本章首先对表面粗糙度影响下纳米单管内流体的流动规律进行研究，并提出"有效滑移长度"的概念对其流动进行表征，然后考虑页岩孔隙分布的"双峰"特征及不同矿物孔隙内流体流动规律的差异，建立了页岩的孔隙网络模型及相应的流动模拟方法。研究结果表明：（1）对于不同的岩石矿物表面，当表面粗糙度达到一定程度时，都会造成负滑移；（2）在孔隙尺度上，页岩油的流动规律不再服从 Darcy 定律，而是非线性流动；（3）孔隙结构的复杂性、壁面粗糙度和流体的非牛顿特性是造成非线性渗流的根本原因。

（一）表面粗糙度对滑移长度的影响

表面粗糙度对流体流动影响的研究可以追溯到一百多年前，其中最重要的研究成果当属 Moody 等所建立的对表面粗糙度影响进行一阶估计的方法（Moody 图）。然而，该方法要求相对粗糙度（粗糙元高度与孔隙直径之比）在 5% 以下，该条件对于微纳米级流动体系来说过于苛刻。Javadpour 等（2015）利用原子力显微镜和扫描电镜测量了典型页岩表面的粗糙度，他们发现粗糙元高度可以达到几十纳米，相对粗糙度可达到 25% 甚至更高，而且孔隙越小，相对粗糙度越大（图 3-31）。可以推测，对于页岩这种普遍发育微米—纳米级孔隙的多孔介质而言，粗糙表面对流体流动的影响要比常规尺度大得多，该结论在页岩气流动机理研究中已经得到证实（Naraghi 和 Javadpour，2015）。因此，有必要详细考察表面粗糙度对纳米单管内页岩油流动规律的影响，并建立定量表征的数学模型。

Popadić 等（2014）建立了采用 Navier-Stokes 方程和部分滑移边界条件对纳米单管内流体流动进行模拟的方法，其中连续流动模拟所使用的边界条件是分子动力学模拟所得到的滑移长度。他利用该方法对半径为 1.017nm 的碳纳米管内水的流动规律进行了研究，并将模拟结果与 MD 模拟结果进行对比，发现两者吻合得非常好，然而模拟计算量却大大减少。由于已经证实原油在宽度为 2nm 及以上的页岩孔隙内流动时仍然可以用 Navier-Stokes 方程进行描述，本节将利用 Popadić 等所提出的方法对表面粗糙度影响下页岩纳米孔内的流动规律进行研究，MD 模拟所得到的滑移长度构成了计算流体动力学（CFD）模拟的边界条件，最终综合表面粗糙度和微尺度效应的影响提出"有效滑移长度"的概念对其流动进行表征，进而建立了页岩单相和油水两相流动的模拟方法。

考虑长为 500nm、宽为 100nm 的石英狭缝中均匀排列着余弦形状的粗糙元，利用 CFD 模拟可以得到滑移条件下孔道内 n-C_8H_{18} 流动的速度及压力分布（图 3-32）。为了更清楚地反映粗糙度对纳米尺度下原油流动的影响，图 3-33 提供了光滑石英孔隙内 n-C_8H_{18} 流动的模拟结果。

两者对比可以发现，在光滑孔隙内流线的分布非常平直，而在粗糙孔道内靠近固体壁面处的粗糙单元扰乱了流线的分布，使流线发生弯曲，增大了流体的流动阻力，部分流体由于粗糙元的遮挡难以流动，因此造成相同压差下通过孔道的流量减小。图 3-34 对比了 n-C_8H_{18} 在光滑和粗糙石英孔隙内流动的速度剖面，其中在粗糙管内分别截取了

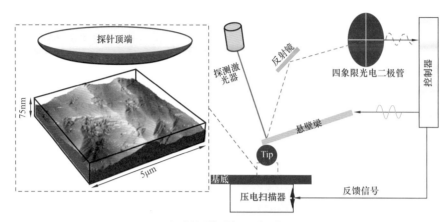

a. 原子力显微镜测试原理的示意图

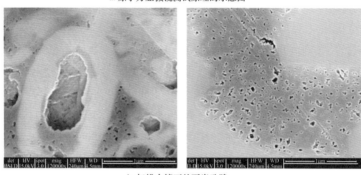

b. 扫描电镜下的页岩孔隙

图 3-31　页岩孔隙表面的粗糙度特征

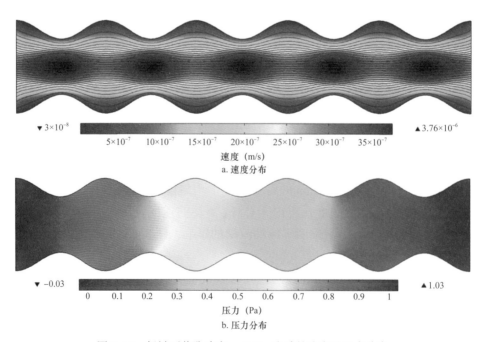

图 3-32　粗糙石英孔隙内 $n\text{-}C_8H_{18}$ 流动的速度及压力分布

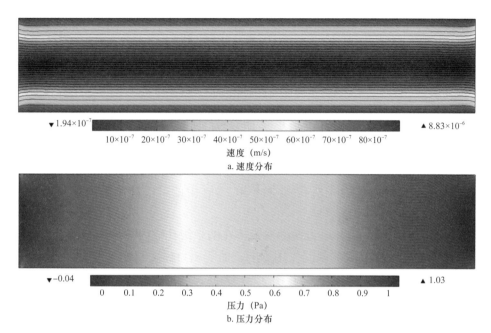

▼1.94×10⁻⁷ ... ▲8.83×10⁻⁶

$10×10^{-7}$ $20×10^{-7}$ $30×10^{-7}$ $40×10^{-7}$ $50×10^{-7}$ $60×10^{-7}$ $70×10^{-7}$ $80×10^{-7}$
速度（m/s）
a. 速度分布

▼−0.04 ... ▲1.03

0　0.1　0.2　0.3　0.4　0.5　0.6　0.7　0.8　0.9　1
压力（Pa）
b. 压力分布

图 3-33　光滑石英孔隙内 n-C_8H_{18} 流动的速度及压力分布

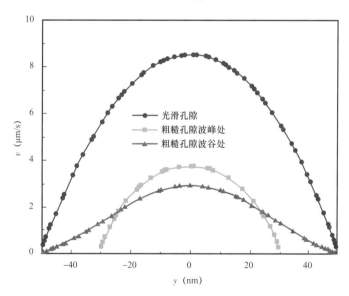

图 3-34　光滑和粗糙石英孔隙内 n-C_8H_{18} 流动的速度剖面

波峰和波谷位置处的结果。可以发现，无论在波峰还是波谷处，其速度峰值均远小于光滑孔隙内的流动速度，说明在表面粗糙度影响下，原油在页岩纳米孔内的流动速度更慢。将波峰和波谷位置处的流动速度做对比可以发现，由于任意截面位置处流体的流量不变，因此波谷处的流体流动速度小，而波峰处的过流面积较小，因此流体流动得更快，沿法线方向的速度梯度也越大，造成壁面处的滑移速度也越大。

　　为了有效地对表面粗糙度影响下纳米孔内流体的流动规律进行定量表征，这里提出了

"有效滑移长度"的概念。用光滑孔隙内滑移边界条件影响下 Poiseuille 方程的理论流量对表面粗糙度影响下流体的总流量 Q 进行近似，可得到滑移长度的计算公式为：

$$L_{\text{eff}} = \frac{w}{6}\left(\frac{12Q\eta_{\text{bulk}}}{\nabla p w^3} - 1\right) \tag{3-28}$$

值得注意的是，虽然 MD 的模拟结果表明，在不同尺寸的孔隙中流体的有效黏度也不同，但为了后续应用的方便，这里采用体相流体的黏度 η_{bulk} 来计算有效滑移长度，即 L_{eff} 是滑移长度、表面粗糙度和流体黏度变化多重效应的综合结果。该模型中粗糙孔隙内流体的流量仅为光滑孔隙中的 39.2%，由此可以计算得到其有效滑移长度为 −10.128nm。

MD 模拟结果表明，驱替压力梯度对流体在纳米级孔隙内的流动有很大影响。虽然流体的有效黏度主要受空间的限制作用影响，而随压力梯度的变化不大，但 $n\text{-}C_8H_{18}$ 的滑移长度随驱动力的增大而呈单调递增趋势。因此，这里以上面的模拟模型为例，进一步研究了粗糙孔隙内驱替压力梯度对流体流动的影响。由图 3-35 可知，由于滑移长度随驱替压力梯度的增大而增大，$n\text{-}C_8H_{18}$ 流经粗糙孔隙的流量 Q 也随压力梯度 grad$p$ 的增加而逐渐变大，而且由于 L_s 与 grad$p$ 之间的关系是非线性的，Q 随着 grad$p$ 的变化也呈现非线性变化趋势。对 Q 的后期直线段进行线性拟合可以发现，压力梯度越小，实际流量曲线偏离该线性关系越多。

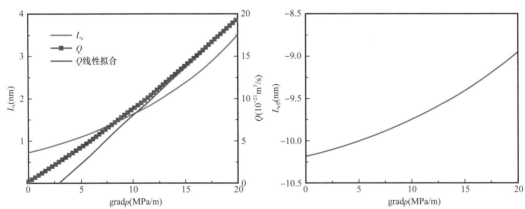

a. 光滑石英孔隙内 $n\text{-}C_8H_{18}$ 的滑移长度 L_s 与驱替压力梯度 grad$p$ 之间的关系以及不同驱替压力梯度下粗糙孔隙内流体的流量 Q

b. 不同驱替压力梯度下粗糙石英孔隙内的有效滑移长度 L_{eff}

图 3-35 粗糙石英孔隙内的有效滑移长度

对图中曲线进行拟合，可分别得到不同驱替压力梯度下无量纲有效滑移长度的数学表达式。对于不同矿物的孔隙，其表征模型分别为：

$$\frac{L_{\text{eff}}}{w} = 0.0048939\exp(\nabla p / 15.83749) - 0.1068312 \quad （石英孔隙） \tag{3-29}$$

$$\frac{L_{\text{eff}}}{w} = 0.003383\exp(\nabla p / 13.94636) + 0.0386798 \quad （有机质孔隙） \tag{3-30}$$

$$\frac{L_{\mathrm{eff}}}{w} = -0.1114895 + 0.0000398\nabla p \quad （方解石孔隙） \quad （3\text{-}31）$$

（二）页岩油的单相流动模拟方法

下面将基于流动数学模型，建立页岩孔隙内单相流动的模拟方法。假设网络模型中完全饱和了原油，模型入口端和出口端的所有孔隙分别与定压的容器相连接，则孔隙空间内的流体将会在压差驱动下流出。利用该模型模拟储层中页岩孔隙内油的流动。将每个孔隙作为节点，则在单相不可压缩流的条件下流入和流出孔隙的流量相等，因此：

$$\sum_{j=1}^{n} q_{kj} = 0 \quad （3\text{-}32）$$

式中，n 为与孔隙 k 相连的孔隙数目；q_{kj} 为体积流量，m^3/s。

将由孔隙 j 流入孔隙 k 的流量定义为正值，从孔隙 k 流出的流量定义为负值。则两个孔隙之间的流量为：

$$q_{kj} = \frac{g_{kj}}{L_{kj}}\left(p_k - p_j\right) \quad （3\text{-}33）$$

式中，p_k 和 p_j 分别为两个孔隙内的压力，MPa；g_{kj} 和 L_{kj} 为孔隙 k 和孔隙 j 之间的传导率和距离。

采用图 3-36 说明传导率和距离的计算方法：

$$L_{jk} = L_j + L_t + L_k \quad （3\text{-}34）$$

$$g_{jk} = \frac{L_{jk}}{\dfrac{L_j}{g_j} + \dfrac{L_t}{g_t} + \dfrac{L_k}{g_k}} \quad （3\text{-}35）$$

式中，L_j 和 L_k 分别为第 j、k 孔隙的长度，m；L_t 为连接 j 和 k 两孔隙的喉道 t 的长度，m；g_j、g_t 和 g_k 分别为孔隙 j、喉道 t 和孔隙 k 的传导率，$m^4/$（MPa·s）。

在利用孔隙网络模型进行常规油藏的流动模拟时，圆形孔隙内流体的流动用无滑移 Poiseuille 方程进行描述，即

$$Q = \frac{\pi r^4 \nabla p}{8\mu} \quad （3\text{-}36）$$

由于传导率的定义为单位压力梯度下的体积流量，因此可得：

$$g = \frac{\pi r^4}{8\mu} \quad （3\text{-}37）$$

利用该公式在孔隙尺度上进行模拟可得到常规油藏渗流的 Darcy 定律，但由于页岩储层中广泛发育微米—纳米级孔隙，因此单管内的流动不再服从 Poiseuille 方程。为了充分

考虑不同矿物孔隙内流体流动机制的不同以及表面粗糙度对流动的影响，本书提出了单管内传导率计算的改进方法。当圆形孔隙表面存在滑移时，流体的流量为：

$$Q = \frac{\nabla p \pi r^4}{8\mu}\left(1 + \frac{4L_{\mathrm{eff}}}{r}\right) \tag{3-38}$$

式中，Δp 为孔隙两端的压力梯度，MPa/m；L_{eff} 为孔隙内流体的有效滑移长度，m。L_{eff} 值可为正、负或 0，当其为 0 时，即为无滑移 Poiseuille 方程的特殊形式。由式（3-36）可得：

$$g = \frac{\pi r^4}{8\mu}\left(1 + \frac{4L_{\mathrm{eff}}}{r}\right) \tag{3-39}$$

注意式中有效滑移长度 L_{eff} 同样是压力梯度的函数。不同矿物的有效滑移长度通过式（3-29）至式（3-31）计算得到。

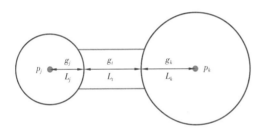

图 3-36　两孔隙间传导率计算方法的示意图

在给定模型入口和出口的压力后，对模型内所有的孔隙应用式（3-32）可得到一个关于孔隙压力的方程组，但由于两孔隙之间的传导率仍与其压力梯度有关，因此该模型为非线性方程。通过迭代方法对其进行求解可得到模型内的压力分布，程序求解流程如图 3-37 所示。在得到模型内的压力分布之后，利用式（3-33）计算孔隙间的流量分布。对出口端所有的孔隙流量进行求和，得到该驱替压差下的总流量 Q。通过绘制不同压力梯度下的流量曲线，可以得到孔隙尺度上页岩油的流动规律，将其与达西方程做比较，可判断页岩油的流动是否为非线性。

（三）页岩油的单相流动机理

首先对上一小节所建立的孔隙网络模拟方法进行验证。如果不考虑页岩纳米级孔隙内流体的微观流动机制以及表面粗糙度对流动的影响，即假设每个喉道内流体的流动仍然服从无滑移 Poiseuille 方程，则原油流过该孔隙网络模型时压力梯度与流量之间的关系仍为线性的。在压力梯度为 0.001~10MPa/m 的范围内进行流动模拟，其中喉道的传导率由式（3-27）计算得到。图 3-38 为模拟所得到的不同压力梯度 gradp 下的流体流量，可以发现在整个研究范围内，gradp—Q 均满足线性关系，与推测的结果一致。对该曲线进行线性拟合，并由 Darcy 方程可计算出不考虑微尺度效应时该孔隙网络模型所代表的多孔介质渗透率。

进一步考虑页岩不同矿物孔隙内流动规律的差异和粗糙度的影响对页岩油的流动规律进行模拟。每个孔隙和喉道的传导率是根据其矿物类型利用式（3-29）至式（3-31）计算得到的。由图 3-39 可知，油在页岩储层内流动时驱替压力梯度与流量之间的关系是非线性的。虽然在纳米尺寸的石英孔隙中由于正滑移的存在，油的流动速度比无滑移 Poiseuille 方程的预测结果快，但由于其滑移长度较小，因此孔隙表面粗糙度的存在增大了流体的渗流阻力，导致石英孔隙中极易出现"负滑移"现象。而且当压力梯度较小时，受粗糙元遮挡的那部分流体很难被采出，而在压力梯度较大时，粗糙元附近的流线变密，使得多余部分的流体被驱动，由此导致了 grad$p$ 与 Q 之间的非线性关系。虽然原油在有机质孔隙内的滑移长度较大，单管内的流速远大于无滑移 Poiseuille 方程的计算结果，但由于页岩中有机质孔隙的直径较小，常常比无机质孔隙低一个数量级，因此在孔隙尺度流动中的作用并不显著。方解石孔隙与烷烃之间较强的相互作用使得原油在单管内流动时就出现"负滑移"现象，流速比 Poiseuille 方程的计算结果小，因此在粗糙度的影响下流动得更慢。

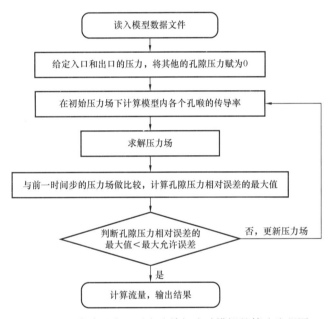

图 3-37　孔隙尺度上页岩油单相流动模拟的算法流程图

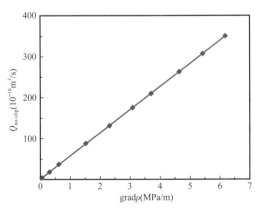

图 3-38　不考虑滑移时的模拟结果

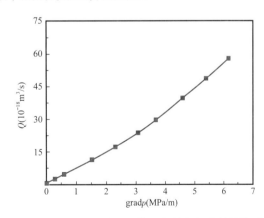

图 3-39　页岩油流动时驱替压力梯度与流量的关系

需要注意的是，本节的研究方法和思路同样适用于油在致密砂岩或致密灰岩储层中的流动。与页岩相比，致密储层主要具有以下不同之处：

（1）孔喉尺寸更大。邹才能等（2012）的统计结果表明，页岩储层的孔喉直径范围为10~400nm，而致密砂岩和致密灰岩储层的孔喉直径一般为50~900nm和40~500nm。

（2）矿物成分存在明显差异。页岩储层除了富含有机质外，还广泛分布着石英、方解石和各种黏土矿物，然而致密砂岩和致密灰岩储层中的矿物成分往往比较纯，主要是石英和方解石（或白云石），基本不含有机质。为了将页岩和致密砂岩储层中油的流动规律进行对比，本节也建立了致密砂岩的孔隙网络模型并对其进行了流动模拟。计算得到的流量与驱替压力梯度的关系如图3-40所示。可以发现致密砂岩中原油的流动规律为非线性的，不再服从 Darcy 方程的线性规律，这与目前文献中部分研究者所报道的低渗透油藏的非线性渗流规律类似。随着压力梯度的增大，原油在石英纳米孔内流动的滑移长度也逐渐增大，因此流量呈现非线性增加。在每个驱替压力梯度下，如果将利用 Darcy 方程计算得到的渗透率定义为"视渗透率 K_{app}"，则随着压力梯度的增大，致密砂岩的视渗透率也逐渐增大，并最终趋于不变（图3-40b）。

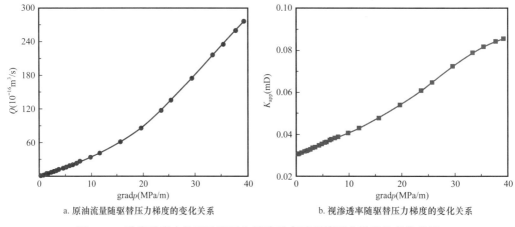

a. 原油流量随驱替压力梯度的变化关系　　　　　b. 视渗透率随驱替压力梯度的变化关系

图3-40　致密砂岩中的原油流量和视渗透率随驱替压力梯度的变化关系

以下将对该模拟结果与实验测得的规律做比较，以验证本节结论的正确性。图3-41为中国石油勘探开发研究院廊坊分院对安244-10井的3块致密岩心所测得的渗流曲线。在实验过程中，为了精确测定驱替压力和流量，工作人员研发了多级压力控制系统，并采用了最新型的光电式全自动微流量计，测试精度可达到 0.00001mL/min。将本节的模拟结果与图3-41做对比，可以发现两者的定性规律基本一致。Q 与 grad$p$ 之间均为非线性关系，且随着压力梯度的增大，流量增加得越来越快，表明其渗透性逐渐变好。

也有研究者对 Q—grad$p$ 曲线后期的直线段进行线性拟合，将其延长线与 grad$p$ 的交点称为拟启动压力梯度，并将拟启动压力梯度作为储层评价的一个重要指标，然而在实际应用过程中常会遇到这样的问题，即实验测得的拟启动压力梯度比现场实际要大得多。这里用图 3-40 和图 3-42 解释该问题出现的原因。由于页岩（致密）储层的物性非常差，因此在实验过程中工作人员常常在岩心两端施加一个较大的压力梯度，以此来保证通过岩心的流量较大，可以达到流量计能够探测的范围，例如图 3-41 中压力梯度最大高达 200MPa/m。

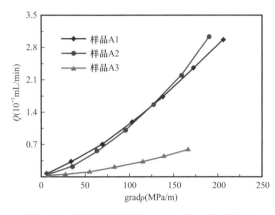

图 3-41　实验测得的安 244-10 井 3 块岩心的渗流曲线

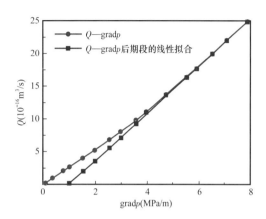

图 3-42　致密砂岩中原油流量与驱替压力梯度之间的关系及其线性拟合结果

　　为体现出压力梯度取值范围对页岩（致密）储层渗流规律的影响，本节针对同一个孔隙网络模型，分别绘制了驱替压力梯度在 0～40MPa/m 和 0～8MPa/m 范围内的流量曲线，其结果分别如图 3-40a 和图 3-42 所示。可以发现两条曲线的非线性程度存在较大不同：当驱替压力梯度的测试范围较大时，Q—grad$p$ 曲线的非线性程度较强，通过对其后期直线段进行线性拟合所得到的拟启动压力梯度约为 12.46MPa/m；然而当测试范围较小时，Q—grad$p$ 曲线的非线性程度明显减弱，拟启动压力梯度仅为 1MPa/m。如果对驱替压力梯度在其他范围内的流量曲线进行线性拟合，可得到不同的拟启动压力梯度，造成该现象的根本原因为原油在页岩（致密）储层中流动时的流量与压力梯度之间的关系实际上是指数函数关系，只是在压力梯度较大时造成了 Q 与 grad$p$ 之间是线性关系的假象。因此对于页岩（致密）储层的渗流曲线，很难准确地判断后期直线段的起始点，如果选择不同的起始点或驱替压力梯度的范围，就得到了不同的拟启动压力梯度。特别是对于实验测得的关系曲线，受制于实验本身的难度和工作量，实际实验中往往无法像数值模拟一样获得大量的数据点，而且实验所用驱替压力梯度的范围也比正常储层大得多，由此得到了较明显的非线性渗流规律和较大的拟启动压力梯度，从而与现场实际不符。

　　将致密砂岩（图 3-42）和页岩（图 3-39）的渗流规律做对比可以发现，由于砂岩的孔喉半径大、连通性更好，因此在相同的驱替压力梯度下，原油通过致密砂岩的流量比页岩高得多（注意图 3-42 中的流量单位比图 3-39 中的大两个数量级）。因此，页岩基质的渗透性比致密砂岩低很多，页岩油的可动性更差。

三、孔隙尺度上页岩储层内油水两相流动模拟

（一）页岩储层内油水两相流动模拟方法

本小节将进一步建立孔隙尺度上页岩储层油水两相流动的模拟方法。在油水两相流动过程中，无论水驱油还是油驱水，圆形截面的孔隙和喉道中只会存在一种流体（即油或水）。而对于正方形和三角形截面形状的孔隙和喉道，由于角隅可以储存润湿相流体，因而孔隙和喉道中同时存在着两相流体。图 3-43 为油驱水过程中的油水分布模式，润湿相占据着孔隙和喉道的角隅，而驱替相占据孔道中央。而在水驱油过程中，由于润湿反转和角隅处润湿相的存在，孔隙和喉道中的油水分布模式会更加复杂。除此之外，岩石表面的粗糙度也会影响润湿角。一般来说，前进角明显大于后退角。Morrow（1975）提出了光滑平面上固有润湿角与粗糙表面上前进角和后退角之间的关系，如图 3-44 所示。

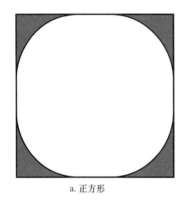
a. 正方形

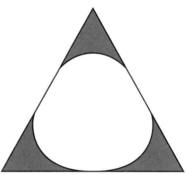
b. 三角形

图 3-43　油驱水过程中的油水分布模式

蓝色为润湿相，即水相；白色为驱替相，即油相

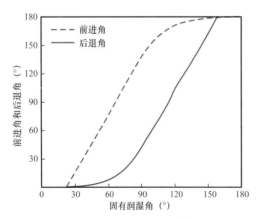

图 3-44　光滑平面上固有润湿角与粗糙表面上前进角和后退角之间的关系

下面将分别说明孔喉内两相流体传导率的计算方法。在两相流动孔隙网络模型中，驱替相流体的传导率可以依照单相流体在单管内的流动方程进行计算：

$$g_n = m \frac{A^2}{\mu_n} \tilde{g} \qquad (3-40)$$

式中，g_n 为驱替相流体的传导率，$m^3/(Pa \cdot s)$；m 为孔隙和喉道中央驱替相流体所占面积 A_n 与其截面积 A 的比值。

角隅处润湿相流体的截面积 A_w 可由下式确定（Hughes 和 Blunt，2004）：

$$A_{\mathrm{w}} = n r_{\mathrm{w}}^2 \left[\frac{\cos\theta\cos(\theta+\alpha)}{\sin\alpha} + \alpha + \theta - \frac{\pi}{2} \right] \tag{3-41}$$

式中，n 为截面中角隅的个数，正方形截面 n 为 4，三角形截面 n 为 3；r_{w} 为角隅处水膜的曲率半径，m；θ 为润湿角，(°)；α 为角隅半角，正方形和正三角形角隅的半角分别为 $\pi/4$ 和 $\pi/6$。

驱替相流体的截面积 A_{n} 为：

$$A_{\mathrm{n}} = A - A_{\mathrm{w}} \tag{3-42}$$

形状因子 G^* 为（Valvatne 和 Blunt，2004）：

$$G^* = \frac{\sin\alpha\cos\alpha}{4\left(1+\sin\alpha\right)^2} \tag{3-43}$$

由于角隅处流体特殊的截面形状，其传导率已经不能采用单相流动的数学模型进行描述，因此这里的基本思路是考虑滑移边界条件和复杂的截面形状，通过计算流体力学（CFD）模拟得到角隅处流体的传导率并进行公式回归，从而建立无量纲传导率的计算模型。图 3-45 以正方形截面为例，展示了其角隅处流体的分布及 CFD 模拟的边界条件，即流体与管壁接触的位置处为滑移壁面，而油水两相接触的位置为无滑移边界条件。

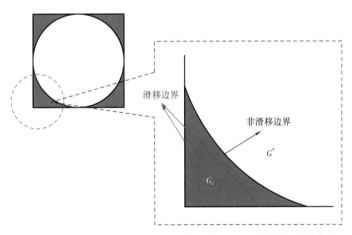

图 3-45 正方形截面角隅处的流体分布和 CFD 模拟的边界条件

角隅处润湿相流体的无量纲传导率 $\tilde{g}_{\mathrm{w}}$ 可表示为：

$$\tilde{g}_{\mathrm{w}} = \frac{g_{\mathrm{w}}\mu_{\mathrm{w}}}{A_{\mathrm{w}}^2} \tag{3-44}$$

式中，g_{w} 为角隅处润湿相流体的传导率，$\mathrm{m}^3/(\mathrm{Pa\cdot s})$；$\mu_{\mathrm{w}}$ 为润湿相流体的黏度，$\mathrm{Pa\cdot s}$。

角隅处润湿相流体的形状因子 G_{c} 可由下式计算（Valvatne 和 Blunt，2004）：

$$G_c = \frac{A_w / 4}{4b^2 \left[1 - \frac{\sin\alpha}{\cos(\theta+\alpha)}\left(\theta+\alpha-\frac{\pi}{2}\right) \right]^2} \qquad (3-45)$$

式中，b 为驱替相和润湿相界面至角隅顶点的距离。

b 的计算公式为：

$$b = r_w \frac{\cos(\alpha+\theta)}{\sin\alpha} \qquad (3-46)$$

依照上述边界条件，采用 CFD 方法模拟正方形、正三角形孔内角隅处流体的流动，可分别得到其速度分布，如图 3-46 所示。通过改变截面大小，可得到无量纲滑移长度和无量纲传导率的变化曲线（图 3-47）。可以发现，在相同的无量纲滑移长度和润湿角下，正三角形角隅处的无量纲传导率明显大于正方形角隅。在同一无量纲滑移长度下，随润湿角的增加，无量纲传导率增大，但增加幅度逐渐减小。

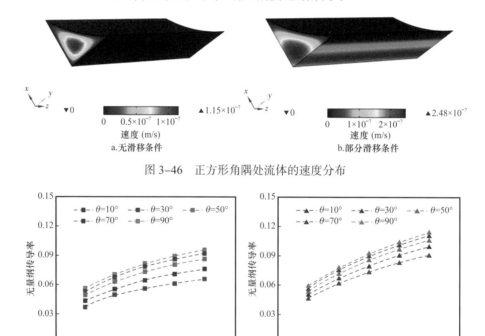

图 3-46　正方形角隅处流体的速度分布

图 3-47　角隅处无量纲滑移长度和无量纲传导率的关系

考虑滑移条件下的角隅传导率计算公式为：

$$g_w = c \frac{A_w^2}{\mu_w} G_c \qquad (3-47)$$

式中，c 为角隅传导率系数。

因此，角隅处流体的无量纲传导率为角隅传导率系数和角隅形状因子的乘积，即

$$\tilde{g}_w = cG_c \qquad (3\text{--}48)$$

因此，由 CFD 模拟结果可反算出角隅的传导率系数。实际上，角隅传导率系数 c 是一个与无量纲滑移长度 L_{sd}、角隅形状因子 G_c、中央驱替相形状因子 G^* 有关的变量。为了便于在孔隙网络模型中计算角隅传导率，这里根据考虑滑移的单相传导率公式，提出角隅传导率系数计算的近似表达式为：

$$c = \left(p_1 \frac{G^*}{G_c} - p_2 \right) L_{sd} + p_3 \frac{G^*}{G_c} + p_4 \qquad (3\text{--}49)$$

这里 p_1、p_2、p_3 和 p_4 为待拟合的参数。采用 Levenberg–Marquardt 方法对模拟得到的角隅传导率系数进行拟合，可得到如下的函数关系式：

$$c = \left(1.2883 \frac{G^*}{G_c} - 0.0245 \right) L_{sd} + 0.7643 \frac{G^*}{G_c} + 0.0376 \qquad (3\text{--}50)$$

图 3-48 为式（3-50）计算值与实际值的 45° 线交会图，可以发现所有点都分布在 45° 线附近，表明式（3-50）的计算值和实际值之间有较好的一致性，并且均方根误差为 0.0520，相关系数（R^2）达到 0.9421，证明该关系式具有较高的准确度。

在得到孔喉的传导率后，可采用准静态网络模拟方法进行油水两相的流动模拟，该过程的主要作用力为毛细管压力。网络模型在初始化状态下完全被水饱和，此时进行油驱水，则只有活塞式驱替发生，入口毛细管压力可由 Young–Laplace 方程确定：

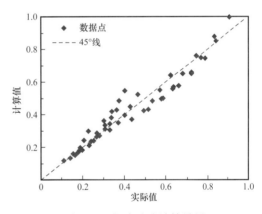

图 3-48 拟合公式计算效果

$$p_c = p_o - p_w = \sigma_{ow} \left(\frac{1}{R_1} + \frac{1}{R_2} \right) \qquad (3\text{--}51)$$

对于圆形和多边形单元，毛细管压力的计算公式分别为：

$$p_c = \frac{2\sigma_{ow}\cos\theta_r}{r} \quad \text{（圆形单元）} \qquad (3\text{--}52)$$

$$p_c = \frac{\sigma_{ow}\cos\theta_r \left(1 + 2\sqrt{\pi G} \right)}{r} F_d\left(\theta_r, G \right) \quad \text{（多边形单元）} \qquad (3\text{--}53)$$

其中：

$$F_{\mathrm{d}}\left(\theta_{\mathrm{r}},G,\beta\right)=\frac{1+\sqrt{1+\dfrac{4GD}{\cos^2\theta_{\mathrm{r}}}}}{1+2\sqrt{\pi G}}$$

在水驱油过程中，除了发生活塞式驱替外，还会发生卡断和孔隙体充填。卡断产生的原因是角隅中水逐渐向外扩张与相邻角隅中的水接触，从而使水迅速充填整个孔隙和喉道。卡断包括自发卡断和强制卡断两种情况。当润湿角 $\theta\leqslant\dfrac{\pi}{2}-\alpha$ 时，发生自发卡断，产生的入口毛细管压力为正值；当润湿角 $\theta>\dfrac{\pi}{2}-\alpha$ 时，发生强制卡断，产生的入口毛细管压力为负值。圆形截面的孔隙和喉道不会发生卡断现象，对于规则多边形截面，自发卡断时的入口毛细管压力为：

$$p_{\mathrm{c}}=\frac{\sigma_{\mathrm{ow}}}{r}\left(\cot\alpha\cos\theta-\sin\theta\right)\qquad\theta\leqslant\frac{\pi}{2}-\alpha\qquad(3\text{-}54)$$

当发生强制卡断时，入口毛细管压力是油水接触弯液面曲率的函数：

$$p_{\mathrm{c}}=\frac{\sigma_{\mathrm{ow}}}{r}\frac{\cos\left(\theta+\alpha\right)}{\cos\left(\theta_1+\alpha\right)}\qquad\theta\leqslant\pi-\alpha\qquad(3\text{-}55)$$

$$p_{\mathrm{c}}=\frac{\sigma_{\mathrm{ow}}}{r}\frac{-1}{\cos\left(\theta_1+\alpha\right)}\qquad\theta>\pi-\alpha\qquad(3\text{-}56)$$

一般来说，孔隙填充是驱替相流体从喉道进入孔隙时所发生的现象。假设某一孔隙有 N 个喉道与之相连，即配位数为 N，那么该孔隙将有 $N-1$ 种可能出现的填充情况。每一种可能出现的情况都会有相对应的入口毛细管压力，但可以分为两种模式：第一种模式是只有一个喉道被驱替相填充时，孔隙填充的方式与活塞式驱替类似，因此其入口毛细管压力的计算与式（3-52）相同；第二种模式是被驱替相不止充满一个喉道时，由于被驱替相充满孔喉的空间位置难以确定，一般采用 Blunt（1998）所提出的经验参数模型来计算入口毛细管压力：

$$p_{\mathrm{c}}=\frac{2\sigma_{\mathrm{ow}}\cos\theta}{r}-\sigma_{\mathrm{ow}}\sum_{i=1}^{n}A_i x_i\qquad(3\text{-}57)$$

式中，n 为与孔隙相连的喉道中充满驱替相的个数；A_i 为权重系数，m^{-1}；x_i 为 $0\sim1$ 之间的随机数。

由于孔隙网络模型是用简单形状的几何体来表征复杂孔隙空间，因此每个孔喉中的油水分布可以定量地利用初等几何进行计算。在计算出每个孔喉中油水的含量后，整个模型的含水饱和度可以用下式计算：

$$S_{\mathrm{w}}=\frac{\displaystyle\sum_{i=1}^{n}V_{i\mathrm{w}}}{\displaystyle\sum_{i=1}^{n}V_i}\qquad(3\text{-}58)$$

在得到网络模型中的压力分布后，可分别求得单相流动时 l 相的流量 q_l 和多相流动时 l 相的流量 q_{ml}，由此可计算出 l 相的相对渗透率 K_{rl}：

$$K_{rl} = \frac{q_{ml}}{q_l} \qquad (3-59)$$

驱替过程中一定饱和度下的毛细管压力 p_c 为：

$$p_c = p_i - p_{out} \qquad (3-60)$$

式中，p_i 为网络模拟过程中第 i 步入口处的压力，MPa；p_{out} 为出口压力，MPa。

（二）页岩储层内油水两相的流动规律

该部分将讨论页岩储层中油水两相流动的基本特征，其参数设置见表 3-7。由于毛细管压力曲线形态反映了孔隙的发育情况以及孔隙之间的连通信息，因此先考察页岩的毛细管压力曲线（图 3-49）。可以发现，页岩储层的排驱压力极高，曲线中间非润湿相主进段平缓且长，而且储层的排驱和吸吮过程均表现出突降特征，水驱油和油驱水过程体积差异较大，说明页岩中存在微孔隙，孔喉细小，连通性差。

表 3-7　油水两相流动参数设置

参数	数值	参数	数值
油相黏度（mPa·s）	1.39	油相密度（kg/m³）	900
水相黏度（mPa·s）	1.05	水相密度（kg/m³）	1000
油水界面张力（mN/m）	30	圆形截面孔喉占比	0.2
正方形截面孔喉占比	0.4	正三角形截面孔喉占比	0.4

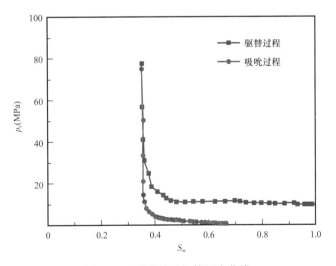

图 3-49　页岩的毛细管压力曲线

　　页岩驱替和吸吮过程的油水相对渗透率曲线如图 3-50 所示。与常规储层相比，页岩储层吸吮过程中的两相共流区非常窄，油相相对渗透率急剧下降，残余油饱和度非常高，驱油效率低。同时注意到驱替过程中油水的相对渗透率曲线均呈现出明显的"阶梯式"变化特征，这是多尺度孔隙网络系统两相流动模拟过程中的正常现象，其原因在于流体在大孔和小孔之间的质量传输。许多学者都曾经报道过碳酸盐岩储层、页岩储层（Mehmani 和 Prodanović，2014）中的此类现象。图 3-50 对比了有滑移和无滑移条件下的相对渗透率曲线。无论是驱替过程，还是吸吮过程，有滑移存在时油相渗透率均低于无滑移的油相渗透率，而同一饱和度下，考虑滑移时水相渗流能力更强，这表明滑移效应在油水两相同时存在时更能增强水相在页岩中的传输能力。

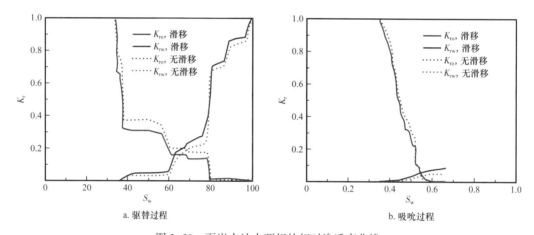

a. 驱替过程　　　　　　　　　　　　　　b. 吸吮过程

图 3-50　页岩中油水两相的相对渗透率曲线

第四章

页岩储层体积压裂

体积压裂是中高成熟度页岩油有效开采的必要措施。压裂过程中，大量的高压流体被注入页岩，从而在储层内形成复杂的人工裂缝网络，为油气向井筒运移提供流动通道。因此，开展页岩储层的可压裂性评价，明确页岩体积压裂裂缝扩展的机理和规律对于准确认识储层压裂缝网特征具有十分重要的意义。

第一节　页岩储层可压裂性评价方法

页岩油能否开采成功，很大程度上取决于页岩的可压裂性。目前常常采用脆性指数（Brittleness Index，BI）来评价页岩的可压裂性。研究人员考虑矿物成分、地应力和岩石强度等因素，提出了不同的岩石脆性评价指标。充分了解每种指标的适用范围，有助于选择合适的方法评价目标区块的可压裂性。脆性页岩易于通过拉伸或剪切破坏发生断裂，而且产生的裂缝通常能够被支撑剂填充。但对于韧性页岩，由于其塑性变形的特性，压力释放后裂缝随即闭合。因此，准确评价页岩岩体的脆性对于保障储层的压裂效果至关重要。

一般情况下，脆性岩石在发生拉伸／剪切断裂时会产生很大的非弹性应变差。与之相反，韧性岩石在破坏前就经历明显的非弹性变形。当前研究表明，脆性材料通常表现出一些特殊性质：（1）外载荷下，伸长率低；（2）脆性岩石发生断裂破坏时可以看到明显的破坏断口，而在韧性岩石中则看不到这类断面；（3）载荷作用下，由于内聚力损失，产生较大的细颗粒和裂纹；（4）弹性比例较大，回弹率较高；（5）抗压强度与抗拉强度之比较高；（6）石英等脆性矿物含量较高，黏土等韧性矿物含量低；（7）较高的杨氏模量和较低的泊松比值；（8）破坏导致脆性岩石的强度大幅度降低，峰值强度与剩余强度之间差距较大。基于上述特征，本节介绍了岩石力学领域常用的脆性评价方法（Zhang 等，2016）。

一、应力—应变曲线参数法

（一）基于应力或应变的分析

利用应力—应变曲线确定强度参数是岩石力学中的常用方法。该方法可以量化岩体的脆性，因为在应力作用下，任何岩体的脆性行为都表现在其强度和变形性能上。根据应力—应变曲线的形状可以很容易地计算出 BI。脆性岩石只发生很小的应变，且主要发生在弹性区域，而韧性岩石在破坏前经历较大的非弹性（塑性）应变，依然具有一定的承载能力。通过分析这两种破坏，可以用弹性应变与总应变的比值作为衡量岩石脆性的指标，较高的比率对应于较大的 BI。

$$BI_1 = \frac{\varepsilon_{el}}{\varepsilon_{tot}} \qquad (4-1)$$

式中，ε_{el} 为弹性（可恢复）应变；ε_{tot} 为失效时的总应变。

这个比率可以很容易地由应力—应变曲线计算得到（图 4-1）。如果一条线（CE）

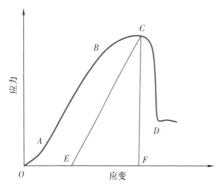

图 4-1　脆性岩石的典型应力—应变曲线
（Zhang 等，2016）

是通过与应力—应变曲线（AB）线性部分平行且通过破坏或峰值点（C）绘制的，那么 BI_1 等于该线的水平投影（EF）和到峰值载荷（OF）的长度之比，因为这两段分别对应于破坏时的弹性应变和总应变。

如果从能量方面来考虑，可以用弹性能与失效时的总能量之比来表示，等于 CEF 与 $OABCF$ 的面积比（图 4-1）。这一定义可用于识别弹性变形和非弹性变形的能量。例如，韧性岩石有较小的 BI_2 值，因为它们在破坏前的长期塑性变形阶段不断吸收能量。

$$BI_2 = \frac{W_{el}}{W_{tot}} \qquad (4-2)$$

式中，W_{el} 是失效时的弹性能；W_{tot} 是失效时的总能量。

当岩石承受轴向载荷时，非弹性（塑性）变形会发生不可逆的纵向应变，该特征可用来量化脆性。Andreev（1995）采用绝对不可逆纵向应变 ε_{li} 来识别岩石的脆性，如脆性岩石 $\varepsilon_{li} < 3\%$，韧性岩石 $\varepsilon_{li} > 5\%$，脆性—韧性的过渡阶段为 $3\% < \varepsilon_{li} < 5\%$。

$$BI_3 = \varepsilon_{li} \times 100 \qquad (4-3)$$

由于脆性和韧性岩石发生剪切破坏的特征不同，Bishop（1967）提出了一个基于抗剪强度的脆性指数方程。脆性岩石通常突然失效，其剪切强度显著下降。如图 4-1 所示，表现为图中 C 点和 D 点之间的应力变化很大，而韧性岩石在荷载作用下表现出更缓和的应力衰减。

$$BI_4 = \frac{\tau_p - \tau_r}{\tau_p} \qquad (4-4)$$

式中，BI_4 为基于抗剪强度的脆性指数；τ_p 为峰值抗剪强度；τ_r 为残余抗剪强度。

脆性材料发生剪切破坏时抗剪强度大幅度降低，这种突然的强度降低随着围压的增加而减小，因此脆性岩石在高围压下也会出现韧性破坏。这种岩石特性表明，在量化其脆性时，有必要考虑围压影响。式（4-4）只考虑了强度特性，忽略了相应的应变性能。如图4-2所示，虽然两块岩石具有相同的峰值和残余应力，因此具有相同的 BI_4 值，但是应力路径的形状因其不同的应力—应变过程有很大差距。

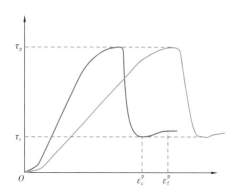

图 4-2　峰值和残余应力相同但应力路径不同的岩石的应力—应变曲线（Hajiabdolmajid 和 Kaiser，2003）

因此，Hajiabdolmajid 等（2003）对岩石脆性进行了基于应变的量化，具体如下：

$$BI_5 = \frac{\varepsilon_f^p - \varepsilon_c^p}{\varepsilon_c^p} \tag{4-5}$$

式中，BI_5 为基于应变的脆性指数；ε_f^p 为剪切破坏后摩擦强度增加到最大值的塑性应变；ε_c^p 为黏聚强度降低到其剩余值的塑性应变。

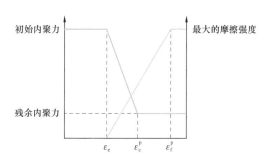

图 4-3　黏聚弱化和摩擦强化过程的应力—应变曲线（Hajiabdolmajid 等，2003）

岩体破坏是通过黏聚弱化和摩擦强化发生的，因此，任何岩体的强度性能都反映在两者相互竞争的过程中。如图4-3所示，假定黏聚强度和摩擦强度随塑性应变线性变化。岩石破坏后黏聚强度下降，摩擦强度增加。黏聚力主导的强度区域随着脆性的减小而增大。在黏聚强度达到其剩余值后，随着荷载的施加，岩体的摩擦强度可能会随着荷载的增加而升高。

ε_c^p 和 ε_f^p 可通过损伤控制试验或应力—应变路径逆向分析确定。由 BI_5 可知，脆性岩石具有较低的 ε_c^p 值（高黏聚强度损失率）和较高的 ε_f^p 值（低摩擦强化率）。这与基于抗剪强度的 BI_4 概念是一致的。脆性岩石在破坏后，由于黏聚力和摩擦强度之和明显下降，导致脆性岩石立即出现大幅度的强度下降。高黏聚率和较弱的摩擦强度增益也显著促进了脆性岩石在破坏过程中微观和宏观断裂的产生和扩展，这代表了拉伸和剪切破坏的难易程度。然而，依赖 BI_5 评价岩石脆性也有许多局限性，包括：（1）假定黏聚强度和摩擦强度随塑性应变线性变化，增加了预测的不确定性；（2）只考虑塑性应变的变化（不是强度增益），而不考虑任何强度随应变的变化。因此，与基于抗剪强度的 BI_4 相似，虽然岩石具有不同的强度，但不同应力—应变形状的岩石可能具有相同的应变值 BI_5。此外，与其分别利用强度和应变性能来评价岩石的脆性（BI_4 和 BI_5），不如利用它们的综合影响。例如，杨氏模量结合了岩石的强度和应变特性，因此可以更准确地评价岩石的脆性行为。

（二）杨氏模量和泊松比分析

杨氏模量和泊松比反映了应力和应变之间的关系，因此与单独使用应力或应变相比，基于杨氏模量和泊松比对脆性的量化更为精确。具有高杨氏模量和低泊松比的岩石沿剪切面发生脆性破坏的可能性更大，在这种情况下，剪切模量［式（4-6）］的值高。也就是说，在相同剪切强度下的位移更小。现场试验也证实了高杨氏模量和低泊松比岩石的脆性破坏较为明显。

$$G = \frac{E}{2(1+v)} \tag{4-6}$$

式中，G 是剪切模量；E 是杨氏模量；v 是泊松比。

进一步考虑与岩石脆性之间的关系，建立脆性指数公式，如式（4-7）所示。由于杨氏模量和泊松比的变化对岩石脆性的影响相互制约，因此利用泊松比和杨氏模量的平均效应来识别岩石脆性，如图4-4所示。

$$BI_6 = \frac{1}{2}\left(\frac{E - E_{min}}{E_{max} - E_{min}} + \frac{v_{max} - v}{v_{max} - v_{min}} \right) \tag{4-7}$$

式中，E_{max} 和 E_{min} 分别为最大和最小杨氏模量；v_{max} 和 v_{min} 分别为最大和最小泊松比。

这些静态杨氏模量和泊松比可由它们的动态值进行估计，采用横波和纵波分析可以很容易得到：

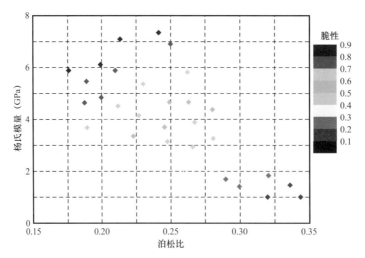

图4-4　岩石脆性随杨氏模量和泊松比的变化（Rickman 等，2008）

$$E_{\mathrm{d}} = \rho \frac{4 - 3\Delta t_{\mathrm{s}}^2 / \Delta t_{\mathrm{c}}^2}{\Delta t_{\mathrm{s}}^2 \left(1 - \Delta t_{\mathrm{s}}^2 / \Delta t_{\mathrm{c}}^2\right)} \qquad (4-8)$$

$$\nu_{\mathrm{d}} = \frac{2 - \Delta t_{\mathrm{s}}^2 / \Delta t_{\mathrm{c}}^2}{2 \left(1 - \Delta t_{\mathrm{s}}^2 / \Delta t_{\mathrm{c}}^2\right)} \qquad (4-9)$$

式中，E_{d} 为动态杨氏模量；ν_{d} 为动态泊松比；ρ 为体积密度；Δt_{s} 为剪切慢度，ms/ft；Δt_{c} 为压缩慢度，ms/ft。

进而可以使用这些动态值来预测静态值，如下所示：

$$E_{\mathrm{s}} = E_{\mathrm{d}} \times \left(0.8 - \phi_{\mathrm{total}}\right) \qquad (4-10)$$

$$E_{\mathrm{s}} = \left(E_{\mathrm{d}} / 3.3674\right)^{2.042} \qquad (4-11)$$

式中，E_{s} 为静态杨氏模量；E_{d} 为动态杨氏模量；ϕ_{total} 为总孔隙度。

通过杨氏模量和泊松比的研究，发现微地震主要发生在脆性值高的地区。杨氏模量与泊松比的比值也可以用于量化岩石脆性，它的倒数描述了岩石的韧性。

$$\mathrm{BI}_7 = \frac{E}{\nu} \qquad (4-12)$$

$$\mathrm{DI}_7 = \frac{\nu}{E} \qquad (4-13)$$

式中，DI_7 是延性指标。

用新的参数 Erho（杨氏模量和岩石密度的乘积 $E\rho$）代替上述方程中的杨氏模量，能够更精确地评价页岩油藏的脆性：

$$\mathrm{BI}_8 = \frac{E\rho}{\nu} \qquad (4-14)$$

研究发现，位于高 Erho 值和低泊松比地区的油井由于脆性高，因此水力压裂产量更高。BI_6、BI_7 和 BI_8 都是基于岩石脆性对杨氏模量和泊松比的敏感性相同假设上定义。一些研究者认为，BI_6 对参数上下限的定义较为随意，而且没有考虑失效后的过程。因此只能得到相对的脆性。部分研究者认为仅用杨氏模量和泊松比测定岩石脆性是不准确的，因为岩石脆性还与其他参数有关，如体积模量和孔隙压力。Hiyama 等（2013）认为在水力压裂过程中，杨氏模量低的岩石通常压裂效果更好，因为这些岩石更有可能变形和形成平均开度较大的裂缝，从而使压裂液迅速渗透到裂缝尖端，导致更大的孔隙压力和应力强度。相反，杨氏模量较高的岩石变形能力有限，在水力压裂过程中只产生较小的裂缝开度。此外，在低杨氏模量岩石中发现了更大的裂缝导流能力。较大的杨氏模量意味着压裂需要更高的应力，因此这种岩石很难断裂。这些发现与杨氏模量和泊松比所描述的脆性参数（BI_6、BI_7 和 BI_8）相反。Holt 等（2011）研究发现，随着围压的增加，

BI$_6$呈上升趋势。这种随围压增加而增加的岩石脆性是出乎意料的，也是值得怀疑的。目前的研究也表明，仅靠 BI$_6$ 难以区分富石英脆性页岩和韧性灰岩地层的脆性（灰岩层位于页岩层上，并起到断裂屏障的作用）。尽管杨氏模量和泊松比描述的脆性指数（BI$_6$、BI$_7$ 和 BI$_8$）存在许多局限性，但它们仍然广泛应用于油气藏的水力压裂中，特别是 BI$_6$。

（三）能量平衡分析

根据破坏后岩体的能量平衡条件，可以得到岩石在三轴压缩条件下（$\sigma_1 > \sigma_2 = \sigma_3$）的两种脆性表达式。应该注意的是，前面提到的 BI$_2$ 也是从能量角度提出的脆性指数。但 BI$_2$ 是失效时的弹性能量比，这两个新的表达式表征的是峰值后阶段的能量平衡。

如图 4-5 所示，峰值后阶段的能量可分为 3 种类型：弹性能（绿色）是材料在加载和破坏过程中储存和释放的弹性能，橙色区域所代表的破裂能是约束下的剪切破裂能，附加能量（黄色）代表破坏过程中吸收或释放的能量。根据峰值后弹性模量 M 值可将失效过程分为两类：Ⅰ类失效模式，材料在加载过程中不断变形，吸收额外的能量（黄色区域）；Ⅱ类失效模式，材料的破坏主要表现为应变恢复和能量释放。

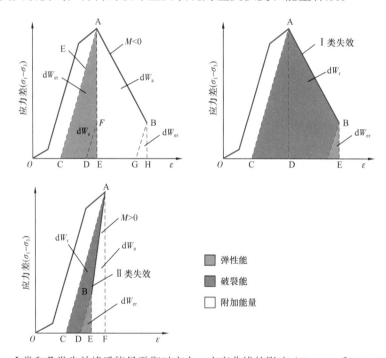

图 4-5　Ⅰ类和Ⅱ类失效峰后能量平衡对应力—应变曲线的影响（Tarasov 和 Potvin，2013）

假设 A 点和 B 点的弹性模量相同，则从 A 点到 B 点的退缩弹性能（梯形）、附加 / 释放的能量分别如式（4-15）和式（4-16）所示。

$$dW_e = \frac{\sigma_A^2 - \sigma_B^2}{2E} \qquad (4-15)$$

$$dW_a = \frac{\sigma_A^2 - \sigma_B^2}{2M} \qquad (4-16)$$

式中，dW_e 为退缩弹性能；dW_a 为附加 / 释放能；σ_A 和 σ_B 分别为在 A 点和 B 点处承受的应力；E 和 M 分别是卸载弹性模量和峰值后弹性模量。破裂能是退缩弹性能和附加 / 释放能量的净效应。

$$dW_r = dW_e - dW_a = \frac{\sigma_B^2 - \sigma_C^2(M-E)}{2EM} \qquad (4-17)$$

式中，dW_r 是破裂能。

岩体在压缩条件下的脆性是指岩石对峰值后阶段释放在加载岩体中弹性能所产生宏观破坏的自我承受能力（Tarasov 和 Potvin，2013）。失效过程可以通过弹性能、破裂能和附加能量之间的关系来表示，因此两个脆性参数（BI_9 和 BI_{10}）的表达式为：

$$BI_9 = \frac{dW_r}{dW_e} = \frac{M-E}{M} \qquad (4-18)$$

$$BI_{10} = \frac{dW_a}{dW_e} = \frac{E}{M} \qquad (4-19)$$

BI_9 和 BI_{10} 的变化是连续的、单调的和明确的，表示从完全延展性到绝对脆性的逐渐转变（Zhang 等，2016）。绝对脆性发生在 $BI_9=1$、$BI_{10}=0$ 时，$M=E$，$dW_r=0$，$dW_e=dW_a$。在绝对脆性阶段，储存在材料中的所有弹性能被释放出来，最终试样可以恢复总弹性应变。

虽然围压的增加通常会在峰值前阶段导致更多的延展性行为，但在峰值后阶段，围压对脆性的影响可能与岩石类型有关。花岗岩、白云石等硬岩的脆性随围压的增大而增大。总体而言，BI_9 和 BI_{10} 可以有效地描述从脆性到延展性的整个过渡过程。此外，它们更精确，因为它们既考虑了强度特性，也考虑了破坏前后阶段的变形特征。然而，峰值后的应力—应变曲线很难得到。三轴加载机的刚度应高于加载材料的刚度，或应对机器进行伺服控制，来防止材料在峰值应力后的渐进断裂，以获得峰值后阶段的应力—应变曲线。

对上述根据应力—应变曲线所得到的脆性指数进行综合评价可知，它们均能在一定程度上体现应力—应变曲线特征，包括小的非弹性应变（BI_1、BI_2 和 BI_3）、破坏时的大强度下降（BI_4、BI_5）、高杨氏模量和低泊松比（BI_6、BI_7 和 BI_8），以及卸载弹性模量与峰值后阶段弹性模量（BI_9、BI_{10}）之间的差异。然而，所有这些指数都有局限性，有的只表征了破坏前或破坏后的特征（BI_1、BI_2 和 BI_3），有的只考虑了强度或应变行为（BI_4、BI_5），有的需要更好的计算方法（BI_6、BI_7 和 BI_8），BI_9、BI_{10} 则不太容易获得。除了这些问题外，所有这些指标的获取都需要大量的岩心实验测试，不但耗时，而且很贵。

二、无侧限抗压强度和巴西抗拉强度方法

无侧限抗压强度（Unconfined Compression Strength，UCS）和巴西抗拉强度（Brazilian Tensile Strength，BTS）是岩石的两个基本性质，通过简单的室内实验就可以很容易得到。其中，UCS 反映了岩石的压缩性，BTS 反映了岩石的拉伸性。在脆性岩石中，UCS 和 BTS 之间存在着很大差异。低 BTS 的岩石很容易受到拉伸而产生裂缝启裂和扩展，而高 UCS 有助于抵抗自然裂缝和诱导裂缝的闭合。基于该原理，可得到如下的脆性指数定义：

$$BI_{11} = \frac{\sigma_c}{\sigma_t} \tag{4-20}$$

$$BI_{12} = \frac{\sigma_c - \sigma_t}{\sigma_c + \sigma_t} \tag{4-21}$$

式中，σ_c 为无侧限抗压强度；σ_t 为巴西抗拉强度。

岩石的脆性可量化为 σ_c 和 σ_t 曲线所围面积的变化。

$$BI_{13} = \frac{\sigma_c \sigma_t}{2} \tag{4-22}$$

BI_{13} 比 BI_{11} 和 BI_{12} 更实用，因为它能够更准确地预测一些与脆性有关的岩石性质，包括岩石可钻性、断裂韧性和碳酸盐岩的锯切性。

Yagiz（2009）认为脆性是 UCS、BTS 和岩石密度的函数，并提出了岩石脆性的统计公式。通过采用 48 个隧道工程岩心开展物理模拟实验，并将实验结果与公式预测结果做对比，表明该模型的平均误差仅为 10%。

$$BI_{14} = 0.198\sigma_c - 2.174\sigma_t + 0.913\rho - 3.807 \tag{4-23}$$

与其他方法相比，这些方法比较简单，因此可以在没有其他数据的情况下对脆性进行初步估计。然而，所有这些 BI 都与围压呈正相关关系，这与正常的认识相矛盾，通常岩石在高围压下会表现出一定的延展性。

三、冲孔硬度试验方法

（一）基于冲孔试验的分析

采用不同的数据处理方法，冲孔实验可用于研究岩石脆性、硬度、韧性和可钻性。Yagiz（2009）使用了力—穿透图量化岩石脆性，将其定义为最大作用力与相应穿透距离之比（Morrow 等，2000）：

$$BI_{15} = \frac{F_{max}}{p} \tag{4-24}$$

式中，F_{max} 是最大作用力；p 是相应的穿透距离。

脆性较大的岩石表现为波动大、力降大、线梯度大，高脆性岩石在试验中产生较大的碎屑。BI_{15} 可作为可钻性评估的良好指标，表 4-1 列出了适合于岩石挖掘的 BI_{15} 脆性分类。

表 4-1　岩石挖掘脆性分类

BI（kN/mm）	脆性分类
≥40	非常高脆性
35～39	高脆性
30～34	中等脆性
25～29	适度脆性
20～24	低脆性
≤19	韧性

（二）基于冲击试验和硬度试验的分析

鉴于冲击作用下脆性岩石破碎的细粒 / 粗粒比较高，Protodyakonov（1962）提出了最早用于岩石脆性评价的表达式之一［式（4-25）］。由于脆性破坏过程中随着黏聚强度的丧失，细颗粒逐渐形成，因此可以利用该特征来量化岩石的脆性。

$$BI_{16} = q\sigma_c \qquad (4-25)$$

式中，q 为细粒百分比（28 目）；σ_c 为无侧限抗压强度。

这种细粒形成能力取决于被测岩体的撞击程度和 UCS。该方法简单易行，易于通过简单的岩石试验获得参数。

也可以利用岩石硬度性质对岩石脆性进行量化。分别采用大、小型压痕仪对宏观和微观的硬度进行测量。在宏观压痕试验中，由于裂纹较多，会产生较大的压痕面积，因此后者硬度值始终大于前者。根据裂纹形成能力反映岩石脆性的认识，可利用式（4-26）评价岩石的脆性指数。

$$BI_{17} = \frac{H_\mu - H}{K} \qquad (4-26)$$

式中，H_μ 是显微压痕硬度；H 是宏观压痕硬度；K 是常数。

上述方法（BI_{15}、BI_{16} 和 BI_{17}）都是为了解决岩石钻进问题而提出的，因此用于其他方面时可能不够精确。

四、岩体矿物组成、孔隙度和粒度方法

（一）矿物成分分析

脆性和韧性行为与矿物成分密切相关。一般认为脆性岩石具有较高的脆性材料含

量，而韧性材料则降低了脆性。利用 ECS、GEM 等有效的测井仪器或 X 射线衍射测试（XRD）等实验室分析手段，可以精确测定储层岩石的矿物组成。

由于 Barnett 页岩中产量最高的油井位于石英含量为 45%、黏土矿物含量为 27% 的地区，部分学者将岩石脆性量化为岩石中石英、碳酸盐岩和黏土矿物质量的函数，其中石英是脆性矿物，而其他矿物则表现为延展性。

$$BI_{18} = \frac{H}{H + C + Cl} \tag{4-27}$$

式中，H 是石英的质量；C 是碳酸盐岩的质量；Cl 是黏土矿物的质量。

考虑脆性白云岩和韧性石灰岩以及有机质（总有机碳含量）对岩石脆性的影响，可对该表达式进行修正，具体如下：

$$BI_{19} = \frac{H + Dol}{H + Dol + Lm + Cl + TOC} \tag{4-28}$$

式中，Dol 是白云岩的质量；Lm 是石灰岩的质量；TOC 是总有机碳的质量。

Jin 等（2014a，2014b）进一步改进了该模型，将所有硅酸盐矿物（石英、长石和云母）以及碳酸盐矿物（方解石和白云石）列为脆性矿物：

$$BI_{20} = \frac{W_{QFM} + W_{carb}}{W_{Tot}} \approx \frac{W_{QFM} + W_{calcite} + W_{dolomite}}{W_{Tot}} \tag{4-29}$$

式中，W_{QFM} 是石英、长石和云母的质量；W_{carb} 是白云石、方解石及其他碳酸盐矿物的质量；$W_{calcite}$ 是方解石的质量；$W_{dolomite}$ 是白云石的质量；W_{Tot} 是总矿物的质量。

尽管基于矿物学的脆性指数被广泛应用于页岩储层的可压性评价，但它们也有局限性。在这些表达式中，必须确定岩体中脆性矿物的质量来量化 BI。然而，获得深部页岩的岩石矿物组成是相当复杂和昂贵的。此外，岩体中脆性矿物的质量分数不能准确描述其脆性。例如，具有相同矿物组合的两个岩体由于其不同的压实程度（松散或固体），可能具有不同的孔隙度和密度。因此，强度和破坏过程（脆性或延展性）可能有很大的不同。此外，岩石脆性还受到其他参数的影响，如岩石粒度、胶结强度和围压等。这意味着仅仅考虑矿物组成来预测岩石脆性是不准确的，必须考虑所有参数的影响，才能准确地评价岩石脆性。

（二）孔隙度分析

孔隙度是重要的岩石物理参数，它对岩石的渗流能力、强度和变形行为都有着重要影响。深层沉积岩由于受到较强的成岩作用和固结程度影响，一般具有低孔隙度、高密度和高强度特点。随孔隙度的增加，岩石的黏聚强度和摩擦强度逐渐降低，因此强度参数逐渐减小。砂岩、页岩、石灰岩和白云岩孔隙度的增加，造成岩石 UCS 呈下降趋势。随孔隙度的增加，岩石内摩擦角通常减小。此外，岩体孔隙度对其变形行为有显著影响。例如，岩石在三轴压缩过程中微孔和裂缝的收缩将增强岩体的变形能力或应变速率。考虑到这些因素，孔隙对岩石脆性的负面影响是显而易见的。利用 Barnett、Woodford 和 Eagle Ford 页岩的数据，Jin 等（2014a，2014b）探讨了 BI_{20} 与中子孔隙度 ϕ 之间的关系：

$$BI_{21} = -1.8748\phi + 0.9679 \tag{4-30}$$

然而，利用孔隙度量化岩石脆性也存在一定的局限性，特别是在水力压裂等现场应用中。例如，高孔隙度岩石通常是脆弱的，因此在水力压裂过程中很容易失效和断裂。然而，根据 BI_{21}，高孔隙度岩石脆性低，因此更难破裂，这与上述分析正好相反。此外，一些研究表明，UCS 和基于抗拉强度的 BI_{11}、BI_{12} 和 BI_{13} 与岩体孔隙度之间没有直接关系。

（三）粒度分析

除矿物成分外，粒度分布对岩石的脆性或韧性行为也有显著影响。均匀细粒岩石通常比非均匀粗粒岩石脆性小，粗粒晶岩可能会发生更大的剥落。因此，在加拿大原子能有限公司的隧道试验中，与矿物成分相似的细粒花岗闪长岩和灰色花岗岩相比，粗粒晶岩裂缝产生和扩展要容易得多。其原因在于颗粒尺寸较小的岩石中存在更多的粒间裂纹，粒间裂纹的扩展会使强度增加。大颗粒岩石裂纹启裂和扩展所需的应力较低，是因为大颗粒岩石中颗粒间裂纹更大、更长，根据 Griffith 定理，断裂所需的应力随着裂缝长度的增加而减小。

$$\sigma_{f} = \sqrt{\frac{2E}{\pi\alpha}\gamma} \tag{4-31}$$

式中，σ_{f} 是破裂所需的应力；E 是杨氏模量；γ 是表面能；α 是裂缝长度。

Gunes 等（2009）通过点荷载试验研究了相对脆性与晶粒尺寸的关系。结果发现，大粒度花岗岩的脆性是另两种具有相似组成的花岗岩的两倍以上。他认为粗粒矿物中较弱的粒间面和长石解理为裂缝的启裂和扩展提供了更容易的途径。粒度对试样强度影响的相关实验测试结果表明，较大的晶粒尺寸会使岩石更容易断裂失效，从而显示出更脆弱的行为。

五、地球物理学方法

$\lambda\rho$—$\mu\rho$ 交会图是预测岩石脆性的一种广泛使用的地球物理方法。参数 λ、μ 和密度 ρ 源自利用 AVO（Amplitude Variation with Offset）反演技术得到的叠前地震数据。Goodway 等（1999）使用该技术来确定各种页岩和碳酸盐岩的脆性。Perez Altamar 和 Marfurt（2014）通过 $\lambda\rho$—$\mu\rho$ 交会图，证实了使用地震数据能够有效预测岩石脆性。

该技术中脆性页岩出现在交会图中小 $\lambda\rho$ 和高 $\mu\rho$ 值且泊松比 ν 较小的区域（图 4-6）（Rickman 等，2008），同时，$\lambda\rho$ 可以用来区分韧性和脆性岩石（Goodway 等，1999）。

例如，随着 $\lambda\rho$ 的减小，Barnett 页岩的 EUR 体积明显升高（由 30% 增至 53%）。重要的是，这种方法能够显示其他因素对岩石脆性的影响，如矿物组成和泊松比（图 4-6）。

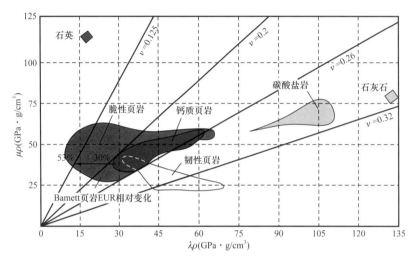

图 4-6　采用 $\lambda\rho—\mu\rho$ 交会图区分脆性和韧性岩石以及矿物（Goodway 等，2010）

最小水平闭合压力可以用下式（Goodway 等，2010）计算：

$$\sigma_{xx} = \frac{\lambda}{\lambda + 2\mu}\left[\sigma_{zz} - B_V p_P + 2\mu e_{yy}\left(\frac{e_{yy}^{2zz} - e_{xx}^2}{e_{yy}^2}\right)\right] + B_H p_P \qquad (4\text{-}32)$$

式中，σ_{xx} 和 σ_{yy} 分别为 x 轴和 y 轴方向上的水平应力；σ_{zz} 为围压；e_{xx} 和 e_{yy} 分别为 x 轴和 y 轴上的应变；p_P 是孔隙压力；B_V 和 B_H 分别为垂直和水平黏弹性常数；λ 为 Lame 的第一个参数；μ 为剪切模量。

仔细分析式（4-32）可以看到，有效垂直应力和最大水平应力通过 $\lambda/(\lambda + 2\mu)$ 项被转换为与最小应力一致的水平方向，而且分子中的 λ 可以控制闭合应力值。因此，Guo 等（2012）利用这一项的倒数来评价岩石脆性（BI_{22}），结果发现计算得到的脆性值与利用泊松比计算的脆性值基本一致。

$$BI_{22} = \frac{\lambda + 2\mu}{\lambda} \qquad (4\text{-}33)$$

Chen 等（2014）从生产角度提出了一个更好的岩石脆性表征方法。尽管增加孔隙度、有机质含量和孔隙中的气体含量会减小 E 值，但同时会导致 λ/E 值增加。由于较高的孔隙度、有机质含量和含气量通常意味着较高的产量，Chen 等（2014）提出了如下公式来预测含气页岩的岩石脆性：

$$BI_{23} = \frac{E}{\lambda} \qquad (4\text{-}34)$$

使用测井数据（横波和密度测井）可以很容易地得到 $\lambda\rho—\mu\rho$ 交会图，因此可以有效地评价储集岩脆性，最终筛选出勘探和压裂的最佳位置。由于页岩储层厚度大，采用其他方法需要大量的经济和时间成本进行室内测试，因此，根据测井数据计算脆性更加容易，也更实用。

六、脆性指数在页岩压裂中的应用

脆性指数已被广泛应用于评价岩石加载条件下的破坏失效，并获得相关的岩石力学特性，包括可钻性（Yarali 和 Kahraman，2011）、岩石可锯性（Gunaydin 等，2004；Kahraman 等，2005）、点荷载指数（Heidari 等，2014）、岩石疲劳损伤（Nejati 和 Ghazvinian，2014）、断裂韧性（Kahraman 和 Altindag，2004）和可压裂性等（Jin 等，2014a；2014b）。然而，不同的脆性指数对于相同的材料可能给出不同的结果，因为它们是用岩石性质的不同方面（Hucka 和 Das，1974；Holt 等，2011；Yang 等，2013）。因此，在应用时，应注意选择合适的评价方法以反映实际情况。

页岩脆性预测并非易事，因为它是岩性、矿物组成、TOC、有效应力、温度、成岩作用、孔隙度和包裹体流体类型等多种地层属性的综合函数（Yagiz，2009）。利用岩样的室内实验结果预测脆性是一种简单易行的方法。然而，从实验室条件到矿场条件的推广面临许多问题。在岩心的取样和制备过程中，应力和温度的释放，以及流体性质和水分的变化，都会通过微破裂的方式对试样造成损伤。因此，样品通常不能代表实际的地层岩石，实验室条件只是野外环境的简化（Holt 等，2011；Josh 等，2012）。此外，考虑到大厚度和矿场实际页岩的非均质性及各向异性特征（Jin 等，2014a，2014b），昂贵且耗时的实验室测试只能给出某个特定点的属性，而间接的地球物理方法则可以提供页岩脆性的三维评价，因此适用性更强（Holt 等，2011）。尽管存在这些缺点，实验室测试仍是地球物理结果校正的基准。因此，最具潜力的方法是利用测井资料或地震资料对页岩储层脆性进行预测，然后用岩心样品的实验结果对预测结果进行校正。目前，基于矿物学、杨氏模量和泊松比的脆性指数是评价页岩油可压裂性最常用的方法，微地震事件和产能则被用来验证（Perez 和 Marfurt，2013）。然而，脆性在页岩水力压裂中的应用还需要更多的研究工作，以此来获得最佳的开发效果。

载荷作用下脆性响应和韧性响应存在较大差异，脆性变形主要在低围压条件下通过局部的膨胀和应变产生，最终破坏是在加载方向产生明显的小倾角剪切裂缝。相比之下，韧性变形大多发生在高围压条件下，通过收缩和扩张的变形产生鼓胀效应（Nygård 等，2006；Paterson 和 Wong，2005）。然而，岩石在不同条件下可以由脆性向韧性转变，这种转变是逐渐发生的，并存在一个清晰的过渡区域。许多学者对此进行了研究，Muhuri 等（2000）对三轴压缩下 Berea 砂岩的微裂缝进行了分析，结果表明，随着围压的增加，Berea 砂岩由脆性向韧性转变。而且与脆性变形中存在的随机定向裂缝相比，该过渡区具有多个相贯通的碎裂变形带，基质中微裂缝分布较多，裂缝方向范围较小（Muhuri 等，2000）。BI_4 具有较强的应力敏感性，可以预测随着围压的增大，材料由脆性向韧性过渡。然而，围压并不是影响储层岩体脆性向韧性转变的唯一因素，温度和载荷应变速率对其也有重要影响。高温条件下随着晶体塑性的增强岩石也逐渐向延性转变。高温下岩石还可能发生脱水，导致有效应力降低（Paterson 和 Wong，2005）。此外，加载速率的增加会促进脆性行为，因为试样在高加载速率下以不稳定的方式破坏（Duda 和 Renner，2013）。对于地下岩石，随着埋藏深度的增加，地应力、温度越高，应变速率越低，岩石变形由脆性裂缝向塑性流动转变（Evans 等，1990）。

在岩石脆性相关的应用中，脆性到韧性过渡界限的识别十分重要，为此，研究人员进行了大量的尝试。高加载速率下细粒岩石的过渡界限值较高，而过渡界限值与岩石孔隙度和温度负相关，与岩石强度呈正相关（Wong 和 Baud，2012）。基于砂岩大量实验数据，Scott 和 Nielsen（1991）证实从脆性行为到韧性行为的变化与材料的摩擦特性有关。有学者将该转变定义为 p—Q 坐标下通过临界应力确定的脆性断裂曲线与压实屈服曲线的交点，其中 p 为平均有效应力，Q 为差异应力（Wong 和 Baud，2012）。Song 等（2015）提出，将 Mohr–Coulomb 破坏曲线与 Byerlee 摩擦破坏曲线的交点作为页岩的过渡点，再利用叠前和叠后地震反演的有效应力定律将其转换为沉积深度。通过对比过渡深度和实际埋深，可对页岩脆性进行评价。

第二节　页岩储层体积压裂裂缝扩展模拟方法

在过去的 20 年中，模拟水力压裂的数值方法发展迅速。石油和天然气行业中的工业和科研活动不断推动水力压裂模拟的发展，从单条裂缝扩展逐渐到考虑天然裂缝、层理和岩性相关的更复杂行为，并对基础数学模型及其深层次的理解提出了挑战。本章回顾了一些基本方法，不仅包括改进的经典方法，也包括从其他力学领域引进的新方法。在讨论了流体驱动下断裂力学的相关挑战后，介绍了连续介质模型、介观尺度数值方法以及工程尺度模型，工程尺度模型通常利用一些假设条件来降低计算成本。对于数值模拟模型的验证，往往通过与室内实验对比来实现，但这种方式适用于岩石样品几何形状简单的情况。虽然全耦合的三维水力压裂模型发展迅速，但仍然存在许多挑战。

用于模拟水力裂缝扩展的数学模型几乎与水力压裂技术本身同时发展。在 20 世纪 40 年代末和 50 年代初，油气井水力压裂获得了第一次成功（Montgomery 和 Smith，2010）；到 50 年代中期，大量井被压裂（Economides 和 Nolte，2000）。水力压裂模型的发展紧随其后，开展了诸如此类的开创性工作（Khristianovic 和 Zheltov，1955；Howard 和 Fast，1957；Perkins 和 Kern，1961），后来这些早期研究中的模型被重新审视，并由 Geertsma 和 De Klerk（1969）以及 Nordgren（1976）改进。到第一次发表水力压裂综述文章（Hassebroek 和 Waters，1964）时，流体黏度、注入速率和岩石渗透率的影响已基本得到认可。

在之后的几十年中，水力压裂模拟成为储层改造、油藏描述的重要组成部分。一些主要成就包括裂缝高度预测（Simonson 等，1978）、支撑剂筛选（Nolte，1986），以及用于油藏描述目的的水力裂缝闭合后压力降落的分析（Nolte 和 Smith，1981）。

进入 21 世纪以来，与非常规油气藏开发相关的水力压裂技术迅猛发展，出现了很多越来越复杂的数值模拟模型。这些模型能够解释水力压裂与预先存在的裂缝网络之间的相互作用，多条水力裂缝的同时扩展，以及井筒附近的三维裂缝生长等。

　　随着模型的发展，学者们认识到水力裂缝扩展的本质是一个动边界问题，即裂缝几何形状随时间演变。简单的表达形式，就是将岩石的弹性变形（非局部方程）与裂缝中流体的流动以及裂缝扩展条件耦合在一起。水力裂缝的扩展受到两个能量耗散过程（黏性流动和裂缝面生成）的竞争以及流体向基质岩石中滤失的影响。因此，根据能量耗散形式的不同，裂缝扩展行为可以分为两种：一种是由黏性主导的，另一种是由韧性主导的。两类物理过程之间的竞争在裂缝尖端附近被放大，即使是最简单的平面裂缝，在给定时间内估计水力压裂扩展速度也是对数值模型的巨大挑战。

　　本节概述了水力压裂裂缝扩展模拟方法的最新进展（Mendelsohn，1984；Adachi 等，2007）。但并未涉及油藏增产过程中的其他重要问题，如支撑剂的输送、裂缝清理和水力压裂后油藏的生产等。从工程角度来看，本节关注的是裂缝位置和形态。通过对比不同数值模拟技术的优缺点，为选择合适的方法进行应用提供指导。除了数值模拟方法外，读者还可以参考 Economides 和 Nolte（2005）、Smith 和 Montgomery（2015）对水力压裂用于油气井增产方面的介绍。

一、数学模型

　　当裂缝中流体压力大于地应力 σ_{ij}° 时，水力裂缝通常以 I 型破裂模式（张开型）向前扩展。因此，为了模拟水力裂缝的动态扩展，必须考虑产生新裂缝时所需的能量。通常采用传统断裂力学中的概念（Kanninen 和 Popelar，1985）予以考虑。但是传统断裂力学与水力驱动条件下的裂缝扩展也有一定差异。水力压裂时裂缝内部由流体填充，流体的压力沿裂缝随时间和空间变化。因此，该弹性力学问题本质上是一个流固耦合问题。另一个重要的方面是注入流体的体积守恒。在任意时刻，总注入体积 V_{inj} 等于当前裂缝中流体的体积 V_{frac} 加上向周围基质岩石中滤失的流体体积 $V_{leak-off}$。由于流体体积是连续变化的，因此裂缝扩展过程也基本上是稳定的（Lecampion 等，2018）。

（一）基本的水力压裂模型

1. 线弹性模型

假设水力裂缝的扩展是准静态的，则线性的动量平衡方程可以表示为：

$$\partial_{xj}\left(\sigma_{ij}-\sigma_{ij}^{\circ}\right)=0 \tag{4-35}$$

其中，沿着 x_j 的偏导数记为 ∂_{xj}。垂直于裂缝面的牵引力 $t_i=\sigma_{ij}\times n_j$ 在裂缝两个面（S^+ 和 S^-）上是连续的，即

$$t_i^+ + t_i^- = 0 \tag{4-36}$$

也就是说，流体流动带给裂缝面上的剪切应力很小。与垂向应力相比，剪切应力可以忽略不计。因此，流体压力 p 作用于裂缝面的法线方向上：

$$t_i^- n_i^- = -p \tag{4-37}$$

假设线弹性应变很小，则应力（σ_{ij}）和应变（ε_{ij}）之间的关系可表示为：

$$\varepsilon_{ij} = \frac{1}{2}\left(\partial_{xj} u_i + \partial_{xi} u_j\right) = \frac{1+\nu}{E}\left(\sigma_{ij} - \sigma_{ij}^\circ\right) - \frac{\nu}{E}\left(\sigma_{kk} - \sigma_{kk}^\circ\right)\delta_{ij} \tag{4-38}$$

由于存在裂缝，位移场 u_i 在裂缝面处呈现跳跃：

$$[\![u_i]\!] = u_i^+ - u_i^- \tag{4-39}$$

特别地，裂缝宽度可以表示为 $w = (u_i^+ - u_i^-)\, n_i^-$（图 4-7）。为了防止裂缝两边的基质岩石发生重叠，需要对裂缝开口施加一个非负的约束，即 $w \geq 0$。

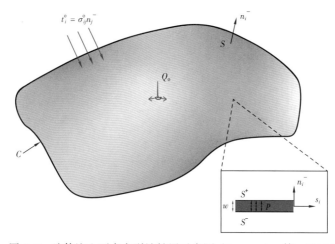

图 4-7　流体注入下水力裂缝扩展示意图（Lecampion 等，2018）

S—表面；n_i^-—法线方向；σ_{ij}°—原地应力场；Q_o—流体注入速度；C—裂缝前缘
图中显示了裂缝开口 w、流体压力 p 和某一点的局部坐标系

式（4-35）至式（4-38）描述的弹性力学问题，加上合适的边界条件，就可以用任意一种数值方法进行求解（比如有限元）。其中，边界元法由于其只计算裂缝面的位移，具有精度高、网格划分容易等优点，在均匀（或分段均匀）介质中的压裂应用广泛。利用经典的积分表达方式（Mogilevskaya，2014），该弹性力学问题可以重新写为如下的非局部算子：

$$t_i^- - t_i^{\circ-} = \xi_{ij}([\![u_i]\!]) \tag{4-40}$$

其中，$t_i^{\circ-} = \sigma_{ij}^\circ n_j^-$ 为裂缝面上的牵引力。积分算子 ξ_{ij} 是一个非局部算子（Mogilevskaya，2014；Bonnet，1999）；更多关于弹性断裂问题及其积分表示的细节可以参考 Hills 等（1996）的研究。它的数值离散化结果是一个完全填充矩阵。流体压力场 p 和位移场 u_i 都是未知数，它们的解可以通过弹性变形与流体流动的耦合得到。

2. 线弹性断裂力学

裂缝扩展的驱动力是能量释放速率 G，在恒定载荷下，它等于负的弹性势能对无穷小裂缝长度增量 S 的导数：

$$G = \frac{\partial P}{\partial S} \qquad (4-41)$$

其中，弹性势能 $P = \frac{1}{2} \int_{\Omega} \sigma_{ij}\varepsilon_{ij}\mathrm{d}V - \int_{\partial\Omega} \sigma_{ij}n_ju_i\mathrm{d}S$（Rice 和 Drucker，1967），更精确地说，裂缝扩展的线弹性断裂能量准则可写为：

$$\begin{cases} (G - G_\mathrm{c})\mathrm{d}S = 0 \\ G_\mathrm{c}\mathrm{d}S \geqslant 0 \end{cases} \qquad (4-42)$$

其中，临界断裂能量释放速率 G_c 为材料属性，数值为正常数。该准则保证了如果 $G < G_\mathrm{c}$ 时不发生裂缝扩展（$\mathrm{d}S = 0$），裂缝扩展时 $G = G_\mathrm{c}$（$\mathrm{d}S > 0$），符合准静态扩展平衡假设。对于在垂直于最小地应力平面上扩展的纯 I 型水力裂缝，可以用 I 型应力强度因子 K_I 与材料韧性 K_Ic 相等来代替原来的能量增长准则。对于这种断裂形态，I 型应力强度因子 K_I 通过 Irwin 关系式与 G 相关：$G = K_\mathrm{I}^2/E'$。线弹性断裂力学中，可以通过裂缝开度 w 和到裂缝尖端的距离 x 获得应力强度因子 K_I。

$$w = \sqrt{\frac{32}{\pi}} \frac{K_\mathrm{I}\left(1 - v^2\right)}{E} x^{1/2} \qquad (4-43)$$

对于张开型裂缝，准静态扩展准则简化为 $K_\mathrm{I} = K_\mathrm{Ic}$。在复杂应力的情况下，裂缝将调整扩展方向来保持纯粹的张开型扩展模式（Hutchinson 和 Suo，1991）。在 I 型（张开型）、II 型（剪切型）混合模式载荷作用下，相应的判断裂缝扩展方向变化的准则被提出。最常用的是局部对称原理（即零模态 II 局部应力强度因子）或最大拉应力准则（Erdogan 和 Sih，1963）。两者给出的估计较为接近，并与实验结果相吻合。

此外，裂缝尖端发生 3 种断裂扩展模式（张开型、剪切型和反平面剪切型）的情况仍然具有挑战性。张开和反平面剪切型的组合导致了裂缝前缘的劈裂（Cooke 和 Pollard，1996）。对于这个特殊的力学问题，虽然最近也报道了一些进展，但还没有给出令人满意的通用准则。

3. 流体在裂缝中流动

流体在裂缝中的流动可以假设为流体在细长通道中的流动。通常采用薄膜润滑方程予以描述，其中流体流速、密度等参数被认为沿裂缝开度方向（即垂直裂缝面方向）不变。密度为 ρ 的流体质量守恒方程为：

$$\partial_t\left(\rho w\right) + \partial_{si}\left(\rho wv_i\right) + 2\rho v_\mathrm{L} = \rho Q_\mathrm{inj}\left(t\right)\delta\left(x - x_\mathrm{inj}\right) \qquad (4-44)$$

式中，δ 是克罗内克符号；x_{inj} 为注入位置；v_i 是沿着裂缝面方向 S_i 的流体速度；v_L 是流体从裂缝表面向周围基质的滤失速度（即垂直于裂缝平面的流体速度）。质量守恒方程右边的点源 Q_{inj} 模拟了井筒注入。与裂缝尺寸相比，井筒的尺寸可以忽略不计。

压裂液（通常为液相）的压缩性较低。因此，在等温条件下，流体的状态方程可以线性化为 $\rho \approx \rho_\text{o}\left[1 + c_\text{f}\left(p - p_\text{o}\right)\right]$，$\rho_\text{o}$ 是参考压力 p_o 下的流体密度，c_f 是流体压缩系数。质量守恒公式可更新为：

$$\partial_t w + c_\text{f} w \partial_t p + \partial_{si}\left(w v_i\right) + 2 v_L = Q_{\text{inj}}\left(t\right)\delta\left(x - x_{\text{inj}}\right) \quad （4-45）$$

其中，$c_\text{f} \ll 1$，流体压缩系数一般在 $10^{-10}\,\text{Pa}^{-1}$ 范围内而流体压力在 $10^6\,\text{Pa}$ 范围内。此外，裂缝一旦张开，它的弹性将远大于液体的弹性，即 $1/w\,\partial_t w \gg c_\text{f}\partial_t p$。因此，压裂液的质量守恒可以进一步更新为体积守恒：

$$\partial_t w + \partial_{si}\left(w v_i\right) + 2 v_L = Q_{\text{inj}}\left(t\right)\delta\left(x - x_{\text{inj}}\right) \quad （4-46）$$

从开始泵入压裂液到当前时间 t，对整个裂缝面进行积分得到整体体积守恒：

$$V_{\text{fracture}} + V_{\text{leak-off}} = V_{\text{inj}} \quad （4-47）$$

其中，V_{fracture}、$V_{\text{leak-off}}$ 和 V_{inj} 分别为裂缝体积、总滤失体积和压裂液注入体积。这种体积守恒在流体滞后极小的情况下是有效的。

对于不可压缩流体，流体的动量守恒方程为：

$$\rho\left(\partial_t v_i + v_j \partial_{sj} v_i\right) = -\partial_{si} p - \frac{2}{w}\tau_\text{w} \quad （4-48）$$

其中，τ_w 是流体剪切应力。除了压裂的极早期，在整个压裂过程中，等号左侧的惯性项几乎可以忽略不计。流体的剪切应力一般表示为：

$$\tau_\text{w} = f\left(Re, \frac{k}{w}\right) \times \frac{\rho v_i \lVert V \rVert}{2} \quad （4-49）$$

其中，f 为范宁摩阻系数。它是一个与雷诺数和裂缝相对粗糙度 k/w（k 是一个特定尺度的岩石粗糙度，通常与岩石粒度相关）有关的函数。对于裂缝中流动从层流到湍流的演化，已有许多模型存在，其中大多数基于理论和实验观测得到。有必要关注这些湍流模型，并认识到与湍流过渡相关的时空统计数据（Manneville，2016）。同样非常重要的是，在工业实践中，为了减少湍流条件下的阻力，总是在流体中加入减阻剂（Virk，1975）。这些聚合物添加剂极大地改变了向湍流的转变过程，并显著降低了湍流状态下的摩擦因子。

实际中遇到的通常是层流，之前叙述的流体动量平衡方程可以简化为平行板之间的泊肃叶定律，如式（4-50）所示，描述了流体流量（$q_i = w v_i$）与局部压力梯度之间的关系。

$$q_i = w v_i = -\frac{w^3}{12\mu}\partial_{si} p \qquad (4-50)$$

4. 卡特滤失

对于一条直线型的水力裂缝，沿着 x 轴的方向扩展，跨度为 $-\ell(t) < x < \ell(t)$，该裂缝的滤失速率 v_L 可以表示为：

$$v_L = -\frac{K}{\mu}\frac{\partial p_\Delta}{\partial y}\bigg|_{y=0} \qquad (4-51)$$

其中，$p_\Delta = p_r - p_o$，表示岩石孔隙流体压力（p_r）和远场孔隙流体压力（p_o）之间的差异，根据扩散方程得：

$$\partial_t p_\Delta(x,y,t) = \frac{K}{\phi c_r \mu}\Big[\partial_{x^2} p_\Delta(x,y,t) + \partial_{y^2} p_\Delta(x,y,t)\Big] \qquad (4-52)$$

$$p_\Delta(x,0,t) = p(x,t) - p_o, \quad -\ell(t) < x < \ell(t) \qquad (4-53)$$

$$\lim_{y\to\infty} p_\Delta(x,y,t) = 0 \qquad (4-54)$$

$$p_\Delta(x,y,0) = 0 \qquad (4-55)$$

式中，K 是岩石渗透率；μ 是水力裂缝内流体的黏度；c_r 是储层压缩系数（储层流体和孔隙压缩系数的组合）；ϕ 是岩石孔隙度；p 是裂缝中的流体压力。

具有动边界条件的扩散方程给裂缝中流体的模拟带来了巨大挑战。解决该问题的常用方法是卡特滤失模型（Howard 和 Fast，1957），它引入了两个主要的简化假设：第一个假设是水力裂缝的扩展速率远快于滤失速率。该假设在高渗透地层中被证明是错误的。然而，当假设有效时，该问题可简化为一维扩散方程。

第二个假设是液体净压力（$p_{net} = p - \sigma_o$）相比远场的有效应力（$\sigma_o - p_o$）来说非常小。因此在该假设中，忽略净压力（$p - p_o = p - \sigma_o + \sigma_o - p_o \approx \sigma_o - p_o$），边界条件成为非耦合的瞬态净压力（$p - \sigma_o$）。因此，滤失问题简化为：

$$\partial_t p_\Delta(x,y,t) = \frac{K}{\phi c_r \mu}\partial_{y^2} p_\Delta(x,y,t) \qquad (4-56)$$

$$p_\Delta(x,0,t) = \sigma_o - p_o, \quad -\ell(t) < x < \ell(t) \qquad (4-57)$$

$$\lim_{y\to\infty} p_\Delta(x,y,t) = 0 \qquad (4-58)$$

$$p_\Delta(x,y,0) = 0 \qquad (4-59)$$

其中：

$$p_{\Delta} = \left(\sigma_{o} - p_{o}\right)\mathrm{erfc}\left(\frac{\phi c_{r}\mu}{K}\frac{y}{2\sqrt{t}}\right) \tag{4-60}$$

代入式（4-60）可得：

$$v_{L} = \frac{C_{c}}{\sqrt{t}}, \quad C_{c} = \sqrt{\frac{Kc_{r}\phi}{\pi\mu}}\Delta p_{c}, \quad \Delta p_{c} = \mathrm{const.} \approx \sigma_{o} - p_{o} \tag{4-61}$$

还需要另外两个步骤来得到完整的卡特滤失模型（Lecampion 等，2018）：

（1）在动边界位置处定义压力边界条件，也就是说，裂缝不断扩展更新，滤失时间不能都从 $t=0$ 开始计算，需要从裂缝生成的那一时刻开始计算，即式（4-61）中的时间 t 替代为流体接触时间 $t-t_{o}(x)$，$t_{o}(x)$ 为流体达到 x 点的时间。

（2）需要考虑压裂液向与其黏度不同的油藏滤失的情形，以及压裂液渗入过程中在储层表面形成的滤饼。

可以采用类似于式（4-60）的公式来考虑这两个过程，但系数 C_{c} 的值不同，由于考虑其他因素也满足 $v_{L} \propto \left[t-t_{o}(x)\right]^{-1/2}$，因此可以将不同因素的影响整合到一个复合流体损失系数中。这通常通过诊断性裂缝注入测试或拟合微地震监测得到的裂缝几何形状等校准实验确定，最终得到的卡特滤失方程为：

$$v_{L}(x) = \frac{C_{L}}{\sqrt{t-t_{o}(x)}} \tag{4-62}$$

5. 边界条件

水力压裂裂缝的扩展通常由井筒处注入的流体驱动。该注入速率可以被认为是流体连续性方程中的点源（如果沿着一条线射孔，则最终为线源）。

对于不渗透岩石或多孔介质材料，水蒸气（在空化压力下）或孔隙流体（在储层孔隙压力下）填充于裂缝尖端新扩展的区域。这种情况下，流体前沿 C_{f} 滞后于裂缝前缘 C，裂缝前缘 C_{f} 处的边界条件为（对于不渗透介质）$p=p_{cav} \approx 0$ 和 Stefan 条件 $v_{i}=q/w_{i}$。

同时，断裂前沿 C 处的边界条件是 $w=0$，作为传播条件 $K_{I}=K_{Ic}$ 的补充，Economides 和 Nolte（2000）已经证明，当满足下式时，流体和破裂前沿实际上是一致的。

$$\frac{\sigma_{o}K_{Ic}^{2}}{\mu v_{C}E'^{2}} \gg 1 \tag{4-63}$$

对于不渗透介质，v_{C} 表示裂缝尖端速度，$E' = E/(1-v^{2})$ 是岩石平面应变弹性模量，σ_{o} 是垂直于裂缝作用的最小地应力。实际应用中，在足够深度（即超过 100m）下该条件总是满足的，因此滞后可以忽略。对于平面径向和平面应变水力压裂，在恒定注入速率下流体和裂缝前缘的聚结发生在时间尺度 $t^{*}=12E'\mu^{2}/\sigma_{o}^{3}$，在正常的围压条件下，该数值一般为几秒或更短。可以看出，当流体和裂缝前缘聚结时，Stefan 条件退化为 $q_{i}=0$（Detournay 和 Peirce，2014）；当裂缝扩展时，沿裂缝前缘 C 的所有点都必须满足 3 个条件，即 $w = 0$，$q_i = 0$，$K_1 = K_{1c}$。在混合模式加载下，需要另外的弯曲标准，例如最大拉应力标准（Erdogan 和 Sih，1963）。

（二）模型扩展

1. 孔隙弹性

除利用卡特滤失模型近似外，还可以将储层模拟为多孔介质，并将多孔弹性方程与可变形水力裂缝中的流动耦合。当然，从理论的角度来看，这种方法是有吸引力的，因为它不依赖于卡特滤失背后的假设。在多孔弹性耦合可忽略和岩石小扩散率（与注入持续时间相比）的极限情况下，获得的结果类似于卡特滤失模型（Carrier 和 Granet，2012）。当持续注入时间接近于岩石扩散时间尺度时，孔隙弹性效应显然是重要的。由于裂缝周围的孔隙压力增加，多孔介质的弹性力学作用导致裂缝压力增加和裂缝延伸更短。

正如前面所提到的，实际中低渗透滤饼会在裂缝面上形成。这种堆积可以明确地建模，但与卡特滤失模型类似，这种描述中出现的系数是相当特殊的，而且具有流体化学依赖性，必须通过实验确定。在油气井增产过程中，使用完整的孔隙弹性模型是极富挑战性的。然而必须考虑孔隙弹性效应，以此来模拟压裂结束的裂缝闭合。显然，还必须考虑多相流影响，以便准确模拟压裂液的返排和后续油气生产。

2. 流体非线性

实际中使用的大量压裂液具有非牛顿性质。尽管有时（但很少）使用液化气体，但大多数压裂液是聚合物水溶液。这些聚合物流体通常表现出剪切稀释性，即它们的黏度随剪切速率降低。这种类型的流体可以通过幂律黏度关系模型来描述，对此可以容易地获得 Poiseuille 定律的解析解。此外，还可以考虑使用更精细的流变学模型，例如 Carreau（1972）流变模型对低剪切速率和高剪切速率均适用。工业中使用的一些压裂液还表现出黏弹性，因为它极大地增强了流体携带支撑剂的能力。这些复杂流体通常足够黏稠，使得裂缝内的流动总是层流。

向压裂液中加入支撑剂改变了压裂液的流变性。这需要合适的两相（流体和固体颗粒）本构模型来正确描述悬浮液在裂缝中的流动。在已知给定位置处的裂缝宽度后，固体浓度对悬浮液流动的影响可以通过固相体积分数的切向黏度函数来描述，而固体颗粒的质量守恒方程需要与悬浮液的连续性方程相耦合。Osiptsov（2017）以及 Hormozi 和 Frigaard（2017）讨论了水力压裂中支撑剂输运建模相关的进展。

3. 岩石非线性

一些学者研究了岩石的本体可塑性。本体可塑性导致岩石明显变硬。该性质增加了建模的复杂性，但这与储层岩石类型有关。对于疏松油藏来说，它比较重要，但对于脆性岩石而言，该性质的影响是次要的（Germanovich 等，2012）。

4. 非线性注入条件

在压裂液入口位置施加已知流速 $Q_0(t)$ 并不总是成立。特别是，在裂缝扩展早期阶段，进入裂缝的流体流量可能受到注入方向性的强烈影响。这是由于井眼中的恒定注入速率及沿井不同位置处的多个水力裂缝同时扩展造成的。在这种情况下，井口注入的流体分配到不同裂缝的比例是事先不知道的，并且可能随时间变化。它主要取决于不同裂缝之间的弹性相互作用，以及裂缝入口和井筒之间的流动收缩特征，即所谓的穿孔摩擦（Bunger 和 Peirce，2014）。因此，来自井筒的多个裂缝的同时扩展增加了另一个非线性因素，必须将井筒中的流体流动与多个水力裂缝的扩展耦合起来处理。

（三）压裂模拟方法的挑战

目前，已经提出了多种数值方法来模拟过程的处理不同水力裂缝的扩展。这些方法之间的区别在于裂缝前缘的建模方式和裂缝扩展过程的处理不同。第一类方法在每个给定的时间步长内显式地跟踪裂缝前缘。特别是基于弹性断裂力学的方法，大多数情况下裂缝前缘与网格边界一致。

第二类方法通过空间离散网格求解得到裂缝前缘位置。尤其是有限元分析中使用的内聚区模型，其中裂缝被处理为内聚区单元。介观尺度模型也是基于不同单元的模型。这些类型的方法通常在裂缝扩展方面更容易开发，但需要更精细的网格，以准确捕获裂缝区域。裂缝轨迹随时间演变的准确性与方法的空间离散化紧密相关。基于相场方法进行压裂模拟也属于这种界面追踪方法。

值得注意的是，对于一些简单的裂缝几何形状（轴对称的平面裂缝），动网格方法非常有效（Desroches 和 Thiercelin，1993）。该方法中，将裂缝域缩放到区间 $[-1, 1]$，并将裂缝长度作为附加的变量进行求解。

可以使用不同的数值方法来求解裂缝弹性变形和流体流动耦合而产生的方程组。弹性方程可以通过有限元或边界元方法离散化，而有限元、有限体积或有限差分通常用于离散裂缝中的流动。其中，隐式的时间积分方法（即后向欧拉）有利于该耦合方程组的求解。

对于给定的时间步长 Δt，使用隐式时间积分方法，得到的方程组是非线性的。这是由于裂缝导流能力与裂缝开度的三次方成正比。该非线性系统可以通过不动点迭代或拟牛顿方法来求解。为了保证求解的稳定性，可以在执行几次不动点迭代后启动拟牛顿方法。这样做的目的是为拟牛顿法提供更好的初始解，从而加快收敛速度并保证稳定性。Peirce 和 Siebrits（2005）研究了用于求解拟牛顿雅可比残差系统的预处理器；Peirce（2006）基于 ILU 预处理器构建了最佳折中方案。

求解裂缝前缘新位置的方式对于模拟的准确性至关重要。"跟踪"裂缝前缘时，可以显式地或隐式地获得其新位置。显式方法以裂缝前缘的速度从时间 t_n 更新至 $t_n+\Delta t$。这种显式的裂缝前缘扩展方法通常用于"干"断裂力学问题，有时采用特殊规律根据应力强度因子的局部值估计裂缝速度，例如，巴黎的疲劳定律可以视为脆性断裂的正则化（Lazarus，2003）。但水力压裂过程中，裂缝速度是由近端区域中的强流固耦合产生的，而且不保证遵循这种经验规律。

弹性流体动力学方程具有严格的 CFL 条件。因此，跟踪断裂前沿时，前沿位置和弹性流体动力学系统的完全显式方案很难选择，由于小时间步长的要求意味着裂缝前缘的小增量，与小裂缝相关的较小网格尺寸增量将导致较小的临界时间步长，由此导致细化网格和时间离散的恶性循环。因此，弹性流体动力学系统通常隐式地求解，避免了 CFL 条件对时间步长的限制，同时裂缝前缘仍然显式求解。对于确保这种混合方案稳定性的时间步长选择尚缺乏有效的指导方针。如果时间步长太大，这种隐式（用于流固耦合）/显式（用于裂缝前缘扩展）方法在存在非均质性和（或）原地应力跳跃时将表现不佳，因为断裂前沿位置是根据上一个时间步结束时已知数据估算的。

替代方案是全隐式方法，即对裂缝前缘位置和弹性流体动力学系统求解时均采用隐式处理。因此，跟踪裂缝前缘的隐式方案需要在新的裂缝前缘上进行迭代，即产生裂缝前缘的多个位置，并且需要在该试验域上解决弹性—流体力学耦合。该类型的隐式方案通常由一个时间步长上的两个嵌套循环组成：（1）外循环用于求解裂缝前缘位置；（2）内循环对每个试验位置求解弹性流体力学方程。该方法更加准确，而且稳健，能够使用更大的时间步长。然而，该模型的开发更为复杂，快速的弹性流体力学求解器是保障计算效率的必要条件。

混合加载模式下的裂缝弯曲问题可以采用干裂缝扩展的方法解决。该问题采用显式求解裂缝扩展更加容易。然而，还可以根据前一时间步长的计算结果明确指定传播方向，并隐式计算设定方向上裂缝前进的增量。

二、连续介质模型算法

（一）使用多尺度水力压裂尖端渐近线进行裂缝前缘跟踪

近年来，已经提出了一些平面裂缝扩展的全隐式模型。这些模型将半无限水力压裂尖端近似解和裂缝其余部分的有限离散耦合起来，从而避免了线弹性断裂力学模拟裂缝扩展时对网格尺寸的严格要求。因此，即使在较粗的网格上也可以获得非常准确和稳健的数值解。在此简要介绍一下这些方法的基本思路。这些隐式算法包括边界元、扩展有限元（Extended Finite Element Method，XFEM）等（Lecampion 等，2018）。

在隐式方法中，裂缝被分为两部分：一部分是裂缝尖端区域；另一部分是裂缝通道区域，即远离裂缝尖端的其余部分。裂缝尖端的解与其余部分有限离散的耦合是通过尖端区域和通道区域相连接的单元实现的。这个单元称为丝带单元（Ribbon Elements）。丝带单元的开度用于反求裂缝尖端的渐近线。因此，可以获得每个丝带单元和裂缝前缘之间最近距离的估计。对于三维的平面裂缝模型，水平集函数和快速行进方法是两种估计裂缝前缘位置的有效方法。一旦获得了裂缝前缘的新试验位置，就会在裂缝尖端单元中强制执行裂缝尖端渐近解（即根据尖端渐近线修正尖端单元的体积），以便完成与裂缝其余部分的耦合。对于给定的时间步长，该过程会迭代求解直至收敛。

上述方法获得的结果与半解析模型得到的结果有很好的一致性（Peirce，2015）。与其他数值模拟代码相比具有非常好的收敛性（Lecampion 等，2013）。

此外，还可以采用类似的方法来简化处理二维裂缝的情况，即把裂缝尖端处理为一个点。该算法已经被扩展到混合 Ⅰ+Ⅱ 型平面应变裂缝。但对于如何将其扩展到非平面的三维裂缝情况尚不清楚。

（二）边界元

均质的或分区域均质的模型在实际应用中经常遇到。对于这种情况，边界元（Boundary Element Method，BEM）具有很明显的优势。弹性问题的离散被简化为只在裂缝面上求解未知变量，这样可以显著降低求解问题的难度。

如果采用基于 BEM 的位移不连续方法（Displacement Discontinuity Method，DDM），则根据沿着裂缝的应力等于裂缝所有部分位移不连续性贡献的叠加这一事实，可以很容易地构造弹性方程。位移不连续方法在模拟裂缝扩展中已经得到了广泛应用，包括二维或三维的模型、均质的或多层的模型。通过该方法可以很容易地检测沿着断裂表面的接触和摩擦。因此，它可以模拟由水力压裂与天然裂缝之间的相互作用产生的复杂裂缝网络。

许多基于 BEM 的改进方法也被用于水力压裂的模拟。其中，对称伽辽金边界元（Symmetric Galerkin BEM，SGBEM），可以根据形函数强制要求元素边界的变量连续性，就像在有限元方法中一样。具有位移不连续性的 SGBEM 公式作为裂缝离散化的主要变量已被用于解决一些三维水力压裂模拟器的弹性变形。最近，域修改 BEM 技术被提了出来，与 DDM 和双边界元（dual BEM）离散相比，该方法可以更好地减小弹性问题离散的复杂程度。

在所有使用边界元来求解弹性问题的模型中，裂缝中流动方程的离散都是通过有限体积或有限元来实现的。当与 DDM 方法结合时，有限体积方法是非常有效的，因为其不强制要求单元之间的连续性。采用连续测试函数的 Galerkin 有限元方法也被使用，而且特别适合与 SGBEM 耦合使用。裂缝前缘扩展的细节因不同方法而异，但通常都涉及添加新单元或在裂缝前缘附近重新划分网格。

（三）有限元

当模型形状不规则、材料属性非均质、岩石非线性变形时，有限元方法通常是较好的选择。采用有限元模拟裂缝扩展时，模拟方法大致可以分为 4 类（图 4-8）。

1. 网格自适应划分的裂缝扩展

在模拟裂缝扩展过程中，其中一种方法是采用自适应网格划分的方法使得有限元网格可以随时匹配裂缝形态（图 4-8a）。当然，该方法计算成本比较高，尤其是三维模型。近年来，自适应网格模拟裂缝扩展越来越受到关注，Paluszny 和 Zimmerman（2011）采用该方法模拟了裂缝扩展，但没有考虑流体的作用。Salimzadeh 等（2016）建立了平面三维裂缝扩展模型。目前，该局部网格加密方法已经发展到三维，而且考虑了流体的作用，并且在尝试考虑其他的扩展机理。

但对于多物理场模型，比如多孔介质的弹性力学问题，在不同时间步长之间网格加密后如何满足质量守恒使其有效收敛仍是比较复杂的问题。

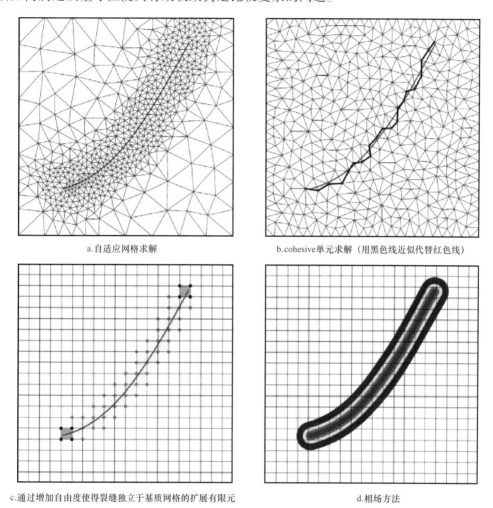

a.自适应网格求解　　　　　　　　　b.cohesive单元求解（用黑色线近似代替红色线）

c.通过增加自由度使得裂缝独立于基质网格的扩展有限元　　　　　　d.相场方法

图4-8　采用有限元模拟裂缝扩展的4类方法（红线表示裂缝）（Lecampion等，2018）

2. 沿着预先设定的轨迹进行扩展

如果预先知道裂缝扩展的轨迹，比如一条直的平面裂缝，或者 T 形裂缝，那么采用内聚力模型（Cohesive Zone Model，CZM）来模拟裂缝扩展是非常高效的。由于裂缝扩展轨迹已经提前给定，则线弹性裂缝模型就被大大简化，从而不再需要求解每一时间步的裂缝扩展方向，降低了问题的复杂程度。

CZM 已被广泛应用于弹性固体或弹性多孔介质的裂缝扩展问题中。CZM 理论最早由 Dugdale（1960）和 Barenblatt（1962）提出，它克服了裂缝尖端应力的奇异性。在 cohesive 单元中，裂缝受到的牵引力和分离距离之间的本构关系是由一个势能函数控制的。对于裂缝扩展问题，最典型的假设是 I 型破坏，所以剪切应力对裂缝能量的贡献为零。为了准确模拟韧性和黏性占主导地位的裂缝扩展问题，就需要比较密的网格来提高裂缝周围的计算精度。当采用线弹性裂缝模型时，需要把网格划分得更细。当 cohesive 区域的网格尺寸太大时，cohesive 单元的本构模型（抗拉强度、最大分离距离等）会受到影响。

当裂缝向没有预先设定轨迹的区域扩展时，通过将所有的裂缝网格线设置为 cohesive 单元，或者当两个网格之间达到应力屈服点时，再引入 cohesive 单元进行模拟。后者虽然很难实现，但是计算成本低。无论哪个模型，裂缝的轨迹都是嵌入网格边界中时，如图 4–8b 所示。因此，裂缝的形状比较依赖于网格形状。为了不让裂缝沿着某些有偏差的方向扩展，可以采用较小的网格尺寸。然而，锯齿形的裂缝能否计算出合理的压力分布还需要进一步的考察。

3. 扩展有限元方法

将有限元网格与裂缝几何形态分离开的想法要追溯到 20 世纪 90 年代。该方法在传统有限元基础上，通过选择合适的插值函数来增加未知变量的自由度。在 XFEM（图 4–9c），如果有限元网格与裂缝相交，那么在这些网格上就会引入加强函数。对于裂缝来说，位移场可以采用下式计算：

$$u = \sum\nolimits_{\forall I} N_I(x) u_I + \sum\nolimits_{J \in S_H} N_I(x) \Big[H\big(f(x)\big) - H\big(f(x_J)\big) \Big] q_J + \\ \sum_i \sum\nolimits_{K \in S_T} N_K(x) \Big[\psi^i\big(f(x)\big) - \psi^i\big(f(x_J)\big) \Big] q_K^i \qquad (4\text{–}64)$$

式中，H 表示 Heaviside 函数，如果 $f > 1$，则 $H=1$，否则 $H=0$；f 是水平集函数，用于描述裂缝位置，裂缝处 $f=0$；Ψ^i 为裂缝尖端所在网格的加强函数；q_J 和 q_K^i 的自由度与所在网格的附加插值函数有关；S_H 和 S_T 都代表与裂缝相交的网格，其中 S_T 代表与裂缝尖端相交的网格，只有这些网格需要在组装刚度矩阵时特殊对待。

为解决裂缝扩展问题，描述流体在裂缝中流动的方程需要被离散并耦合到岩石的弹性变形计算中。目前已经有很多不同的策略可用于该耦合计算。另一个非常重要的问题是尖端加强函数的选取。由于裂缝尖端的渐进函数可能与传统的线弹性裂缝模型不同，因此需要根据裂缝扩展机理选择不同的裂缝尖端加强函数，以此来保证更好的模拟效果。

对于其他的有限元模拟方法，也可以通过设计不同的策略来追踪裂缝扩展方向。隐式方法已经成功应用于二维的裂缝扩展模拟。一些半解析方法同样可以用于不同扩展机理的模拟，但往往没有考虑滤失作用。

CZM 也可以很容易地应用于 XFEM 方法。在二维模型中，通过 XFEM 考虑多孔介质弹性作用，CZM 结合 XFEM 对于解决平面应变条件的裂缝扩展是比较合适的。Salimzadeh 和 Khalili（2015）考虑了完全或部分饱和的情况。Mohammadnejad 和 Andrade（2016）考虑了裂缝的闭合和重新开启。Khoei 等（2015）考虑了相交裂缝的摩擦。当采用 XFEM 计算可渗透介质时，需要添加合适的加强函数来计算基质中孔隙压力的变化。对于该问题已经有很多方法，但缺少一致的基准和收敛性测试来评价不同方法的计算效率和鲁棒性。此外，传统的 XFEM 在处理裂缝相交问题上是比较困难的，需要开发特殊的处理技术。

采用 XFEM 模拟三维问题要比二维问题更富挑战性。在韧性主导的扩展中，裂缝中流体压力是相同的，Gupta 和 Duarte（2014）提出了一套用于计算三维混合模式下裂缝扩展的公式。该方法虽然保留了裂缝前缘的连续性，但没有完全再现 I + III 混合模式下实验观察到的断裂前沿分离。

4. 相场方法

采用相场方法模拟裂缝是通过引入连续标量 s 描述完整和破碎材料之间状态的平滑过渡。该方法采用连续多个元素的过渡来近似处理与裂缝相关的位移不连续性（图 4-8d）。相场方法可以看作是脆性断裂变分公式的正则化，裂缝的扩展（和启裂）问题是 $E_1(u_i, s) = P(u_i)$ 的解，其中 P 是外力的作用，E_1 是正则化的能量函数：

$$E_1(u_i, s) = \int_\Omega (s^2 + k) \Psi(\varepsilon_{ij}(u_i)) \mathrm{d}x + G_c \int_\Omega \left(\frac{1}{4l}(1-s)^2 + l\|\nabla s\|^2 \right) \mathrm{d}s \tag{4-65}$$

式中，Ψ 是经典弹性能量密度函数 $\Psi(\varepsilon_{ij}(u_i)) = 1/2\varepsilon_{ij}(u_i) C_{ijkl} \varepsilon_{kl}(u_i)$；$G_c$ 是材料的断裂能；l 是正则化长度标度（$l > 0$），它控制完整和完全断开状态之间过渡区域的宽度；参数 k 模拟破裂相的人造刚度，这是避免数值困难所必需的。这种正则化的能量函数可以在 $l \to 0$ 时表现为所谓的 $\Gamma-$ 收敛，即它收敛于原始的脆性断裂的变形形式。

$$E(u_i, s) = \int_{\Omega S} \Psi(\varepsilon_{ij}(u_i)) \mathrm{d}V + G_c H^{N-1}(S) \tag{4-66}$$

其中，$H^{N-1}(S)$ 表示裂缝 S 的 Hausdorff 测度，当 $N = 3D$ 时为表面积，而当 $N = 2D$ 时为长度。在数值上，正则化长度标度必须足够小，以避免低估岩体能量。此外，必须保证网格尺寸 $h \leq l$，以便精确地估计断裂能量。对于四边形单元，准则 $h < l/2$ 能够给出足够的裂缝拓扑近似。

但式（4-65）没有区分牵引和压缩。因此，必须对其进行修改，以避免压缩时的现象不符合物理规律。这通常通过将弹性能量密度分成与张开 Ψ^+ 和压缩 Ψ^- 相关的两部分来完成，而且要将 Ψ^+ 降低为 $s^2 + k$。常用的分解方法包括考虑主应变方向，或通过体积和偏离分量中的应变能进行分解。尽管公开方法中的正则化细节不同，但将其拓展到弹性多孔介质是可能的。

为了能够使用相场方法模拟水力裂缝扩展，需要解决两个重要问题。第一个问题涉及水力压裂的增能作用。裂缝表面上流体压力的定义可以通过用固体区域上的外力替换裂缝表面上的积分来完成，即

$$\int_S p(u_i^+ - u_i^-) n_i^- \mathrm{d}x \tag{4-67}$$

Bourdin 等（2012）采用如下正则化方法来计算整个区域（裂缝和基质）上的积分：

$$\int_S p(u_i^+ - u_i^-) n_i^- \mathrm{d}x = \int_\Omega p u_i \partial_{xi} s \mathrm{d}x \tag{4-68}$$

通过这样的近似，可以计算韧性主导区域（即零流体黏度）中水力裂缝扩展的平面应变解，尽管 l 足够小且 $h \approx l$。Mikelic 等（2015）提出了另一种正则化方法：

$$\int_S p\left(u_i^+ - u_i^-\right) n_i^- \mathrm{d}x = \int_\Omega s^2\left(u_i\partial_{xi}p + p\partial_{xi}u_i\right)\mathrm{d}x \qquad （4\text{--}69）$$

从本质上说，这种正则化避免了计算裂缝精确位移跳跃的需要。但为了将裂缝内的流动与弹性变形耦合，必须精确地计算裂缝宽度，因为它直接控制着耦合的非线性。Poiseuille 定律与裂缝开度有关，因此准确的裂缝宽度至关重要。这是将相场方法应用于水力压裂中最难的地方（Lecampion 等，2018）。

关于裂缝宽度在相场方法中的计算已经有了进一步讨论。裂缝宽度可近似为 $w \approx h_e$（λ_n），其中 h_e 是与离散化网格尺寸相关的长度标度，而 λ_n 是垂直于裂缝平面的线元素的归一化拉伸比。但这种近似似乎高估了裂缝宽度。Miehe 等（2015）、Wilson 和 Landis（2016）认为 $w \approx h_e$（$1\text{--}\lambda_n$）。通过一组过渡指示函数（取决于相场变量 s），描述裂缝中 Stokes 流和固体多孔弹性材料中的达西流之间的过渡，那么该方法可以再现黏性和韧性主导的裂缝扩展。值得注意的是，裂缝宽度重构对网格内的裂缝的相对取向敏感，需要进一步改进。Lee 等（2016）使用最初在内聚破裂背景下提出的相变量的积分形式来重构穿过裂缝的位移跳跃。Santillán 等（2017）在平面应变中采用有限体积法将相场与裂缝的流动交错耦合。尽管该研究限于沿着网格方向传播的裂缝，但却在相对短的注入时间内再现了平面应变中的不同扩展方式。

还需要注意相场方法对网格的强烈要求，特别是在 $h \ll l$ 且 l 在 O（10^{-4}）数量级或更小的情况下才可以精确描述断裂过程。为符合实际，细化的合适的网格和鲁棒性强的并行求解器是必需的。

总之，相场方法的过渡性对水力压裂问题既是优势，也是劣势。称之为优势，因为它允许在三维空间非均质性和多条裂缝相互竞争的情况下进行复杂混合模式的压裂模拟；称之为劣势，因为很难满足精确重建断裂面上位移不连续性的要求。因此，尽管有吸引力，但仍然不清楚相场方法在实际的空间和时间尺度内再现整个水力裂缝扩展过程的稳健性和准确性如何。

（四）无网格方法

诸如无网格伽辽金（Element Free Galerkin，EFG）和光滑粒子流体动力学（Smoothed Particle Hydrodynamics，SPH）之类的无网格方法也被用于模拟多孔弹性材料内的裂缝扩展。然而，水力压裂的应用相对较少，迄今为止尚未得到完全的验证。

1. 无网格伽辽金

EFG 方法最初在 20 世纪 90 年代提出，该方法只是基于节点数据并通常采用移动最小二乘法近似。与 XFEM 一样，尖端富集函数可用于准确捕获近尖端区域中的渐近应力。每个节点与影响域相关联，而在影响域之外的权重函数严格为零。为了模拟裂缝，该方法需要调整其影响域被裂缝切割的节点的权重函数。这可以通过尖锐／不连续的方式或平滑近似来完成。

采用 EFG 模拟裂缝扩展的成功案例还非常有限。其主要原因在于很难以简单并准确的方式处理裂缝扩展的整个过程（基础网格）、数据结构和权重函数。Samimi 和 Pak（2016）提出了一种基于 EFG 和隐式时间步进方案的算法，用于在平面应变条件下模拟水力裂缝的扩展。裂缝扩展以显式的方法进行，通过应力强度因子的计算来设定新的裂缝增量。但目前尚缺乏对不同水力压裂扩展方式的验证。

2. 光滑粒子流体动力学

SPH 是一种基于拉格朗日粒子的方法，其最初是面向复杂的流体动力学问题。用 SPH 来研究裂缝扩展可以追溯到 20 世纪 90 年代，但主要关注的是碎片问题。在水力压裂中的应用非常初步，而且局限于均匀压力情况。因此，目前尚未见到 SPH 用于准静态水力压裂问题的解决方案。

三、介观尺度模型

离散单元方法（DEM）可以追溯到 Cundall（1971）的早期工作。在 DEM 中，通过具有不同尺寸和形状的颗粒的位移来模拟力学行为，通过颗粒之间的接触状态表示裂缝。随后开始使用具有点状质量和小位移（包括旋转）弹簧的晶格模型来模拟固体变形。该方法将黏结颗粒的配置关系简化为键。弹簧的应力和变形通过与变形机制有关的本构定律联系起来。

除力学响应外，这些介观尺度模型中的流体流动是通过流体传输单元实现的。流动网格不同于力学网格，它由连接粒子模型中断开接触的管道，或（和）沿着格子模型中 Voronoi 元胞边缘的导管表示。还提出了与有限体积的耦合。一些理想化假设也被用于模拟流体流动，例如，在饱和多孔介质中使用流体压力的稳态解。

最近，键或弹簧的非局部描述被用在 peridynamics（近场动力学）框架内模拟弹性变形和裂缝生长。该模型在构造节点的平衡方程时将应力用一对力代替。与 DEM 或准随机点阵模型等局部离散模型不同，该方法计算给定区域中所有相互作用力的积分形式，而且考虑了长程力的影响。该数值方法已经与流体流动相耦合。其中，储存在键中的临界能量密度用于材料失效，裂缝中的流动被描述为固结问题，由此得到了与平面应变水力压裂问题早期裂缝长度解的较好一致性。

这些介观尺度模型中只有少数针对平面径向水力压裂扩展问题进行了测试。尽管计算成本非常高，它们似乎能够再现这些已知的结果，但这些测试受限于模型分辨率、尺寸和初始应力的特定组合。

除了计算量比较大以外，这类模型的主要难点在于微观本构参数的校准。Damjanac 和 Cundall（2016）认为，该任务可以部分自动调节。需要特别注意的是，宏观断裂韧性与介观离散化尺度本质上相关，该原理有助于确定介观模型的离散化长度。这些介观尺度模型可以用很少的额外开发成本来研究非常复杂的裂缝几何形状，例如近井效应对裂缝生长的影响以及三维空间中水力裂缝与天然裂缝的相互作用。为了节省计算时间，

Zhang 等（2017）开发了一种混合 DEM 和连续体的方法，它具有嵌入在外部连续体域中的内部离散区域，以解决二维空间内具有复杂裂缝几何形状的问题。

四、工程模型

通过利用工程模型，可以对裂缝扩展问题做进一步简化，以便显著降低计算成本，从而开展实际的工程设计。通常，这些基础简化对于特定条件是合理的。因此必须正确理解它们的局限性，特别是各种模型即使针对简单的水力压裂问题在假设条件和求解结果上都可能存在显著差异（Warpinski 等，1993）。本书将简要介绍模型的假设条件和局限性，并重点关注最近的一些进展，而非试图全面综述各种不同的模型。

拟三维模型（P3D），作为著名的 PKN（Perkins-Kern-Nordgren）模型扩展，将裂缝划分为沿横向的单元，其宽度和高度仅基于局部流体压力计算。P3D 模型可以处理裂缝高度增长，并保持流体压力的横向耦合，从而将初始三维（3D）问题简化为二维（2D）弹性问题和一维流体流动问题。降维可以显著减少计算时间。然而，原始的 P3D 模型没有考虑沿横向的弹性耦合和断裂韧性的影响。

传统的 PKN 模型要求裂缝尖端的流体压力为零。Meyer（1989）假定半圆前缘并计算了相应的应力强度因子，利用应力强度因子和弹性方程本身的影响函数来解决这个问题，以确保模型以近似的方式捕捉圆形和指型（PKN）水力压裂的极限。目前，最有效的解决方法是依赖于由渐近分析导出的近尖端位移公式，这是由 Adachi 等（2010）提出的一种裂缝生长方法。对于针对近端位移场，引入了一些新的方法来考虑裂缝扩展。包括基于近端非局部弹性的能量方法。此外，PKN 和 P3D 模型被扩展到可考虑元胞间的非局部弹性相互作用和近尖端位移。这种修正提高了模型在断裂开度、高度和长度方面的准确性，尤其是对于韧性主导的情况。除弹性变形方面外，Weng（1992）用垂直裂缝面内的二维流体流动代替沿侧向的一维流体流动，从而进一步改进了模型。在均匀压力的假设条件下，这种二维流体流动的存在有时对限制裂缝不稳定的高度增长十分必要。

基于元胞的 P3D 模型也能够进一步在预设天然裂缝的地层中模拟水力裂缝的生长。对于裂缝高度生长的问题，Cohen 等（2015）提出了由垂直方向上多行网格组成的堆叠单元模型。如果不能忽略原位应力和材料特性差异，应力和流体压力分布会在垂向上变化，断裂高度预测比传统的 P3D 模型更精确。此外，对单层中沿水平井的多个裂缝扩展，使用 3D 校正因子将二维平面应变模型扩展到三维情况。这种降维模型强制裂缝高度恒定并且等于预设的层厚。虽然该假设可能有些苛刻，并且在预测裂缝高度方面降低了模型的实用性，但益处在于能够以合理的计算成本模拟大量水力裂缝的扩展，以及它们与预设裂缝的相互作用。其他用于模拟天然裂缝地层中水力裂缝扩展的方法包括 2D 或 3D 位移不连续方法，或自适应离散单元法。后者通过牺牲计算时间准确模拟裂缝扩展细节。P3D 主要用于实际工程设计中。所有这些模型都旨在解决现代水力压裂模拟的主要困难，即压裂能否导致简单的几何形状或是复杂缝网。Bunger 和 Lecampion（2017）对现场试验、数值模拟和实验结果进行了综述。对于所有这些模型，最大的挑战在于适当地限定水力压裂遇到天然裂缝的扩展准则。但这个问题本质上是物理问题，而不是数值模拟本身的问题（Chuprakov 等，2014）。不管模拟方法如何，这种裂缝交叉条件的选择对模拟结果都具有重要影响。

五、模型验证的必要性

模型验证包括两方面，一方面是检查模型确实解决了它声称要解决的问题，另一方面是检查模型假设确实可以接受，两方面都是必不可少的，这对于水力裂缝的模拟尤其重要。由于该问题是一个非线性动边界问题，数值误差可能在时间上累积，由此导致压裂后的模拟结果存在显著差异。过去 20 年中，已经获得了一些简单平面断裂几何（平面应变、轴对称断裂）问题的半解析解。因此，任何数值模型都应该用这些解析解进行验证，然后才能处理更复杂的无法得到解析解的情况。尽管如此，仍然有许多研究者没有利用这些解或 Geertsma 和 de Klerk（1969）提出的不完整解进行对比和验证。

不同裂缝扩展阶段的半解析解在文献中已有报道，利用这些不同的极限扩展模式（储存／滤失、黏性／韧性）下的解进行模拟器验证是非常必要的。除此之外，最近还研发了两种不同几何形状的完整解析解。一些幂律流体的半解析解也存在。对于模型验证，必须将裂缝长度随时间的演变以及不同时间的裂缝宽度和净压力分布进行比较并计算相对误差。根据经验可知，在某种极限条件下给出精确解的方法通常在另一种极限条件下表现不佳。

与解析解的比较还可以更好地理解不同数值方法的优势和局限。图 4-9 展示了不同数值模拟方法得到的水力裂缝开度的相对误差与裂缝离散单元数的关系，其中基于不同的扩展标准（LEFM、内聚区模型、裂缝尖端渐近线等），利用不同的数值模型研究了黏性主导条件下平面应变自相似解的收敛性。通过这样的对比，可以清楚地知道精度、计算效率和鲁棒性之间的关系。该结果是在早期黏性主导的情况下，与 Savitski 和 Detournay（2002）的半解析解进行比较得到的。所有模拟都使用常规网格进行。不同方法以不同的数值成本达到相同的精度。使用完整水力压裂渐近的隐式水平集算法（ILSA）可以在非常粗糙的网格上实现非常精确的解，使用线弹性断裂力学渐近时需要

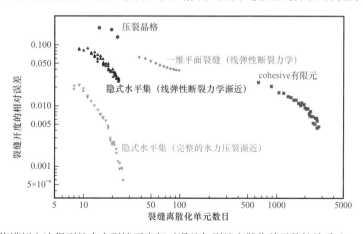

图 4-9 不同数值模拟方法得到的水力裂缝开度相对误差与裂缝离散化单元数的关系（Lecampion 等，2013）

更多网格（大约 10 倍）。具有黏结区模型的有限元方法需要更多数量的网格（200 倍以上）才能达到相同的精度。类似地，基于中尺度 HF 晶格的模拟在相同离散化水平下的精度要低很多。

除了解析 / 半解析外，精心设计的实验也可以为数值模拟器提供重要的基准。国内外研究都已开展了大量的水力压裂实验，并对裂缝前缘、裂缝宽度分布和井筒压力演化进行了详细测量。实验设计应当注意物理量（样品尺寸、注入速率、材料性能）的尺度，只有这样才能使水力压裂实验与实际现场压裂受同样的机理控制。虽然尺度变换和实验设计可能具有挑战性，尤其是对于强非均质性介质中支撑剂输运和水力裂缝生长等问题，但存在一些最近的实例为相关研究提供了宝贵经验。此外，在许多情况下，实验能够在没有解析解的条件下进行基准测试。例如：

（1）在应力分层介质中进行高度扩展实验，该实验用于验证基本的平面 3D 方法以实现扩展高度预测。该工作的一个重大发现是，即使模拟结果与水力压裂前缘和高度的演变相一致，预测井筒压力仍具有挑战性。这些实验数据最近被扩展到考虑弱层理面的影响（Xing 等，2017）。

（2）实验证实了理论预测得到的水力压裂裂缝尖端的多尺度特性，也验证了稳态行波解，成功预测了近尖端区域的扩展（Bunger 和 Detournay，2008）。此外，实验给出了弯曲的水力裂缝和具有相当大流体滞后条件下的渐近形式，这对数值模拟是重要的，但尚未得到证实。

（3）实验表明当周围存在自由表面或其他水力裂缝时，会形成弯曲缝（Bunger 等，2011），数值模拟能够捕捉这些实验行为。其中值得注意的是，在所有情况下，水力裂缝都朝向自由表面，但根据最小限制应力的大小，水力裂缝可能靠近或远离预前存在的水力裂缝。而且早期瞬时注入速率的影响也是很重要的。通过更多的实验研究发现，捕获这种早期瞬态行为对于匹配实验室规模的水力压裂至关重要。

由于现场数据常常不能对数值模拟进行适当的验证，因此，利用解析模型和实验结果对水力压裂扩展模拟进行基准测试变得更加复杂。即使在最可能的情况下进行多次测量，空间上测量数据点的不足仍会造成岩石响应的不确定性。如果数值模型不能对现场试验进行复现，则需要对数值模型的能力具有足够的信心，以便在模型的缺失特征（无法考虑其他物理机理）和较差的数值性能之间进行选择。但只有在事先对模拟代码进行了彻底测试的情况下才能实现。

第三节　页岩储层体积压裂裂缝扩展规律

目前，复杂裂缝网络的形态和扩展规律仍是压裂施工中面临的关键难题，严重制约了页岩油的合理开发。本节在页岩水力压裂裂缝扩展的已有实验和数值模拟研究的基础上，从地质和工程因素两个角度分析了水力裂缝的扩展规律，系统总结了不同因素对裂缝扩展的影响。

一、地质力学因素对水力主裂缝扩展规律的影响

（一）力学性质对水力裂缝扩展的影响

页岩的脆性是储层体积改造的基础，诱导裂缝的形态受脆性的影响很大（林英松等，2015）。脆性矿物含量越高，黏土矿物含量越低，储层的弹性模量越大，泊松比越小，岩石的脆性也越强，越容易形成复杂裂缝网络。随着岩石脆性增加，水力压裂改造时，即使在很小的排量下地层也可能破裂，而且随着排量提升，可能出现多次破裂的现象，从而形成复杂裂缝网络（史璨和林伯韬，2021）。

力学性质的非均质性：页岩储层在纵向上具有明显的非均质性，地层的物理力学性质与形成环境、沉积年代以及沉积物来源有很大关系。激烈水动力条件下形成的地层沉积物颗粒大，弹性模量偏大，压缩性弱；低能沉积动力环境中，沉积物的力学强度较低，但是压缩性高。页岩层理面两侧岩石的断裂韧性、弹性模量等力学性质存在差异，在一定程度上影响了裂缝垂向扩展的过程。水力裂缝倾向于"排斥"高弹性模量的岩层；倾向于"吸引"低弹性模量的岩层。当裂缝从低弹性模量岩层扩展至高弹性模量岩层时，会对缝高产生阻碍作用；当从高弹性模量岩层至低弹性模量岩层时，可发生穿透界面、停止扩展、多裂缝、张开界面以及裂缝扭曲等多种表现形式。层理两侧的断裂韧性差异对裂缝扩展的影响规律与弹性模量的影响大致相同。

力学性质的各向异性：对于层状页岩来说，垂直层理面的断裂韧性值和平行层理面的断裂韧性值存在明显差异。两者差异越大，裂缝越倾向于沿水平方向扩展。此外，两个方向断裂韧性的比值存在一个极限，小于该极限值时，裂缝倾向于穿层扩展；在极限值附近时，裂缝穿层伴有部分偏转扩展；大于极限值，裂缝仅沿岩层界面扩展（史璨和林伯韬，2021）。

（二）地应力对水力裂缝扩展的影响

地应力模式的影响：储层的原始地应力控制着水力压裂裂缝扩展规律与压裂效果。根据 Anderson 断层模型，可将储层的地应力模式分为正断层、逆断层和走滑断层 3 种应力模式。水力裂缝总是垂直于最小主应力方向 S3 扩展。因此，在正断层与走滑断层应力状态下，水力压裂将产生垂直延伸的裂缝；逆断层应力状态下则形成水平扩展的裂缝。

层间水平地应力差异：层间水平地应力差指的是储层以及邻近隔夹层最小水平地应力之间的差值，是影响裂缝垂向扩展的关键因素，缝高受层间应力差控制明显。层间水平应力差越小，裂缝越容易沿垂向扩展，缝高越大；层间水平应力差越大，裂缝穿层难度越高。当层间水平应力差为 4～8MPa 时能有效阻止水力裂缝的垂向扩展。

垂向地应力差异系数：垂向地应力差异系数定义为垂向地应力值与水平最小地应力值之间差值与最小水平地应力的比值 $[K_v=(S_v-S_h)/S_h]$。K_v 值的大小决定了水力裂缝形态：（1）当 $K_v>1$ 时，会形成单一主裂缝；（2）当 $0.5<K_v<1$ 时，主裂缝倾向于沟通部分天然裂缝或弱面；（3）当 $0.2<K_v<0.5$ 时，容易形成鱼骨形复杂裂缝网络；（4）当

K_v<0.2 时，压裂后倾向于形成随机的裂缝网络。

水平地应力差异系数：水平地应力差异系数定义为水平最大地应力与水平最小地应力值之间差值与最小水平地应力的比值 $[K_H=(S_H-S_h)/S_h]$。K_H 越小，压裂后越容易形成复杂缝网；K_H 越大，压裂后越容易形成单一主裂缝：（1）当 0<K_H<0.3 时，水力压裂可以形成复杂缝网；（2）当 0.3<K_H<0.5 时，水力压裂在净高压条件下可形成较为复杂的缝网；（3）当 K_H>0.5 时，裂缝为单一主裂缝形态。随着水平主应力差增大，体积裂缝在长度上的展布范围增加、在宽度上的展布范围减小，即体积裂缝的长宽比增加。

地层压力的影响：油藏长期开采会引起裂缝周围地层压力分布的变化，导致地应力大小和方向发生改变。地应力大小总体上呈现随时间递减的规律，这主要是因为孔隙压力下降造成的：由于总应力由有效应力和孔隙压力组成，孔隙压力下降会导致总应力显著下降。而裂缝周围的最大水平地应力方向也会随着开采时间的增加而发生偏转。Guo 等（2019）研究了开采导致的地应力变化对邻井压裂裂缝形态的影响。随着生产时间的增加，两口水平井之间地层的最大水平地应力方向发生偏转，导致加密井的裂缝逐渐沿水平井筒方向扩展（史璨和林伯韬，2021）。

二、天然裂缝对水力主裂缝扩展规律的影响

潘林华（2012）采用扩展有限元方法模拟天然裂缝对水力主裂缝扩展规律的影响。含天然裂缝的数值模型网格如图 4-10 所示，模型的长度和宽度均为 200.00m。计算参数见表 4-2，计算流程如图 4-11 所示。

图 4-10　研究天然裂缝影响时所采用的数值模拟网格

表 4-2　天然裂缝影响下裂缝扩展模拟计算参数

参数	数值	参数	数值
储层弹性模量（MPa）	4.2×10^4	泊松比	0.20
储层抗拉强度（MPa）	2.6	断裂韧性（MPa·m$^{1/2}$）	0.44
内聚力（MPa）	17.93	内摩擦角（°）	38.34
孔隙度	0.08	渗透率（D）	0.01×10^{-3}
天然裂缝残余抗张强度（MPa）	0.10	裂缝面摩擦系数	0.2
孔隙压力（MPa）	60.0	流体黏度（Pa·s）	0.10
天然裂缝长度（m）	3.0	水平最小主应力（MPa）	45.0
施工排量（m³/min）	4.0		

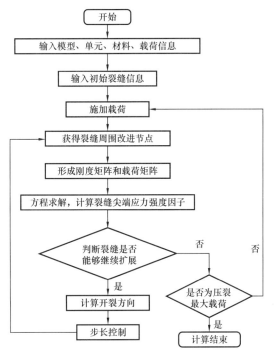

图 4-11　裂缝扩展模拟计算流程图

（一）裂缝扩展模拟结果分析

遇到天然裂缝时，人工裂缝的扩展可能存在 3 种情况：（1）人工裂缝沿天然裂缝方向扩展，人工裂缝发生转向，如图 4-12a 所示；（2）人工裂缝形成两个分支，一条裂缝沿天然裂缝方向扩展，扩展一段距离后止裂，另一条裂缝穿过天然裂缝，沿水平最大主应力方向扩展，如图 4-12b 所示，这种情况出现较少；（3）人工裂缝方向不变，沿水平最大主应力方向扩展，如图 4-12c 所示，人工裂缝直接穿过天然裂缝，形成平直裂缝。水平主应力差越小，人工裂缝越容易沿天然裂缝方向扩展。

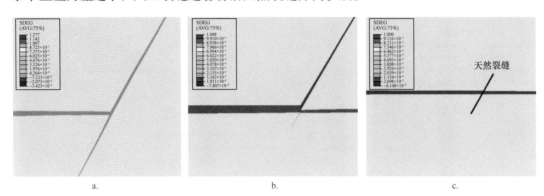

图 4-12　人工裂缝遇到天然裂缝后 3 种可能的扩展情况

（二）单天然裂缝

天然裂缝的存在，会导致储层介质的不连续，因此天然裂缝可能会引起周围水平主应力方向的改变。而且不连续面会造成人工裂缝沿天然裂缝方向扩展的阻力降低。

天然裂缝的角度和长度、水平主应力差、天然裂缝的残余抗张强度和天然裂缝面间的摩擦系数不同，人工裂缝延伸方向也有所不同。天然裂缝的长度 L 为 20.0m，水平主应力差 $\Delta\sigma_{\mathrm{H-h}}$ 为 25.0MPa，天然裂缝的残余抗张强度 T_{R} 为 0.1MPa，摩擦系数 μ_{s} 为 0.2，天然裂缝角度 θ 为 30° 的人工裂缝扩展结果如图 4-13a 所示，人工裂缝遇到天然裂缝后，人工裂缝发生转向，沿天然裂缝方向扩展。天然裂缝为 40° 时可观察到类似的裂缝扩展结果（图 4-13b），将天然裂缝的残余抗张强度增大到 1.0MPa，则人工裂缝直接穿过天然裂缝，沿水平最大主应力方向扩展（图 4-13c）。

其他参数不变，水平主应力差分别为 3.0MPa 和 8.0MPa 时，人工裂缝的扩展结果如图 4-13d 和图 4-13e 所示。水平主应力差为 3.0MPa 时，人工裂缝沿天然裂缝方向扩展；但将水平主应力差增大到 8.0MPa 时，人工裂缝直接穿过天然裂缝，沿水平最大主应力方向扩展。由此可知，水平主应力差是决定人工裂缝能否转向的非常重要的因素（潘林华，2012）。

不同条件下人工裂缝遇到天然裂缝后沿天然裂缝扩展的极限水平主应力差如图 4-14 所示，可以发现（潘林华，2012）：

（1）天然裂缝角度增大，人工裂缝沿天然裂缝扩展的极限水平主应力差呈指数趋势递减。如图 4-14 所示，当天然裂缝长度为 3.0m、角度为 20.0°、残余强度为 0.1MPa、摩擦系数为 0.2 时，人工裂缝沿天然裂缝扩展的极限水平主应力差为 27.0MPa。其他条件相同，天然裂缝的角度为 40.0° 时，极限平主应力差为 11.0MPa；角度增大到 90.0° 时，极限水平主应力差为 2.6MPa。

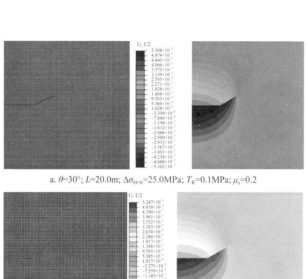

a. θ=30°; L=20.0m; $\Delta\sigma_{H-h}$=25.0MPa; T_R=0.1MPa; μ_s=0.2

b. θ=40°; L=20.0m; $\Delta\sigma_{H-h}$=15.0MPa; T_R=0.1MPa; μ_s=0.2

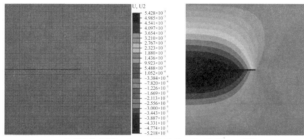

c. θ=40°; L=20.0m; $\Delta\sigma_{H-h}$=15.0MPa; T_R=1MPa; μ_s=0.2

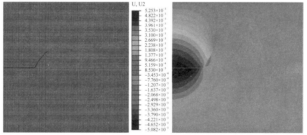

d. θ=60°; L=20.0m; $\Delta\sigma_{H-h}$=3.0MPa; T_R=0.1MPa; μ_s=0.2

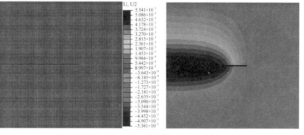

e. θ=60°; L=20.0m; $\Delta\sigma_{H-h}$=8.0MPa; T_R=0.1MPa; μ_s=0.2

图 4–13　人工裂缝的走向及最小水平主应力方向的位移（潘林华，2012）

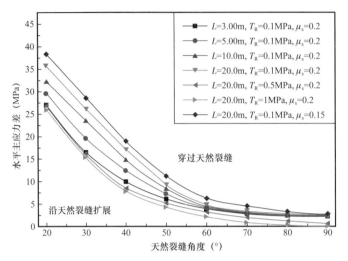

图 4-14　不同天然裂缝条件下人工裂缝沿天然裂缝扩展极限水平主应力差

（2）天然裂缝的长度增大，人工裂缝沿天然裂缝扩展的极限水平主应力差增大。如图 4-15 所示，天然裂缝长度为 3.0m、角度为 20.0°、残余强度为 0.1MPa、摩擦系数为 0.2 时，人工裂缝沿天然裂缝扩展的极限水平主应力差为 27.0MPa。其他条件相同，天然裂缝的长度增大到 5.0m 时，极限平主应力差为 29.5MPa；天然裂缝的长度为 10.0m 时，极限水平主应力差为 32.0MPa。

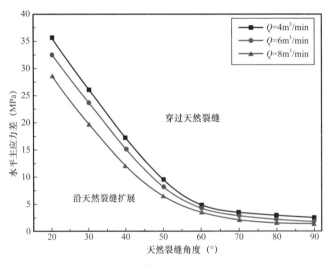

图 4-15　施工排量对裂缝扩展的影响

（3）天然裂缝的残余抗张强度增大，人工裂缝沿天然裂缝扩展的极限水平主应力差急剧降低。如图 4-14 所示，天然裂缝的长度为 20.0m、角度为 90.0°、残余强度为 1.0MPa、摩擦系数为 0.2 时，人工裂缝遇到天然裂缝，人工裂缝转向的极限水平主应力差等于 0，也就是说，此时人工裂缝不会发生转向。天然裂缝残余抗张强度为 0.1MPa，其他条件相同时，人工裂缝转向的极限水平主应力差为 2.6MPa。

（4）天然裂缝的摩擦系数增大，人工裂缝沿天然裂缝扩展的极限水平主应力差降低。如图 4-14 所示，当天然裂缝长度为 20.0m、角度 40.0°、残余强度为 0.1MPa、摩擦系数为 0.2 时，人工裂缝沿天然裂缝扩展的极限水平主应力差为 17.5MPa；当摩擦系数降低到 0.15，其他条件相同时，极限水平初应力差增大到 19.5MPa。

施工排量同样对裂缝扩展有影响。随着施工排量的增大，人工裂缝沿天然裂缝方向扩展极限水平主应力差下降。天然裂缝的长度为 10m、残余强度为 0.1MPa、摩擦系数为 0.2 时，极限水平主应力差与角度、施工排量的关系曲线如图 4-15 所示。

三、层理对水力裂缝扩展的影响

（一）水平层理对裂缝垂向延伸的影响

首先，建立层状页岩地层模型，宽 30m（x 轴），长 30m（y 轴），厚 30m（z 轴）。生成的网格单元（三棱柱）边界沿着预设的层理迹线，层理系统的具体分布如图 4-16 所示。考虑地层为水平产状，单层厚度范围为 3～8m，层间界面即为层理。模拟输入的页岩基质与层理弱面的抗拉强度、黏聚力和内摩擦角等力学参数见表 4-3。水平最小主应力 σ_h、水平最大主应力 σ_H 和垂向应力 σ_v 分别沿着 x 轴、y 轴和 z 轴。注入点位于模型中央部位（x=15m，y=15m，z=15m），并假设每个注入点仅能产生一条裂缝（周彤，2017）。

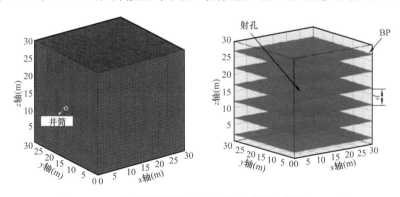

图 4-16 三维裂缝扩展模型与网格示意图（周彤，2017）

表 4-3 层理影响下裂缝扩展模拟主要输入参数

输入参数		水平方向	垂直方向
基质	渗透率（mD）	0.001	0.0001
	杨氏模量（GPa）	40	32
	泊松比	0.25	0.2
	抗拉强度（MPa）	8	5
	黏聚力（MPa）	10	16
	内摩擦角（°）	30	45

续表

输入参数		水平方向	垂直方向
层理裂缝	渗透率（mD）	≥0.001	
	抗张强度（MPa）	2	
	黏聚力（MPa）	4	
	内摩擦角（°）	25	

垂向应力差的影响：图 4-17 为不同垂向应力差条件下的裂缝扩展形态（模拟条件：$K_{BP}=10mD$，$d=5.0m$，$Q_t=3m^3/min$，$\mu=2.5mPa·s$）。模拟结果表明，低垂向应力差值为 6MPa 时，层理影响严重，形成以近井层理缝为主的裂缝形态，储层纵向沟通程度较差。随着垂向应力差的增加，层理对水力裂缝沿高度方向扩展的拦截作用降低。当 $\sigma_v=20MPa$ 时，水力裂缝可同时开启、穿过多条层理裂缝，增加了水力裂缝复杂程度。当 $\sigma_v=30MPa$ 时，水力裂缝直接穿过层理裂缝，形成了简单的垂直裂缝。因此，较高垂向应力对层理具有压实作用，使水力裂缝转向沿层理弱面扩展的阻力大幅度提高，层理裂缝难以开启。

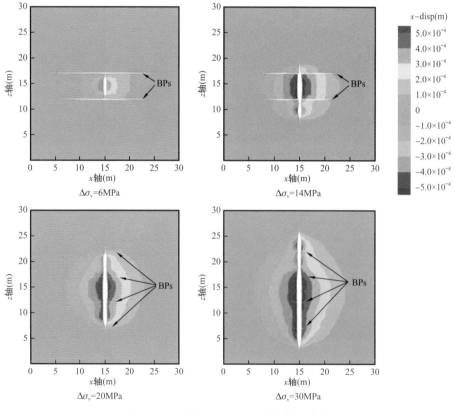

图 4-17　不同地应力状态下的裂缝形态

杨氏模量各向异性的影响：层理面造成页岩储层在平行和垂直层理方向具有明显的弹性变形差异和强度差异。因此，将页岩视为横向各向异性材料，即平行层理方向的杨氏模量（E_h）与垂直层理方向（E_v）不同。将 E_h 设定为 40GPa，E_v 取值分别为 32GPa、24GPa 和 18GPa 时，裂缝扩展模拟结果如图 4-18 所示。

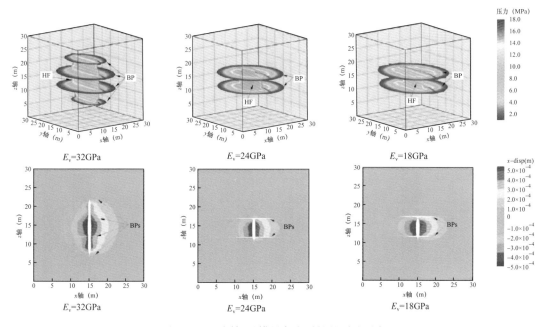

图 4-18　不同杨氏模量各向异性的裂缝形态

当 E_v=32GPa 时，在水力裂缝与层理交点处，流体施加的拉应力场可以克服基质抗张强度，使水力裂缝能够直接穿过多条层理。由于层理具有一定的渗透率，压裂液也会渗滤进入层理裂缝，造成一部分层理裂缝开启。随着 E_h/E_v 值的增加，压裂液易转向进入层理弱面，层理弱面的开启程度增加，对水力裂缝高度方向上的限制作用越来越明显。另外，随着 E_h/E_v 值的增加，层理裂缝开启缝宽也随之增大，使得压裂液转向进入层理弱面更容易。当 E_v=18GPa 时，水力裂缝几乎被靠近注入点的两条层理裂缝截断，完全沿层理弱面扩展，使储层顶、底部无法得到有效改造（周彤，2017）。

层理弱面渗透率的影响：图 4-19 为不同层理弱面渗透率时的扩展形态。模拟结果表明，当层理渗透率为 0.1D 时，水力裂缝可以穿过层理。由于层理的渗透率高于基质，靠近水力裂缝附近的层理也会由于压裂液的增压作用，而小部分开启。在相同模拟条件下层理的渗透率越高，对水力裂缝的影响越大。这是因为当水力裂缝与层理相交时，缝内压力会迅速下降，同时水力裂缝也会被弱面钝化，从而形成压裂液储存区域。裂缝尖端会在层理弱面处形成一个张应力与剪应力区。而应力区域的强弱与压裂液在该位置的储存速率有关。流体储存速率快，缝内流体压力可以快速憋压，当张应力达到基质抗张强度时，水力裂缝会重新启裂、突破层理；流体存积速率慢，水力裂缝会沿层理延伸或被截止。而层理的渗透率会直接影响流体存积区域的憋压速率。当层理渗透率极高时，水力裂缝完全被近注入点的层理弱面拦截，沿层理弱面渗流。由图 4-19 可以看出，当裂缝遭遇层理后，压力会迅速降低。层理的渗透率越低，缝内压力憋压速率越快。而层理渗透率极高时，缝内压力维持在较低水平。

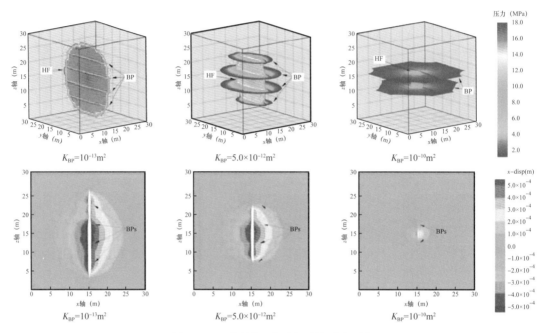

图 4-19　不同层理渗透率下的裂缝形态

层理弱面密度的影响：总的来说，层理作为一种大面积、连续的弱面，水力裂缝沿层理转向后，会增加水力裂缝与天然裂缝相遇的概率，增加水力裂缝改造范围内的裂缝密集度，从而提高储层改造的充分性与改造效果。另外，开启的层理裂缝往往缝宽很低，现场常采用的 40/70 目支撑剂进入困难，无法实现有效支撑。高密度层理裂缝的开启，会使总的储层有效改造范围大幅度下降。

黏度的影响：通过对比提高排量与增加黏度对裂缝延伸净压力的影响可以看出，排量与压裂液黏度的提高，都可以增加缝内净压力。当排量为 3m³/min、压裂液黏度为 2.5mPa·s 时，裂缝延伸时的净压力基本维持在 16.4MPa 左右。将排量提升一倍至 6m³/min 后，净压力增加到 18.2MPa。若将黏度增加至 10mPa·s 时，净压力可超过 20MPa。因而，通过提高压裂液黏度来增加缝内净压力的效果更为明显。但是，并不是排量越大、压裂液黏度越高、裂缝越复杂，增产改造效果越好。这是因为：当水力裂缝扩展至力学弱面时，缝内净压力会迅速下降。压裂液积存区域应力的大小与缝内净压力息息相关。当采用大排量或高黏压裂液时，缝内净压力迅速回升，当张应力达到基质抗张强度时，水力裂缝会重新启裂、突破层理。缝内净压力的增幅，影响压裂液与层理弱面的作用时间。缝内净压力的增幅越快，水力裂缝重新启裂的时机越早，层理开启程度越低；若缝内净压力增幅极慢，将意味着水力裂缝难以突破层理、重新启裂，即沿着弱面渗流或延伸。页岩储层现场施工也表明，高排量有利于增加储层改造体积，同时中等净压力响应时有最大储层改造体积；而高缝内净压力增幅可能意味着裂缝穿出储层或发生砂堵（周彤，2017）。

（二）倾斜层理对裂缝垂向延伸的影响

为研究大倾角页岩储层在不同条件下的水力裂缝扩展特征，通过利用裂缝扩展模型，构建了含层理面的倾斜地层模型进行模拟分析。由于隔层条件良好，因此模型中考虑水力裂缝缝高不会发生穿层。如图 4-20 所示，在（x'，y'，z'）坐标系下，构建 50° 倾斜地层模型，长 600m，宽 300m，高 400m，产层垂向厚度为 50m。模型中包括 4 个层理面，间距为 10m。模型网格采用六棱柱单元，平均长度为 2m。由于单元网格大小与几何结构会影响裂缝模拟结果，因此需要对可能产生的垂直裂缝区域进行加密。模拟条件为定

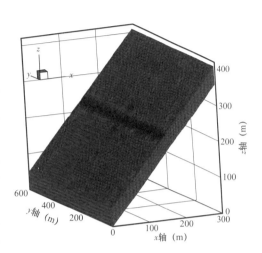

图 4-20　倾斜地层的三维裂缝扩展模型与网格示意图

注入速率，模拟参数见表 4-3。倾角为 50°，走向与最大主应力方向一致（即 NW—SE 方向）

地应力对裂缝形态的影响：为研究不同地应力条件下的裂缝扩展形态，模拟时将 σ_H 和 σ_v 分别固定为 60MPa 和 40MPa，σ_h 设定为 39MPa、35MPa、30MPa 和 25MPa，相应的裂缝扩展模拟形态如图 4-21 所示。模拟结果表明，层理裂缝的开启对于增加水力裂缝复杂程度、提高储层改造体积有着重要作用。层理裂缝开启数量越多，开启范围越大，储层改造体积越大，增产效果会越好。当 σ_v=1MPa 时，层理影响严重，形成以近井层理缝为主的裂缝形态，储层纵向沟通程度较差。因此，低应力差条件下，应增加压裂段射孔簇数量，减少射孔长度，以提高储层纵向改造程度。随着应力差的增大，层理影响程度降低，垂直裂缝比例明显增加。当差值达到 10MPa 时，形成垂向裂缝与层理缝交织的复杂裂缝网络，如图 4-21c 所示。当差值达到 20MPa 时，层理裂缝开启受限，形成简单的垂裂缝。

压裂液黏度对裂缝形态的影响：当压裂液黏度为 5mPa·s 时，不同位置的层理均充分开启，但垂直裂缝比例较低。当黏度达到 50mPa·s 时，层理裂缝开启程度降低，垂直裂缝比例大幅增加。由此可见，提高压裂液黏度有利于水力裂缝突破层理的限制，诱导最优裂缝平面的单独扩展，生成垂直裂缝，减少井筒附近裂缝的迁曲度。但是这并不能说明压裂液黏度越高越好。增加黏度虽然可以增加垂直裂缝比例，有利于水力裂缝沟通位于储层顶、底部的远端层理，但它也会降低层理的开启程度，影响改造体积。

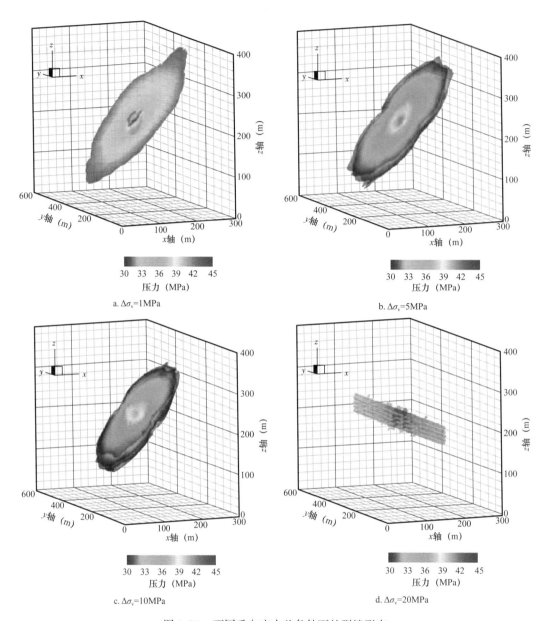

a. $\Delta\sigma_\mathrm{v}$=1MPa

b. $\Delta\sigma_\mathrm{v}$=5MPa

c. $\Delta\sigma_\mathrm{v}$=10MPa

d. $\Delta\sigma_\mathrm{v}$=20MPa

图 4–21　不同垂向应力差条件下的裂缝形态

注入排量对裂缝形态的影响：注入排量是页岩储层水力压裂主要考虑的工程因素之一，高排量有利于提高水力裂缝的复杂性。当 σ_v=5MPa 时，不同排量下的裂缝形态如图 4–22 所示。可以看出，当排量为 6m³/min 时，仅靠近裂缝启裂点的层理得到充分开启，远端层理开启程度受到限制。当排量增加至 10m³/min 时，近井筒垂直裂缝比例增大，使得远端层理裂缝也得到充分开启（周彤，2017）。

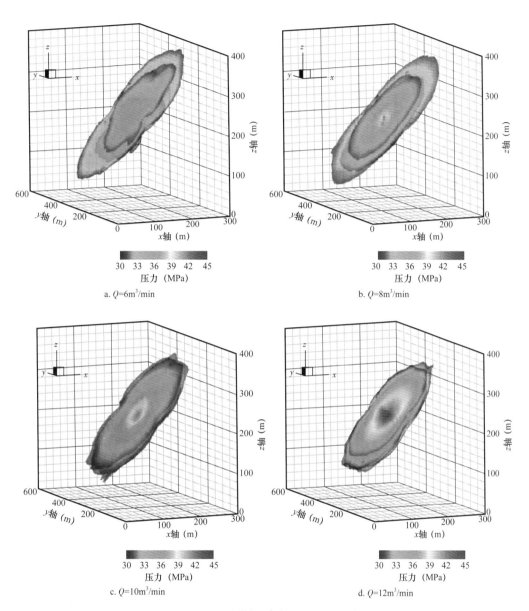

a. Q=6m³/min

b. Q=8m³/min

c. Q=10m³/min

d. Q=12m³/min

图 4-22 不同排量条件下的裂缝形态

第五章
页岩油开发的常用油藏工程方法

油藏工程方法是反演储层参数、预测未来生产动态、为油气田开发方案提供科学依据的重要手段。本章介绍了页岩油产量分析和不稳定试井分析两种方法，从产量和压力两个方面对页岩油藏生产过程中的不同阶段进行了描述，根据不同流动阶段的特性反演油藏物性和体积压裂的相关参数。

第一节　页岩油产量分析方法

科学的产量分析方法可以用来反演储层参数和预测油藏生产动态。而页岩油藏的特殊性（双重孔隙 / 双重渗透率、层间差异、基质敏感性、非线性多相流等）使生产分析变得更复杂。目前，页岩油藏采用多种概念模型来描述井筒 / 裂缝几何形状和油藏类型，如图 5-1 所示。

图 5-1a 表示单孔储层中裸眼完井的水平井，由于井筒与储层接触面积较小，这种完井方式在超低渗透油藏中无效。图 5-1b 表示在双重孔隙（基质和天然裂缝）油藏中裸眼完井的水平井，也可以表示生成复杂裂缝的多级压裂水平井。Bello 和 Wattenbarger（2008）认为，具有多个水力压裂裂缝的页岩水平井可以视为一个线性双孔系统，Bello（2009）指出，早期主要的流动状态是基质到裂缝的瞬时线性流动。图 5-1c 背景为单孔隙度储层，水平井附近区域为 SRV 改造区域。图 5-1d 对应的基质储层为天然裂缝性储层，水平井通过多次压裂而形成储层改造区，改造区和未改造区的渗透率和孔隙度不同。模式 5 至模式 8 与模式 1 至模式 4 储层条件类似，但离散的水力裂缝与裂缝网络的传导率不同。模式 7 类似于 Ozkan 等（2009）用于分析页岩气井的"三线性流"模型。

本节将介绍页岩油藏多级压裂水平井产量分析的方法和工作流程，并给出了实例应用（Clarkson 和 Pederson，2010）。

一、分析方法与流程

本节中使用的分析技术为现代产量分析方法，可以将其归类为：

流态分析法：原理是产量和产量对时间的导数对应于不同的流动阶段，采用双对数坐标对不同流动阶段下的产量数据进行分析。利用该技术可以判别瞬态（线性、双线性、椭圆和径向）和边界控制流。可以通过对流量—时间曲线中的直线段斜率拟合计算

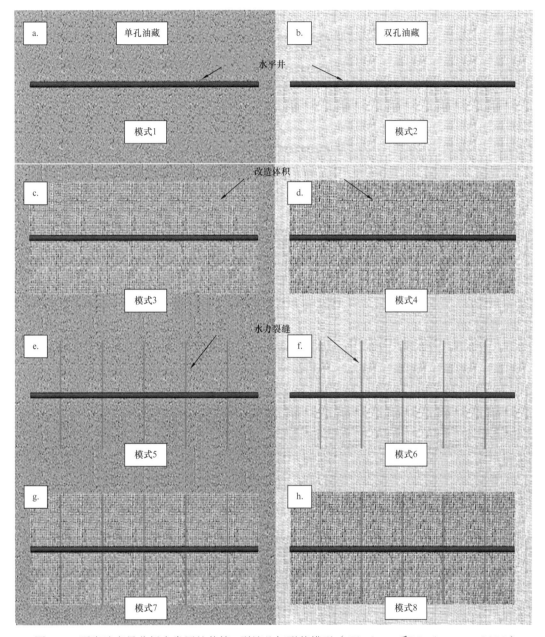

图 5-1　页岩油产量分析中常用的井筒 / 裂缝几何形状模型（Clarkson 和 Pederson，2010）

出储层和井筒的相关参数。如果产量导数数据足够精确，也可以采用导数分析技术。

　　典型曲线分析方法：生产数据以无量纲形式计算，与从特定油藏模型的解析解或经验解发展而来的无量纲典型图版相拟合。根据无量纲变量的定义，可以从拟合的曲线中提取储层物性参数。

　　油藏数值模拟方法：通过调整模型输入参数来匹配动态数据［生产数据和（或）流动压力和油藏压力］进行历史拟合，校准数值模拟模型用于预测原油产量。

Clarkson 和 Beierle（2010）讨论了这些方法在致密气藏生产中的应用，认为使用这些技术最重要的是选择合适的储层模型。储层模型的选取对计算储层物性参数的准确性有很大影响。Clarkson 和 Beierle（2010）还讨论了如何将监测数据（微地震、生产和示踪测井）与生产分析数据结合起来选择合适的模型定量分析。他们提出的针对页岩油藏多级裂缝水平井的产量—瞬态分析的流程，可简要总结如下（Clarkson 和 Beierle，2010）：

（1）从井筒储集阶段的生产数据开始，使用双对数坐标来识别流动状态。该分析需要与微地震和其他监测数据相结合，来选择最适合当前流动阶段的模型；

（2）利用产量—瞬态直线技术分析流态数据，获得水力裂缝、有效井筒长度或储层物性参数的初步结果；

（3）使用直线段出现的点作为拟合的起点，在合适的典型曲线上拟合生产数据；

（4）收集监测数据来辅助计算压裂阶段的产量，最好使用流量分析模型来同时拟合每个流动阶段的产量和累计产量；

（5）将产量瞬态分析中得到的参数输入油藏数值模拟软件中，对井动态数据进行历史拟合后模拟得到产量预测数据。

其他步骤包括：在使用产量—瞬态技术分析实际油井产量之前，建立数值模拟概念模型。利用数值模拟概念模型生成产量预测数据后，利用产量—瞬态技术对预测结果进行分析，有助于解释实际生产数据。分析与水平井在同一区域内直井的生产数据。直井的生产数据更容易分析，可以为水平井分析提供额外的约束条件。

二、矿场实例应用

Clarkson 等（2010）使用数值模拟和矿场实例介绍了常用的产量分析方法。

表 5-1　实例应用总结

组号	模拟或矿场	井型	储层类型	裂缝导流能力	裂缝条数
1	模拟	水平井多级裂缝	单一孔隙度	无限	5
2	模拟	水平井多级裂缝	单一孔隙度	有限	5
3	模拟	水平井	瞬态，双孔隙度	—	—
4	矿场	水平井多级裂缝	单一孔隙度		10

在解析模型中，广泛使用了 Wattenbarger 等（1998）提出的水力压裂直井在井底流压恒定条件下的线性流解（封闭边界），模型如图 5-2 所示。

实例 1：单孔致密油藏多级压裂水平井，压裂缝为无限导流。在本例中，采用 KAPPA 的 Topaze® 软件对一口多级压裂水平井进行数值模拟（表 5-2），油藏流体通过压裂缝流入井筒，不考虑从油藏直接流向水平井筒的流体。为简便起见，假设流体性质不随压力变化。该实例对应于图 5-1 中的模式 5。

Chen 和 Raghavan（1997）给出了该井对应流动阶段的具体描述，如图 5-3 所示。早期地层线性流向各个裂缝之后是裂缝周围的早期径向流，然后是裂缝干扰、晚期复合线性流阶段，晚期径向流阶段，以及边界控制流的早期阶段。

按照 Clarkson 和 Beierle（2010）提出的分析流程来获得水力裂缝和储层物性的初步结果，如图 5-4 所示。根据图 5-4b 所示的晚期径向流，计算得到 Kh，h 与数值模拟中输入值一致，K 计算值为 0.01mD，表皮因子是 −7.65。如果假设井筒为无限大导流裂缝，那么该表皮因子下计算得到的井筒长度为 2520ft，比实际井筒长 520ft。由早期线性流阶段（图 5-4a）计算出的裂缝半长为 1112ft（或 222ft/frac），这与模拟值是非常接近

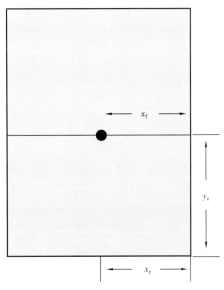

图 5-2　线性流的概念模型

的。由于边界控制流是在后期出现的，因此流体的物质平衡（图 5-4c）可以用来估算原始地质储量和泄油面积，估算得到的泄油面积为 317acre❶，接近模型的输入值 320acre。早期径向流阶段分析得到的 Kh 是实际 Kh 的若干倍（Gilbert 和 Barree，2009），后期线性流阶段可以用于估算有效井筒长度。该实例中早期径向流阶段很难区分，因为产量导数曲线没有明显的零斜率值，而后期线性流对有效井筒长度的估计过高（Clarkson 和 Beierle，2010）。

表 5-2　模拟欠饱和油藏多级压裂水平井的输入参数

输入参数	参数值
厚度（ft）	45
孔隙度（%）	6
绝对渗透率（mD）	0.01
初始油藏压力（psi）	4900
初始含油饱和度（%）	100
初始含水饱和度（%）	0
油藏温度（°F）	255
初始原油体积系数（bbl/bbl）	1.369
初始原油黏度（mPa·s）	0.419

---

❶ 1acre=4046.86m²。

续表

输入参数	参数值
总压缩系数（psi^{-1}）	1.76×10^{-5}
泄油面积（acre）	320
井长（ft）	2000
井筒直径（in）	7.2
总裂缝半长（ft）	1125
裂缝条数	5
单个水力裂缝半长（ft）	225
水力裂缝间距（ft）	500
井底流动压力（psi）	1000

将从直线分析中获得的裂缝半长数据输入定义的无量纲产量和时间中，然后将转换后的产量数据匹配到先前创建的用于多级压裂水平井的典型曲线上，这种情况下的拟合效果是很好的。如果从直线分析中错误地计算了一个无量纲变量输入，则典型曲线拟合将是错误的；如果假设晚期线性流是早期线性流，而且计算得出了错误的裂缝半长值，那么转换后的生产数据与典型曲线不匹配（图5-5）。

最后一步是使用曲线分析或数值模拟拟合生产数据。在流动阶段识别和分析后，将计算得到的参数输入与流动阶段对应的流动方程中。本实例中使用了一种对应于早期和晚期线性流的双线性流（封闭边界）模型，其中早期到晚期线性流的过渡阶段用径向流表示。需要注意的是，使用径向流来表示从一个线性流到另一个线性流阶段的过渡只是一种近似，实际上，椭圆流是要早于径向流的。利用裂缝周围流动达到边界控制流阶段（假设为线性流动）的时间，估算了晚期线性流阶段的起始时间，其中裂缝周围的泄油面积采用几何方法计算得到（Clarkson和Pederson，2010）。径向流动阶段的开始对应于实际生产资料偏离早期线性流阶段的时刻，如图5-3a所示。这种连续的流动阶段分析预测方法与Palmer和Moschovidis（2010）提出的方法相似，不同之处在于在选择流量模型之前，需要首先确定并分析流动阶段。

使用这种方法得到的历史拟合结果如图5-6所示。由于椭圆流与径向流的近似关系，在1~10天内出现了微小的偏差（图5-6a），除此之外拟合结果比较好。

为了进行比较，仅假设线性流的拟合结果如图5-7所示，其中只有早期线性流数据与模型匹配。模型拟合仅在前10天较好，之后的过渡流态（早期椭圆流和径向流）和晚期线性流与模型不匹配。

该实例说明了如何使用上述流程来分析单孔介质多裂缝水平井的产量，同时还提供了一种新的历史拟合方法，即利用流态分析得到的参数进行井的历史拟合和产量预测。

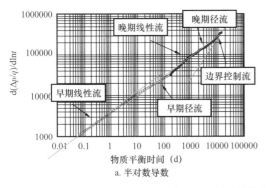

a. 半对数导数

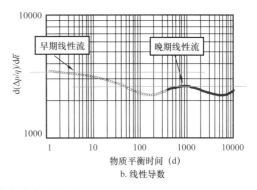

b. 线性导数

图 5-3　使用导数曲线来确定流动型态

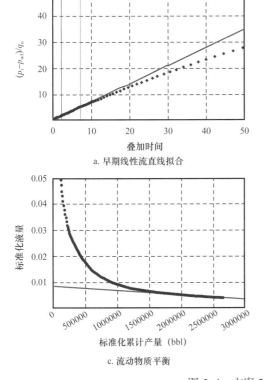

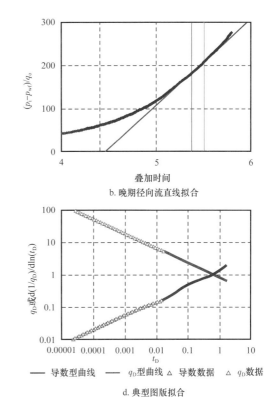

图 5-4　方案 2 的直线和曲线匹配

　　实例 2：单孔隙页岩油藏中的多级压裂水平井，有限导流裂缝。这种情况与实例 1 的不同之处仅在于各裂缝的有限导流能力均为 $10mD \cdot ft$，而储层、井和裂缝的参数保持不变。与裂缝相关的流动阶段如图 5-8 所示，首先是裂缝双线性流，然后是裂缝线性流、裂缝周围的早期径向流，裂缝干扰，流向井的线性流，晚期径向流，以及边界控制流的早期流。在这种情况下，早期线性流动不明显，这可以从线性导数图上没有早期零斜率的直线段看出（图 5-8b）。

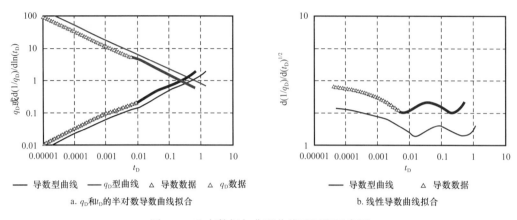

a. q_D和t_D的半对数导数曲线拟合

b. 线性导数曲线拟合

图 5-5　生产数据与典型曲线不匹配示意图

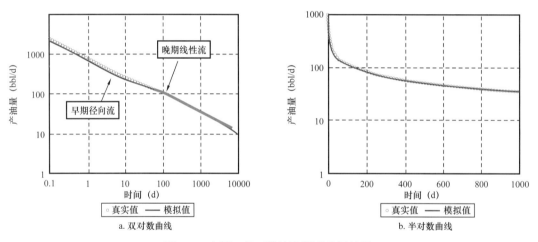

a. 双对数曲线

b. 半对数曲线

图 5-6　实例 1 的双线性流模型分析结果

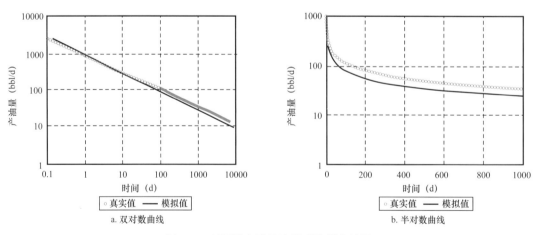

a. 双对数曲线

b. 半对数曲线

图 5-7　利用瞬态线性流模型的拟合结果

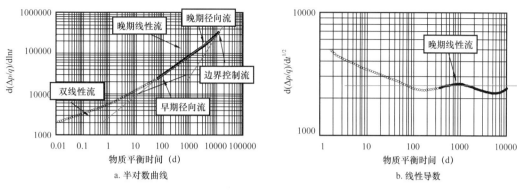

图 5-8 利用导数图来识别流动状态

图 5-9 为双线性流阶段分析以及曲线拟合结果。直线分析结果表明，裂缝导流能力接近 9.4mD·ft，与数值模拟 10mD·ft 接近。使用上述双线性流（封闭边界）模型来进行历史拟合和产量预测，该模型采用径向流近似早期与晚期线性流之间的过渡，但在这种情况下，水力裂缝的有限导流能力导致双对数坐标下生产曲线明显变平（图 5-9b）。使用 Bello 和 Wattenbarger（2009）提出的表皮因子方法来近似考虑有限导流能力的影响。将直线分析得到的所有参数（如总裂缝半长）用于历史拟合（图 5-10），并将表皮因子作为历史拟合的调整参数。

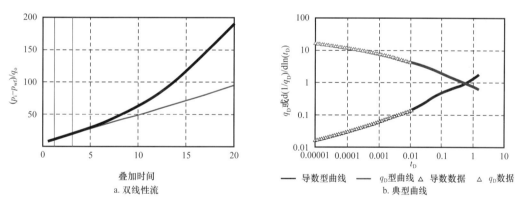

图 5-9 实例 2 的双线性流与典型曲线拟合

实例 3：双重孔隙页岩油藏水平井。Bello 和 Wattenbarger（2009）认为，页岩气藏中的多级压裂水平井可以采用瞬态双孔系统进行建模。Bello（2009）利用由基质块和裂缝组成的线性双重孔隙模型确定了 5 个流动区域。页岩气藏中主要的瞬态线性流阶段与基质到裂缝之间的线性流有关。

假设页岩油储层中的多级压裂水平井也以类似的方式生产，则该情况与图 5-1 中的模式 2 相对应，使用瞬态双重孔隙模型，对一口圆形油藏中的水平井产量进行预测。模型输入参数见表 5-3。该实例中只模拟了泡点压力以上的单相流动，并假设油的 PVT 性质为常数。

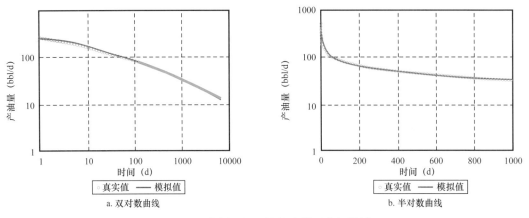

a. 双对数曲线　　　　　　　　b. 半对数曲线

图 5-10　实例 2 的双线性流模型分析结果

表 5-3　未饱和油藏（瞬态双重孔隙油藏）裸眼水平井的输入参数

输入参数	参数值
厚度（ft）	25
基质孔隙度（%）	4.5
裂缝绝对渗透率（mD）	0.5
初始油层压力（psi）	2958
初始含油饱和度（%）	75
初始含水饱和度（%）	25
初始油层温度（°F）	175
初始原油体积系数（bbl/bbl）	1.326
初始原油黏度（mPa·s）	0.506
井筒长度（ft）	1000
井筒直径（in）	6.25
井底流动压力（psi）	1000

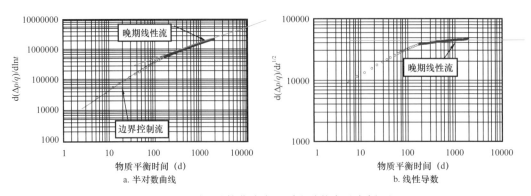

a. 半对数曲线　　　　　　　　b. 线性导数

图 5-11　利用导数曲线来识别流动状态（实例 3）

该实例中，流体流过裂缝后很快到达边界，并在基质开始大量生产之前就开始衰减，由此导致通过裂缝的早期瞬态流动并不明显。晚期线性流阶段表示从基质到裂缝的瞬态线性流开始衰减。图 5-12 采用直线分析了两个主要的流动阶段。将流动物质平衡应用于早期边界控制流动阶段，可以得到与裂缝孔隙体积相关的油藏储量估算值，使用输入的裂缝孔隙度计算出泄油面积为 43acre，接近模型参数 40acre。晚期线性流分析（图 5-12b）可以在给定基质渗透率的条件下获得基质的接触面积。使用 Bello 和 Wattenbarger（2008）的方法，可以得到其估计值为 203000ft^2。裂缝间距可以通过基质接触面积和流动物质平衡分析得到的泄油体积，结合矩形几何形状的假设来计算。该实例中假设基质为板状，则裂缝间距计算结果为 458ft。

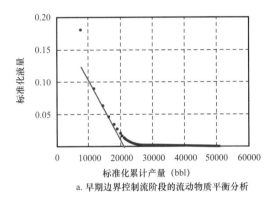

a. 早期边界控制流阶段的流动物质平衡分析

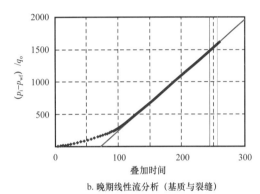

b. 晚期线性流分析（基质与裂缝）

图 5-12　瞬态双重孔隙实例的直线分析

采用早期边界流和晚期线性流分析，分别获得水平井段长度、泄油面积和基质接触面积，并将这些值输入数值模拟模型中预测生产动态。为了模拟这种情况，采用双线性（封闭边界）流动模型，其中一个线性流动段用于模拟早期裂缝线性流，另一个用于模拟晚期基质线性流。因为基质对流动的影响出现在裂缝系统衰竭之前，所以两个线性流的解需要叠加。$\omega=0.1$ 和 $\omega=0.5$ 的拟合结果分别在图 5-13 和图 5-14 中给出，两种情况下的拟合都相当好。对于 $\omega=0.5$ 的情况，由于裂缝孔隙体积较大，裂缝线性流阶段更明显。

实例 4：单孔致密油藏多级压裂水平井的现场实例。最后一个案例是加拿大西部 Pembina Cardium 油藏的多级压裂水平井。Permbina Cardium 油田是加拿大最大的常规油藏，总面积 3000 余平方千米，有 6100 多口井（现有大约 4400 口生产井和 1700 口注入井，以直井为主）。该油藏自 1950 年起开始开发；主要开发方式为水驱，近年来也尝试过 CO_2-EOR（Lawton 等，2009）。估算的原始地质储量超过 77800×10^8bbl，迄今为止采出大约 12682×10^8bbl。该油田位于西北—东南向滨面砂岩的地层圈闭中，东部上倾边缘为页岩，西部下倾边缘储层物性逐渐变差。Pembina 油田的 Cardium 砂岩和砾岩中都曾钻过水平井，但成功数量有限（Adegbesan 等，1996）。

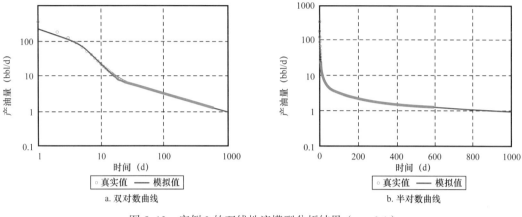

图 5-13　实例 3 的双线性流模型分析结果（$w = 0.1$）

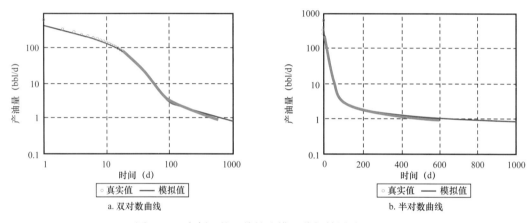

图 5-14　实例 3 的双线性流模型分析结果（$w = 0.5$）

　　近年来，开发商采用多级压裂水平井，成功开发了 Pembina 油田外围的低渗透 Cardium 砂岩和泥页岩。本实例分析的水平井所在区域有 5～8m 的泥质细砂岩，平均渗透率为 0.3mD，孔隙度为 11%。

　　该井压裂 10 段，平均裂缝间距为 429ft。获取数据时，该井投产仅约 100 天（不包括压裂后的清理期）。井底流压是通过套管压力估算得到——根据套管内的稳定液面推断该井大约需要 21 天达到停泵平衡状态。该井的生产数据（未对压力校正）和预估井底压力如图 5-15 所示。停泵后，气油比（GOR）相对稳定，因此假设原油为泡点压力以上的未饱和油，而且忽略相对渗透率的影响。输入参数见表 5-4。

　　用停泵以外（21 天之前）的生产数据来确定早期的主要流态。可以发现在双对数图中的斜率为 1/2，说明为线性流动。径向导数尽管有波动，但仍然可以看出斜率约为 1/2。由于该实例中基质渗透率相对较高（约 0.3mD），因此早期线性流阶段被认为是地层线性流（与图 5-1 中的模式 5 一致）。

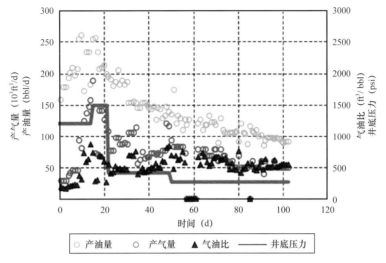

图 5-15　实例 4 的生产数据和井底压力

表 5-4　多级压裂水平井矿场实例输入参数

输入参数	参数值
厚度（ft）	16.4
孔隙度（%）	12
绝对渗透率（mD）	0.28
初始油藏压力（psi）	2017
初始含油饱和度（%）	86
初始含水饱和度（%）	14
油藏温度（°F）	115
初始原油体积系数（bbl/bbl）	1.19
初始原油黏度（mPa·s）	1.414
总压缩系数（psi⁻¹）	1.31×10^{-5}
井长（ft）	3865
井筒直径（in）	7.2
裂缝条数	10

　　分析线性流动阶段，可以得到总裂缝半长为 1809ft，平均每段裂缝半长为 181ft。该裂缝长度，与泵速较低时形成的小尺寸裂缝基本一致。

　　虽然可用于典型曲线拟合的数据很少，但从结果来看，使用直线分析得到的总裂缝半长，与 Wattenbarger 线性流典型曲线（1998）吻合较好。

本节介绍了基于流动状态（直线）分析、典型曲线拟合和解析模型历史拟合的页岩油产能分析方法，给出了简单的解析建模方法将直线分析得到的性质与流动方程联系起来。Medeiros 等（2010）还提出了一种基于瞬态产能指数的页岩油储层分析方法。这里介绍的重点是油藏压力在泡点压力以上的未饱和油藏。对于生产初期井底流压高于泡点压力的页岩油藏，该假设条件是合理的。然而，低于泡点压力时需要考虑多相流动的影响。

此外，本节介绍的实例忽略了一些页岩油藏的特殊性，如基质应力敏感性等，这可能对结果影响较大，特别是对于天然裂缝性油藏（Clarkson 和 Pedersen，2010）。

第二节　页岩油不稳定试井分析方法

利用线性流分区模型可以较为方便地求解出压力响应，但是这种方法也有一定的局限性，裂缝与裂缝、裂缝与井筒间的一些配置关系无法考虑在模型中。解析模型不能精确地考虑井筒周围天然裂缝的影响，同时也难以考虑主裂缝长度和间距不同的情况。当压裂主裂缝与水平井井筒之间存在夹角时，分区模型也不能很好地对问题进行描述。而半解析方法可以较好地解决上述问题，该方法通过源函数求解油藏压力分布，并将裂缝进行离散，利用压力连续和流量守恒将油藏、裂缝和水平井井筒耦合起来。

一、数学模型

图 5-16 为复杂裂缝网络示意图，包括油藏基质、天然裂缝、人工压裂裂缝和水平井筒 4 个区域。流体在其中的流动包括：（1）从油藏到压裂裂缝的流动（图 5-16 中 a）；（2）从油藏到天然裂缝的流动（图 5-16 中 b）；（3）从天然裂缝到压裂裂缝的流动（图 5-16 中 c）；（4）天然裂缝之间的流动（图 5-16 中 d）；（5）压裂裂缝到井筒的流动（图 5-16 中 e）；（6）水平井筒内的流动（图 5-16 中 f）。这 6 种流动可以划分为 3 类：油藏内的流动（图 5-16 中 a、b）、裂缝流动（图 5-16 中 c、d、e）以及井筒流动（图 5-16 中 f）。

假设：（1）均质各向同性等厚盒状油藏，所有的边界均为不渗透边界；（2）模型仅考虑单相流动，流体微可压缩，压缩系数和黏度不变；（3）水平井段平行于油藏的顶部和底部边界；（4）压裂缝均为垂直裂缝；（5）忽略重力的影响；（6）每条裂缝的入流量均匀分布。

定义无量纲压力和无量纲时间为：

$$p_D = \frac{2\pi\rho Kh}{Q\mu}(p_i - p) \qquad (5-1)$$

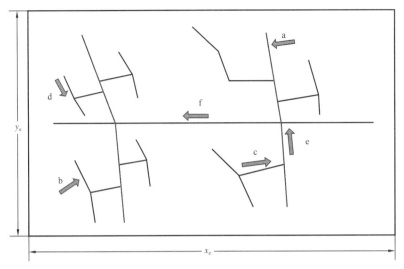

图 5–16 复杂裂缝网络示意图

$$t_D = \frac{Kt}{\phi\mu C_t L^2} \tag{5-2}$$

定义无量纲流量和无量纲径向入流量为：

$$q_D = \frac{q}{Q} \tag{5-3}$$

$$q_{fD} = \frac{q_f}{Q}L \tag{5-4}$$

各个方向上的无量纲长度为：

$$x_D = \frac{x}{L} \tag{5-5}$$

$$y_D = \frac{y}{L} \tag{5-6}$$

（一）油藏流动模型

对于与水平井井筒呈任意角度的裂缝，通过平行不渗透边界无限大平面源函数叠加求得点源函数，然后在裂缝平面上进行积分，得到裂缝平面面源函数。

平行不渗透边界无限大平面源函数为：

$$Ⅶ(x) = \frac{1}{x_e}\left[1 + 2\sum_{n=1}^{\infty}\exp\left(-\frac{n^2\pi^2\eta_x t}{x_e^2}\right)\cos n\pi\frac{x_w}{x_e}\cos\frac{n\pi x}{x_e}\right] \tag{5-7}$$

根据 Newman 乘积方法，不渗透边界盒状油藏中的点源函数为：

$$S(x,y,z) = \text{VII}(x)\,\text{VII}(y)\,\text{VII}(z)$$

$$= \frac{1}{x_\text{e} y_\text{e} z_\text{e}}\left[1 + 2\sum_{n=1}^{\infty}\exp\left(-\frac{n^2\pi^2\eta_x t}{x_\text{e}^2}\right)\cos n\pi\,\frac{x_\text{w}}{x_\text{e}}\cos\frac{n\pi x}{x_\text{e}}\right]$$

$$g\left[1 + 2\sum_{n=1}^{\infty}\exp\left(-\frac{n^2\pi^2\eta_y t}{y_\text{e}^2}\right)\cos n\pi\,\frac{y_\text{w}}{y_\text{e}}\cos\frac{n\pi y}{y_\text{e}}\right] \tag{5-8}$$

$$g\left[1 + 2\sum_{n=1}^{\infty}\exp\left(-\frac{n^2\pi^2\eta_z t}{z_\text{e}^2}\right)\cos n\pi\,\frac{z_\text{w}}{z_\text{e}}\cos\frac{n\pi z}{z_\text{e}}\right]$$

在裂缝平面上对点源函数进行积分可得：

$$S_j(x,y,z) = \frac{1}{x_\text{e} y_\text{e} z_\text{e}}\int_{-L_\text{f}}^{L_\text{f}}\int_0^{z_\text{e}}\left[1 + 2\sum_{n=1}^{\infty}\exp\left(-\frac{n^2\pi^2\eta_x t}{x_\text{e}^2}\right)\cos n\pi\,\frac{x_\text{c}+\alpha\cos\theta}{x_\text{e}}\cos n\pi\,\frac{x}{x_\text{e}}\right]$$

$$g\left[1 + 2\sum_{n=1}^{\infty}\exp\left(-\frac{n^2\pi^2\eta_y t}{y_\text{e}^2}\right)\cos n\pi\,\frac{y_\text{c}+\alpha\sin\theta}{y_\text{e}}\cos n\pi\,\frac{y}{y_\text{e}}\right] \tag{5-9}$$

$$g\left[1 + 2\sum_{n=1}^{\infty}\exp\left(-\frac{n^2\pi^2\eta_z t}{z_\text{e}^2}\right)\cos n\pi\,\frac{z'}{z_\text{e}}\cos\frac{n\pi z}{z_\text{e}}\right]\mathrm{d}\alpha\,\mathrm{d}z'$$

对于与水平井井筒垂直的裂缝，可以看作是与水平井井筒呈任意角度的裂缝的特殊情况，此时不需要求解复杂的双重积分，可以直接通过平行不渗透边界无限大平面源函数和平行不渗透边界无限大平板源函数直接叠加求得封闭盒状油藏中的裂缝平面源函数。

平行不渗透边界无限大平面源函数为：

$$\text{VII}(x) = \frac{1}{x_\text{e}}\left[1 + 2\sum_{n=1}^{\infty}\exp\left(-\frac{n^2\pi^2\eta_x t}{x_\text{e}^2}\right)\cos n\pi\,\frac{x_\text{w}}{x_\text{e}}\cos\frac{n\pi x}{x_\text{e}}\right] \tag{5-10}$$

平行不渗透边界无限大平板源函数为：

$$\text{X}(x) = \frac{x_\text{f}}{x_\text{e}}\left[1 + \frac{4x_\text{e}}{\pi x_\text{f}}\sum_{n=1}^{\infty}\frac{1}{n}\exp\left(-\frac{n^2\pi^2\eta_x t}{x_\text{e}^2}\right)\sin\frac{n\pi x_f}{2x_\text{e}}\cos\frac{n\pi x_\text{w}}{x_\text{e}}\cos\frac{n\pi x}{x_\text{e}}\right] \tag{5-11}$$

根据 Newman 乘积方法，在不渗透边界盒状油藏中点源函数为：

$$S_j(x,y,z) = \text{X}(x)\,\text{VII}(y)\,\text{X}(z)$$

$$= \frac{x_\text{f} z_\text{f}}{x_\text{e} y_\text{e} z_\text{e}}\left[1 + \frac{4x_\text{e}}{\pi x_\text{f}}\sum_{n=1}^{\infty}\frac{1}{n}\exp\left(-\frac{n^2\pi^2\eta_x t}{x_\text{e}^2}\right)\sin\frac{n\pi x_\text{f}}{2x_\text{e}}\cos\frac{n\pi x_\text{w}}{x_\text{e}}\cos\frac{n\pi x}{x_\text{e}}\right]$$

$$g\left[1 + 2\sum_{n=1}^{\infty}\exp\left(-\frac{n^2\pi^2\eta_y t}{y_\text{e}^2}\right)\cos n\pi\,\frac{y_\text{w}}{y_\text{e}}\cos\frac{n\pi y}{y_\text{e}}\right] \tag{5-12}$$

$$g\left[1 + \frac{4z_\text{e}}{\pi z_\text{f}}\sum_{n=1}^{\infty}\frac{1}{n}\exp\left(-\frac{n^2\pi^2\eta_z t}{z_\text{e}^2}\right)\sin\frac{n\pi z_\text{f}}{2z_\text{e}}\cos\frac{n\pi z_\text{w}}{z_\text{e}}\cos\frac{n\pi z}{z_\text{e}}\right]$$

根据 Green 源函数方法，可以得到流体流入某一裂缝平面任意位置的压力响应为：

$$\Delta p\left(x,y,z,t\right)=p_{\mathrm{i}}-p\left(x,y,z,t\right)=\frac{1}{\phi C}\int_{0}^{t}q_{\mathrm{f}j}\left(t-\tau\right)S_{j}\left(x,y,z,\tau\right)\mathrm{d}\tau \tag{5-13}$$

式中，S_{j} 为第 j 个裂缝平面的瞬时源函数。

由于扩散方程和边界条件均为线性，满足叠加原理的条件，因此可得到在所有裂缝作用下油藏中任意一点的压力响应为：

$$\Delta p\left(x,y,z,t\right)=p_{\mathrm{i}}-p\left(x,y,z,t\right)=\frac{1}{\phi C}\sum_{j=1}^{N_{\mathrm{p}}}\int_{0}^{t}q_{\mathrm{f}j}\left(t-\tau\right)S_{j}\left(x,y,z,\tau\right)\mathrm{d}\tau \tag{5-14}$$

根据式（5-14）便可绘制出不同时间步下的压力分布图。

对式（5-14）进行无量纲化可得：

$$p_{\mathrm{D}}\left(x_{\mathrm{D}},y_{\mathrm{D}},z_{\mathrm{D}},t_{\mathrm{D}}\right)=2\pi\sum_{j=1}^{N_{\mathrm{p}}}\int_{0}^{t_{\mathrm{D}}}q_{\mathrm{f}j\mathrm{D}}\left(t_{\mathrm{D}}-\tau_{\mathrm{D}}\right)S_{j\mathrm{D}}\left(x_{\mathrm{D}},y_{\mathrm{D}},z_{\mathrm{D}},\tau_{\mathrm{D}}\right)\mathrm{d}\tau_{\mathrm{D}} \tag{5-15}$$

（二）裂缝流动模型

考虑裂缝为有限导流裂缝。为简单起见，假设裂缝中流体的流动为一维流动，服从达西定律。每个裂缝平面上的入流量相等。对于第 j 个裂缝平面，流体从 x_{j1} 流向 x_{j2}，裂缝平面的入流量为 $q_{\mathrm{f}j}$，裂缝内沿着流动方向流体流量增大。

根据达西定律可以得到：

$$p_{j1}-p_{j2}=\int_{x_{j1}}^{x_{j2}}\left(\frac{\mu}{\rho K_{\mathrm{f}}b_{\mathrm{f}}d}\right)_{j}\left[q_{j1}+q_{\mathrm{f}j}\left(x-x_{j1}\right)\right]\mathrm{d}x \tag{5-16}$$

式中，b_{f} 为压裂裂缝宽度。

无量纲化可得：

$$p_{j2\mathrm{D}}-p_{j1\mathrm{D}}=\int_{x_{j1\mathrm{D}}}^{x_{j2\mathrm{D}}}\left[q_{j1\mathrm{D}}+q_{\mathrm{f}j\mathrm{D}}\left(x_{\mathrm{D}}-x_{j1\mathrm{D}}\right)\right]\mathrm{d}x_{\mathrm{D}} \tag{5-17}$$

由于近井地带流体的流动为径向流，为减小使用线性流近似带来的误差，引入径向聚流因子：

$$s_{\mathrm{c}}=\left(h/2\pi x_{\mathrm{e}}\right)\left[\ln\left(h/2r_{\mathrm{w}}\right)-\pi/2\right] \tag{5-18}$$

式中，r_{w} 为水平井井筒半径。

压裂过程结束后，支撑剂的破裂和嵌入导致裂缝导流能力一直减小。裂缝导流能力随时间变化这一现象也得到了许多实验数据和现场数据的支持。研究表明，裂缝导流能力随时间变化呈现对数关系，因此采用如下的关系式进行描述：

$$C_{f} = C_{f0}\left(1 - \beta \lg \frac{t}{t_0}\right) \tag{5-19}$$

式中，C_f 为裂缝在时间 t 的导流能力；C_{f0} 为初始导流能力；β 为导流能力衰减系数。

（三）水平井井筒内流动模型

之前的许多研究都假设水平井井筒是无限导流能力，忽略了井筒内流体的压降，本书中考虑了水平井井筒的流动。假设井筒内为单相、等温、稳态的一维流动。水平井井筒各点基本处于同一水平面上，可以忽略重力损失，因此本模型只考虑摩阻损失和加速度损失两种。

摩擦压降 Δp_{fric} 根据 Darcy–Weisbach 公式计算：

$$\Delta p_{\text{fric}} = \frac{f_i}{2} \frac{\Delta l_i}{D_i} \rho_i v_i^2 \tag{5-20}$$

对每一段井筒而言，由于壁面流体的流入使得微元段入口和出口流体的流量发生变化，引起动量的变化，从而造成速度损失。

以微元段内流体为研究对象，分析沿井筒方向的受力如图 5-17 所示。上游段压力 $p_{\text{in}}A_i$，下游段压力 $p_{\text{out}}A_i$，井筒内表面的剪切力为 $\tau_i \pi D_i \Delta l_i$，因此可得：

$$p_{\text{in}}A_i - p_{\text{out}}A_i - \tau_i \pi D_i \Delta l_i = \rho_{\text{out}} q_{\text{out}} v_{\text{out}} - \rho_{\text{in}} q_{\text{in}} v_{\text{in}} \tag{5-21}$$

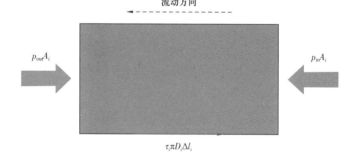

图 5-17　井筒微元段受力示意图

动量守恒方程转化为：

$$p_{\text{in}} - p_{\text{out}} - \tau_i \pi \frac{D_i}{A_i} \Delta l_i = \rho_{\text{out}} v_{\text{out}}^2 - \rho_{\text{in}} v_{\text{in}}^2 \tag{5-22}$$

右边项即加速度压降为：

$$\Delta p_{\text{acce}} = \rho_i \left(v_{\text{out}}^2 - v_{\text{in}}^2\right) \tag{5-23}$$

其中：

$$v_{\text{out}} = \frac{q_{\text{out}}}{A_i}, \quad v_{\text{in}} = \frac{q_{\text{in}}}{A_i}, \quad A_i = \frac{1}{4}\pi D_i^2$$

则井筒内压降为：

$$\Delta p = \Delta p_{\text{ac}} + \Delta p_{\text{fr}} \tag{5-24}$$

无量纲化可得：

$$p_{\text{D},i} - p_{\text{D},i+1} = \frac{\mu x_{\text{e}} Q}{K_{\text{f}} b_{\text{f}} h A^2}\left(q_{p_{\text{D},j}}^2 - q_{p_{\text{D},j+1}}^2 - \frac{f_j \Delta l_j}{2D} q_{p_{\text{D},j}}^2 \right) \tag{5-25}$$

（四）耦合条件

在每条裂缝的中心处，压力是连续的，即裂缝内流体流动的压力响应和流体从基质流向裂缝的压力响应相等。

裂缝内流体流动在裂缝中心处产生的无量纲压力响应为：

$$p_{jc\text{D}1} = p_{j1\text{D}} + \int_{x_{j1\text{D}}}^{x_{jc\text{D}}}\left[q_{j1\text{D}} + q_{fj\text{D}}\left(x_{\text{D}} - x_{j1\text{D}} \right) \right]\mathrm{d}x_{\text{D}} \tag{5-26}$$

流体从油藏基质流向裂缝产生的压力响应为：

$$p_{jc\text{D}2}\left(x_{jc\text{D}}, y_{jc\text{D}}, z_{jc\text{D}}, t_{\text{D}} \right) = \frac{\rho b_{\text{f}} h}{x_{\text{e}}} \sum_{j=1}^{N_{\text{p}}} \int_0^{t_{\text{D}}} q_{fj\text{D}}\left(t_{\text{D}} - \tau_{\text{D}} \right) S_{j\text{D}}\left(x_{jc\text{D}}, y_{jc\text{D}}, z_{jc\text{D}}, \tau_{\text{D}} \right)\mathrm{d}\tau_{\text{D}} \tag{5-27}$$

由压力连续可得：

$$p_{jc\text{D}1} = p_{jc\text{D}2} \tag{5-28}$$

无论在裂缝与裂缝相交的节点处，还是在裂缝与井筒相交的节点处，流体的质量都是守恒的。在每个节点处，流体的流入量等于流体的流出量，即

$$q_{\text{in,D}} = q_{\text{out,D}} \tag{5-29}$$

节点处的流量守恒如图 5-18 所示，需要注意的是，对于与井筒相交的节点不仅要考虑裂缝流体的流入与流出，还要考虑井筒内流体的流入与流出。

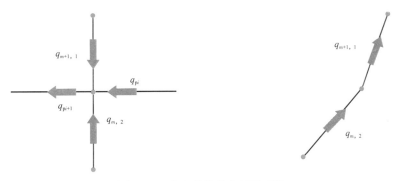

图 5-18　节点处流量守恒示意图

（五）非线性方程组求解

上述方程构成了非线性方程组，求解非线性方程组常用的方法是牛顿法。传统的牛顿法收敛速度比较快，但需要不断计算海森矩阵的逆矩阵，而当海森矩阵病态或者非正定时，牛顿法的收敛性不能得到保证。在此采用高斯–牛顿法，这种方法近似构造了海森矩阵的逆矩阵，继承了牛顿法初始模型参数合理条件下收敛速度较快的特点，同时保证了算法的稳定性。

高斯–牛顿法的迭代公式如下：

$$x^{k+1} = x^k - [\nabla F(x^k)^{\mathrm{T}} \nabla F(x^k)]^{-1} \nabla F(x^k)^{\mathrm{T}} F(x^k) \qquad （5-30）$$

通过迭代可以求得各个节点处的压力和每条裂缝的流量。这样根据式（5-15）便可求得任意位置处的压力。也可以采用同样的方法获得定井底流压条件下水平井的产量。

二、特征曲线与流动形态划分

为得到压裂水平井的流动形态，假定盒状封闭油藏水平井和人工裂缝的无量纲参数为：油藏大小 $x_{eD}=12$，$y_{eD}=12$，$h_D=0.05$，3 条人工裂缝在 x 方向上均匀分布为（5.6, 6, 6.4），无量纲裂缝半长 $x_{fD}=0.05$，则计算得到定产量生产时压力与压力导数曲线如图 5-19 所示。除边界控制流外，压裂水平井的流动主要可分为 4 个阶段，即线性流、早期径向流、双径向流和拟径向流阶段。

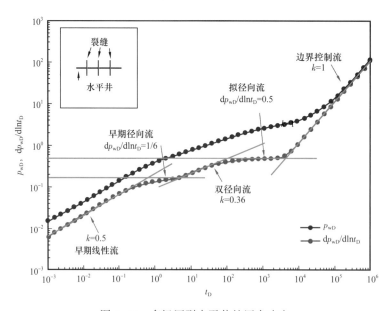

图 5-19　多级压裂水平井的压力响应

线性流（裂缝线性流）：流动垂直于各裂缝面，压力和压力导数曲线的斜率为 1/2。
早期径向流：随着裂缝端部流动扩展，当裂缝间距够大时裂缝之间还没有产生干扰，裂缝周围的压力波及范围近似为球形，各裂缝形式拟径向流，压力导数水平段大小为 $1/\,(\,2N_{\mathrm{f}}\,)$，该流动阶段取决于裂缝的半长和空间分布。双径向流：裂缝之间互相影响，裂缝系统产生的压力波及范围近似为椭球形，压力和压力导数曲线的斜率为 0.36。拟径向流：多裂缝系统产生的压力波及范围近似为以水平井为圆心的圆，多裂缝系统产生拟径向流动后，出现压力导数 0.5 的水平线；最后当压力波传播到边界后，由于边界封闭，逐渐达到拟稳态流动阶段，压力急剧下降，压力导数为斜率 1 的直线段（图 5-20）。

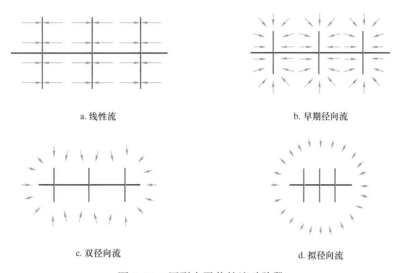

a. 线性流　　　　　　　　　　b. 早期径向流

c. 双径向流　　　　　　　　　　d. 拟径向流

图 5-20　压裂水平井的流动阶段

三、参数敏感性分析

（一）压裂缝条数的影响

压裂时往往倾向于压裂更多的裂缝，以提高水平井的生产能力。在此，分析了裂缝条数对压力特征的影响。图 5-21 为不同裂缝条数情况下的无量纲压力响应。从图 5-21 中可以看出，裂缝条数越多，无量纲压力降越小。这是因为随着水力压裂裂缝数目的增加，油藏中的改造体积逐渐增大。从图 5-21 中还可以看出，随着裂缝条数的增加，无量纲压力之间的差距越来越小，这就意味着随着裂缝条数的增多，增加一条裂缝带来的效果越来越差。因此，如果将压裂裂缝的成本考虑在内，在现有经济条件下也可得到最优的裂缝条数。图 5-22 和图 5-23 为不同裂缝条数下压力和压力梯度的分布图，通过计算可以得到裂缝条数为 2 时，有效动用范围和有效动用程度分别为 0.2318 和 0.1171；裂缝条数为 3 时，有效动用范围和有效动用程度分别为 0.3077 和 0.1227；裂缝条数为 4 时，有效动用范围和有效动用程度分别为 0.3902 和 0.1280。随着裂缝条数的增多，有效动用范围和有效动用程度都逐渐增大。

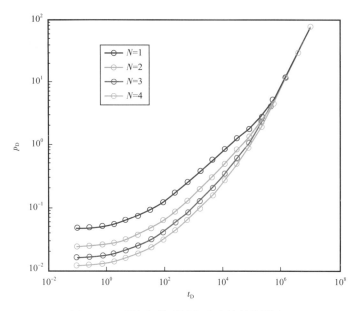

图 5-21　裂缝条数对压力响应特征的影响

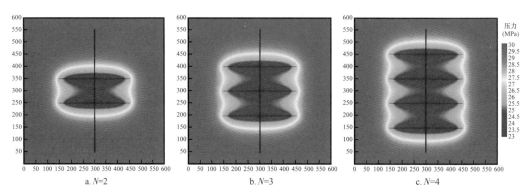

图 5-22　不同裂缝条数下压力分布图

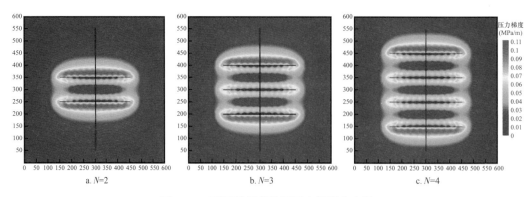

图 5-23　不同裂缝条数下压力梯度分布图

（二）裂缝长度的影响

图 5-24 为不同裂缝长度下压裂水平井的无量纲压力响应。从图中可以看出，在生产初期，裂缝长度越大，无量纲压力响应越大。这是因为在生产初期，流体在裂缝中的流动占主导，裂缝长度越长，流体在裂缝内流动受到的阻力越大，因此压力响应越大。随着生产的进行，油藏的流动占主导，裂缝的长度越大，裂缝的控制区域就越大，水平井的生产能力越大，因此对应的压力响应越小。图 5-25 和图 5-26 是不同裂缝长度下压力和压力梯度的分布图，通过计算可以得到裂缝半长为 100m 时，有效动用范围和有效动用程度分别为 0.1808 和 0.1146；裂缝条数为 150m 时，有效动用范围和有效动用程度分别为 0.2318 和 0.1171；裂缝条数为 200m 时，有效动用范围和有效动用程度分别为 0.2787 和 0.1175。随着裂缝长度的增大，有效动用范围和有效动用程度都逐渐增大。

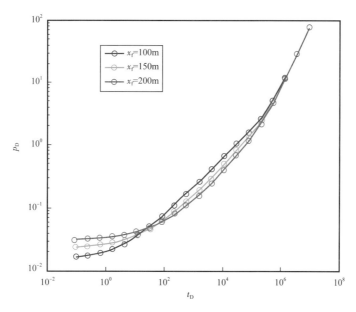

图 5-24　裂缝长度对压力响应特征的影响

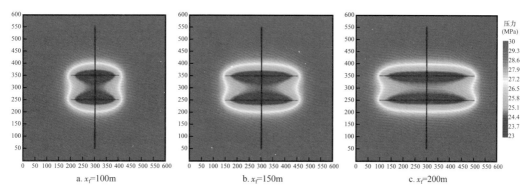

图 5-25　不同裂缝长度下压力分布图

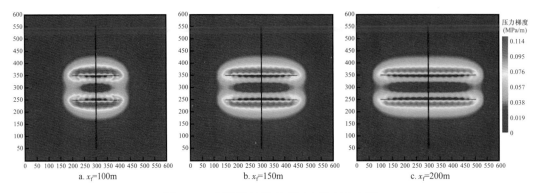

a. x_f=100m   b. x_f=150m   c. x_f=200m

图 5-26　不同裂缝长度下压力梯度分布图

（三）裂缝间距的影响

裂缝间距和裂缝之间的干扰密切相关，裂缝干扰可以改变压裂水平井的生产能力，接下来讨论裂缝间距对多级压裂水平井压力响应的影响。图 5-27 为不同间距下多级压裂水平井的无量纲压力响应。从图 5-27 可以看出，在生产初期，不同裂缝间距的压力响应曲线近乎重合，这是因为在该阶段裂缝之间没有发生干扰。随着生产的进行，压力响应曲线逐渐分开，裂缝间距越小，裂缝间的相互作用越大，无量纲压力响应越大。对于给定长度的水平井，增大裂缝条数也会导致裂缝间距减小，此时压力响应的变化是裂缝条数增加和裂缝间距减小共同作用的结果。图 5-28 和图 5-29 是不同裂缝间距下压力和压力梯度的分布图，通过计算可以得到裂缝半长为 50m 时，有效动用范围和有效动用

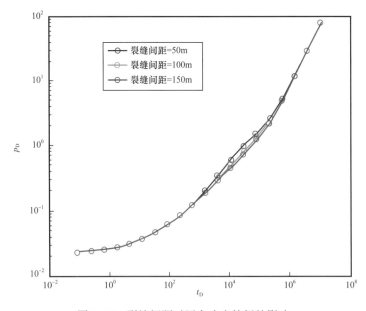

图 5-27　裂缝间距对压力响应特征的影响

程度分别为 0.1816 和 0.1184；裂缝条数为 100m 时，有效动用范围和有效动用程度分别为 0.2318 和 0.1171；裂缝条数为 150m 时，有效动用范围和有效动用程度分别为 0.2518 和 0.1153。随着裂缝间距的增大，有效动用范围逐渐增大，有效动用程度逐渐减小。

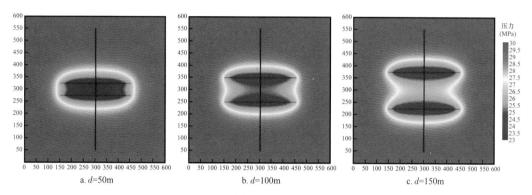

a. d=50m　　　　b. d=100m　　　　c. d=150m

图 5-28　不同裂缝间距下压力分布图

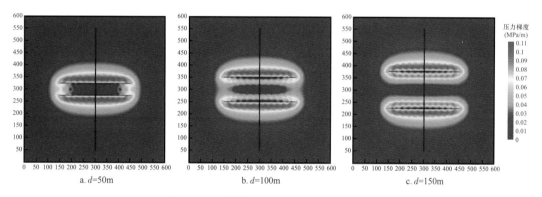

a. d=50m　　　　b. d=100m　　　　c. d=150m

图 5-29　不同裂缝间距下压力梯度分布图

（四）初始导流能力的影响

图 5-30 为不同裂缝导流能力对压力以及产量特征的影响。从图 5-30 可以看出，增加裂缝导流能力会提高水平井的生产能力，但随着导流能力的增大，压力响应以及产量的变化幅度都呈现减小的趋势。由于裂缝导流能力越大，压裂的成本也就越大，因此存在最优的裂缝导流能力。

图 5-30 表明，从拟径向流阶段开始，不同导流能力下的无量纲压力和无量纲产量曲线近乎重合。因为该阶段压裂改造区外部油藏中流体流动占主导。该阶段以后，压裂缝导流能力的影响非常小。因此，为了充分利用压裂缝，必须要延缓拟径向流阶段的出现。合理布置井位是一个有效的解决方法。

在之前的研究中，许多学者都得出了裂缝导流能力随着生产的进行先迅速下降随后下降速度变缓的结论。由于裂缝导流能力减小，水平井的产量随之减小，因此研究时变的裂缝导流能力对于实际生产更有意义。从图 5-31 中可以看出，在生产初期，时变裂缝

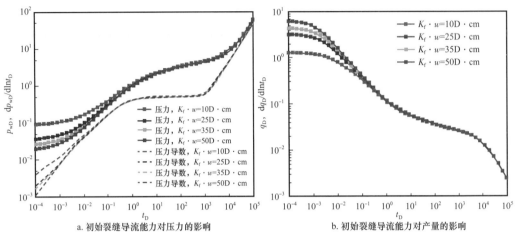

a. 初始裂缝导流能力对压力的影响　　　　b. 初始裂缝导流能力对产量的影响

图 5-30　初始裂缝导流能力对压力及产量特征的影响

导流能力情况下的压力响应要比不考虑裂缝导流能力随时间变化情况下的大；在定井底流压的情况下，时变裂缝导流能力情况下的产量要比不考虑裂缝导流能力随时间变化情况下的小。这主要是由于在生产初期，裂缝内的流动占主导，在裂缝导流能力不随时间变化的情况下，裂缝具有较高的导流能力。随着生产的进行，外部油藏的流动逐渐占主导，两种情况下的压力特征和产量特征曲线近乎重合。因此，在开发非常规油藏时要保持好裂缝导流能力，特别是在生产初期。图 5-32 和图 5-33 是裂缝导流能力随时间变化与不随时间变化情况下压力和压力梯度的分布图，通过计算可以得到当裂缝导流能力不随时间变化时，有效动用范围和有效动用程度分别为 0.2930 和 0.1189；当裂缝导流能力随时间变化时，有效动用范围和有效动用程度分别为 0.3645 和 0.1447。与裂缝导流能力不随时间变化相比，时变裂缝导流能力情况下有效动用范围和有效动用程度都减小。

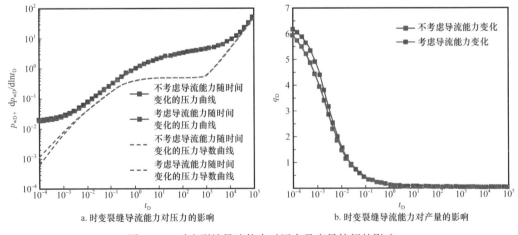

a. 时变裂缝导流能力对压力的影响　　　　b. 时变裂缝导流能力对产量的影响

图 5-31　时变裂缝导流能力对压力及产量特征的影响

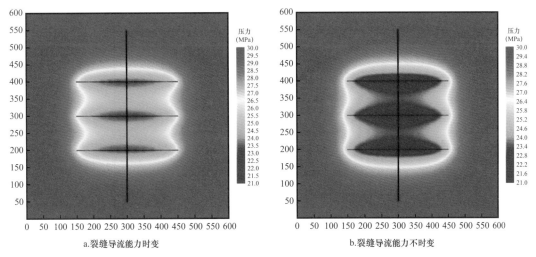

a.裂缝导流能力时变　　　　　　　　　　　b.裂缝导流能力不时变

图 5-32　裂缝导流能力时变与不时变情况下的压力分布图

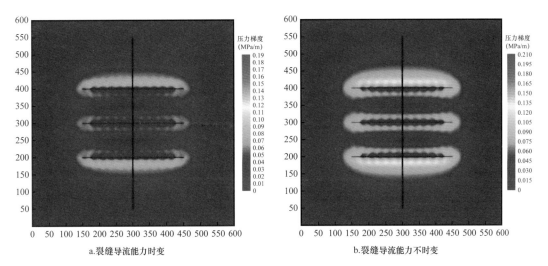

a.裂缝导流能力时变　　　　　　　　　　　b.裂缝导流能力不时变

图 5-33　裂缝导流能力时变与不时变情况下的压力梯度分布图

从图 5-34 可以看出，递减系数越大，水平井产量越小。当递减系数过大时，裂缝渗透率迅速接近于地层渗透率，从而导致产量迅速下降。

（五）裂缝分布的影响

在压裂过程中，支撑剂在各个裂缝中的分布往往是不均匀的。由于压力差的存在，支撑剂在远离跟端的裂缝中分布多，在靠近跟端的裂缝中分布少，这样就导致了不同位置处的裂缝导流能力不同，从而对压力特征产生影响。裂缝的分布方式如图 5-35 所示。对于不均匀分布的裂缝，靠近水平井趾端的裂缝具有更大的导流能力。中间裂缝的导流能力和均匀分布的裂缝导流能力相同。从图 5-36 中可以看出，裂缝不均匀分布情况下的压力响应比均匀分布情况下的大，而产量比均匀分布情况下的小。

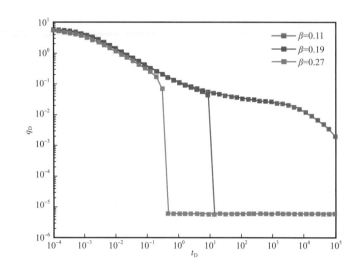

图 5-34　裂缝导流能力衰减系数对水平井产量的影响

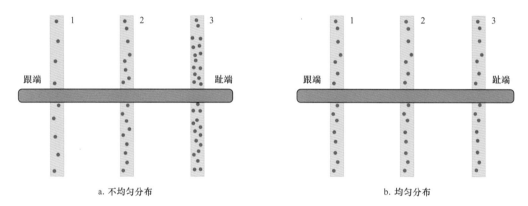

图 5-35　支撑剂在不同裂缝中分布的示意图

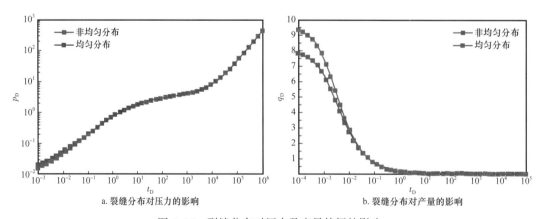

图 5-36　裂缝分布对压力及产量特征的影响

图 5-37 是裂缝内支撑剂均匀分布和不均匀分布时 3 条裂缝的无量纲径向入流量。当裂缝导流能力均匀分布时，裂缝 1 和裂缝 3 随着生产的进行入流量逐渐增加，而裂缝 2 的无量纲入流量急剧减小。在生产初期，各条裂缝保持相对独立，然而随着生产的进行，裂缝之间开始相互干扰，因此裂缝 1 和裂缝 3 的径向入流量上升。由于对称性，处于中间的裂缝 2 入流受到了阻碍。当裂缝导流能力分布不均匀时，裂缝 3 的入流量先下降后上升。裂缝 1 虽然具有最小的导流能力，但它的产量会超过裂缝 2 并稳步上升。

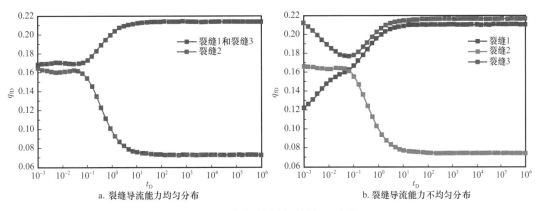

a. 裂缝导流能力均匀分布　　　　　b. 裂缝导流能力不均匀分布

图 5-37　各条裂缝的无量纲入流量

（六）裂缝形状的影响

微地震测试表明，多条垂直裂缝之间存在着应力干扰（应力阴影效应）。应力阴影效应会限制中间裂缝的扩展，促进靠近水平井跟端和趾端的裂缝扩展。因此，油藏中可能存在不同形状的裂缝。在这里，考虑等长型、纺锤型和哑铃型 3 种类型的裂缝，如图 5-38 所示。

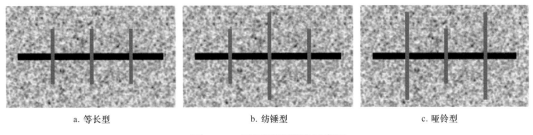

a. 等长型　　　　　　　　b. 纺锤型　　　　　　　　c. 哑铃型

图 5-38　不同形状裂缝示意图

图 5-39 为不同裂缝形状下 3 条裂缝的无量纲入流量。对于等长型裂缝，上面已经分析过，在此不再赘述。从图 5-38b 中可以看出，对于纺锤型裂缝，两端裂缝的径向入流量先下降后小幅上升，而中间的裂缝则呈现出完全相反的规律。尽管中间裂缝的长度是最长的，但是它的入流量比两端的裂缝都小。对于哑铃型裂缝，两端裂缝的径向入流量随着开发的进行缓慢增长，而中间裂缝的径向入流量随着时间的增加迅速下降。图 5-39 还表明，无论什么类型的裂缝，中间裂缝的入流量总会受到两侧裂缝的限制。

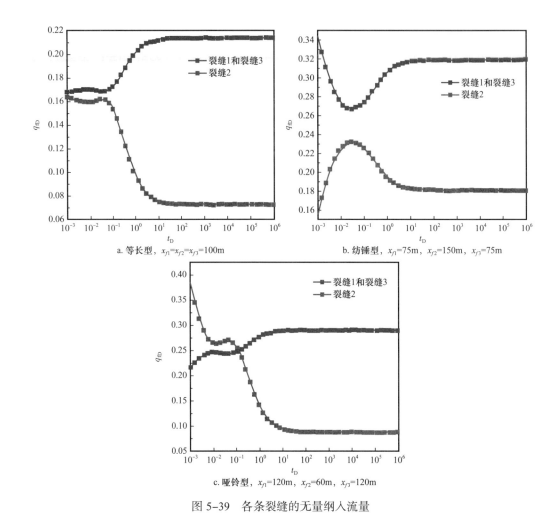

a. 等长型，$x_{f1}=x_{f2}=x_{f3}=100m$

b. 纺锤型，$x_{f1}=75m$，$x_{f2}=150m$，$x_{f3}=75m$

c. 哑铃型，$x_{f1}=120m$，$x_{f2}=60m$，$x_{f3}=120m$

图 5-39　各条裂缝的无量纲入流量

当井底流压一定时，可以得到不同裂缝形态下的无量纲产量曲线。从图 5-40 可以看出，等长型裂缝的产量比其他形式裂缝的产量大，这是因为等长型裂缝的有效干扰长度最大，所以在现场更倾向于压裂出等长的裂缝。图 5-41 和图 5-42 是不同裂缝形态下压力和压力梯度的分布图，通过计算可以得到：等长型裂缝有效动用范围和有效动用程度分别为 0.2481 和 0.1207，纺锤型裂缝有效动用范围和有效动用程度分别为 0.2514 和 0.1206，哑铃型裂缝有效动用范围和有效动用程度分别为 0.2649 和 0.1188。因此有效动用范围大小排序为等长型<纺锤型<哑铃型，有效动用程度大小排序为等长型>纺锤型>哑铃型。

（七）裂缝夹角的影响

之前许多研究中假定裂缝与水平井井筒之间的夹角是直角，但水平井轨迹并不是总垂直于最小主应力的方向。因此，研究水平井夹角对压力和产量特征的影响是很有必要的。

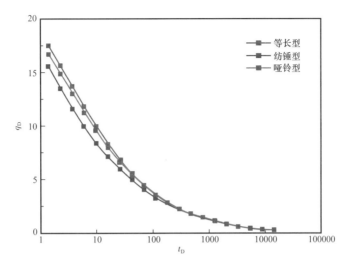

图 5-40　不同裂缝形态下的无量纲产量曲线

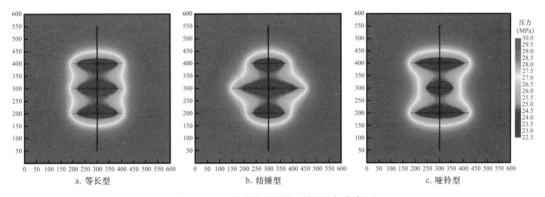

图 5-41　不同裂缝形状下的压力分布图

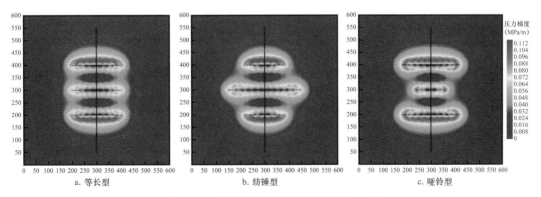

图 5-42　不同裂缝形状下压力梯度分布图

图 5-43a 为不同裂缝夹角情况下的无量纲压力和压力导数曲线，可以看出，当压裂缝与水平井垂直时，水平井的压力响应最小。这是因为当裂缝垂直于水平井井筒时，裂

缝之间的干扰最小。压裂缝与水平井井筒之间的夹角越小，裂缝之间的距离也就越小，因此裂缝之间的干扰也就越强，压力响应随之增大。图 5-43b 为不同裂缝夹角情况下的无量纲产量曲线，可以看出，垂直裂缝的产量比其他裂缝的产量都要大。图 5-44 和图 5-45 为裂缝与井筒不同夹角下压力和压力梯度的分布图，通过计算可以得到裂缝与井筒夹角为 45° 时，有效动用范围和有效动用程度分别为 0.2623 和 0.1091；裂缝与井筒夹角为 60° 时，有效动用范围和有效动用程度分别为 0.2785 和 0.1071；裂缝与井筒夹角为 90° 时，有效动用范围和有效动用程度分别为 0.2816 和 0.1061。随着裂缝与井筒夹角的增大，有效动用范围逐渐增大，有效动用程度逐渐减小。

（八）水平井井筒压降的影响

图 5-46 为水平井井筒压降对压力特征的影响。从图 5-46 可以看出，考虑水平井井筒压降与否的差异很小，这是由储层较低的渗透率和较小的产量造成的。因此，页岩储层中的水平井井筒压降可以忽略。

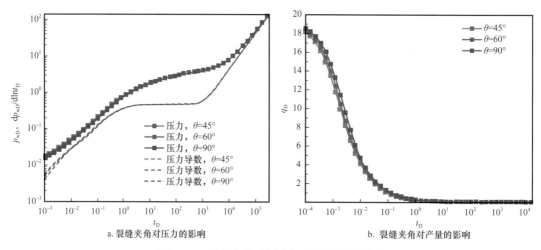

a. 裂缝夹角对压力的影响　　　　　　　　b. 裂缝夹角对产量的影响

图 5-43　裂缝夹角对压力和产量特征的影响

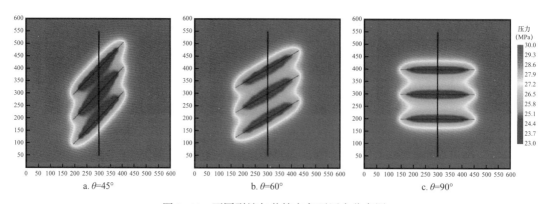

a. $\theta=45°$　　　　　　b. $\theta=60°$　　　　　　c. $\theta=90°$

图 5-44　不同裂缝与井筒夹角下压力分布图

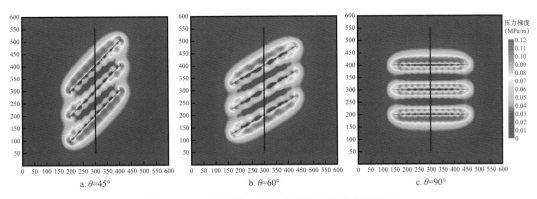

a. θ=45°　　　　　　　　　b. θ=60°　　　　　　　　　c. θ=90°

图 5-45　不同裂缝与井筒夹角下压力梯度分布图

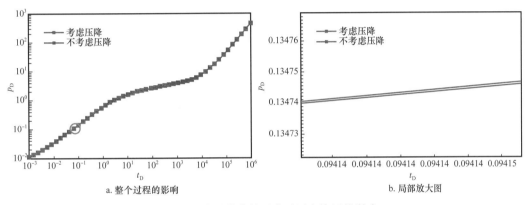

a. 整个过程的影响　　　　　　　　　　　　　　b. 局部放大图

图 5-46　水平井井筒压降对压力特征的影响

（九）径向聚流因子的影响

图 5-47 为考虑和不考虑径向聚流因子情况下的无量纲压力响应。可以看出，考虑

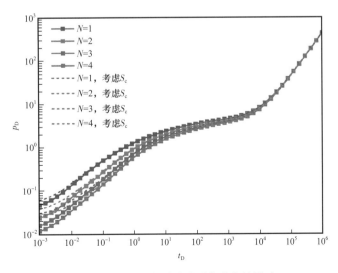

图 5-47　径向聚流因子对压力响应的影响

径向聚流因子与否对压力响应有很大影响。当考虑径向聚流因子时，压力响应较大，这是因为相比线性流，径向流的渗流阻力更大。

四、复杂裂缝网络

在页岩油藏中，压裂会激活天然裂缝，从而形成复杂的裂缝网络。因此，用双翼裂缝模型来模拟复杂裂缝网络是不适合的。图 5-48 为复杂裂缝网络的示意图，红色线代表水力压裂裂缝，蓝色线代表天然裂缝，黑色线代表水平井。油藏、流体和裂缝参数见表 5-5。

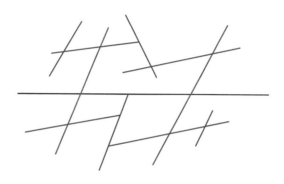

图 5-48　复杂裂缝网络示意图

表 5-5　复杂裂缝模型中油藏流体和裂缝参数

参数	数值
油藏渗透率 K（D）	1×10^{-4}
油藏孔隙度 ϕ	0.1
油藏长度 x_e（m）	600
地层厚度 h（m）	20
综合压缩系数 C_t（MPa^{-1}）	2.76×10^{-3}
初始压力 p_i（MPa）	30
流体黏度 μ（mPa·s）	20
流体密度 ρ（kg/m^3）	900
压裂裂缝导流能力 C_{df}（D·m）	0.2
天然裂缝导流能力 C_{dn}（D·m）	0.04
产量 Q（t/d）	1.92

图 5-49 为不同时刻复杂裂缝网络的压力分布图，随着生产的进行，有效动用范围和有效动用程度都在增大。在 100 天、500 天和 1000 天，水平井的有效动用范围分别为 0.0635、0.1488 和 0.2241，有效动用程度分别为 0.0276、0.0692 和 0.0965。

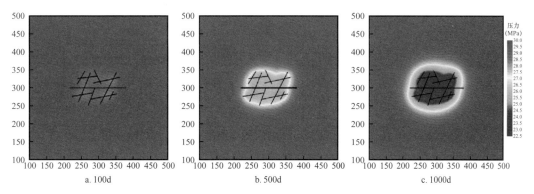

a. 100d　　　　　　　b. 500d　　　　　　　c. 1000d

图 5-49　复杂裂缝网络不同生产时间下的压力分布

五、实例应用

昌吉油田二叠系芦草沟组预测石油地质储量为 6115×10^4t，含油面积为 127km²，目的层芦草沟组自下而上划分为芦草沟组一段 P_2l_1 和二段 P_2l_2 两套页岩型砂泥岩正旋回储盖组合，芦草沟组二段和一段又各分为两个层组，共 4 个单元，分别为 $P_2l_2^1$、$P_2l_2^2$、$P_2l_1^1$ 和 $P_2l_1^2$。芦草沟组页岩油发育上下两个"甜点"体。上"甜点"体位于芦草沟组二段二层组 $P_2l_2^2$，"甜点"体厚度大于 5m 的分布面积 398km²，估算资源量 5.55×10^8t；井控范围 300km²，估算资源量 4.18×10^8t。下"甜点"体位于芦草沟组一段二层组 $P_2l_1^2$，"甜点"体厚度大于 20m 的分布面积 871km²；估算资源量 14.13×10^8t；井控范围 370km²，估算资源量 6.00×10^8t。

吉 172-H 井是针对芦草沟组上"甜点"体部署的 1 口水平井（图 5-50），该井于 2012 年 3 月 18 日在原井眼开窗侧钻，7 月 28 日完井，完钻井深 4366m，完钻水平段长 1233m。2012 年 8 月 24 至 9 月 2 日采用体积压裂，共压裂 15 段，压裂液 16030.7m³，总加砂 1798m³。截至 2013 年 4 月 23 日，试油试采 230.7 天，累计产油 6899.1t，累计退液 7832.5m³，目前 4mm 油嘴，日产液 34.5t，日产油 22.8t，含水率为 34%。

为了解水平井生产能力并确定合理的工作制度，现场于 2013 年 5 月进行了压力恢复试井。图 5-51 即为实测数据点。可以发现数据点位于压力恢复试井的初期阶段，通过用斜率为 1 和 0.5 的直线进行拟合，发现图中所示的流动阶段为井筒存储阶段和线性流阶段。将数据点与典型特征曲线进行拟合可以得到较为准确的裂缝和油藏参数。图 5-52 为线性流阶段的拟合结果。表 5-6 为拟合参数与现场微地震实测参数的对比。

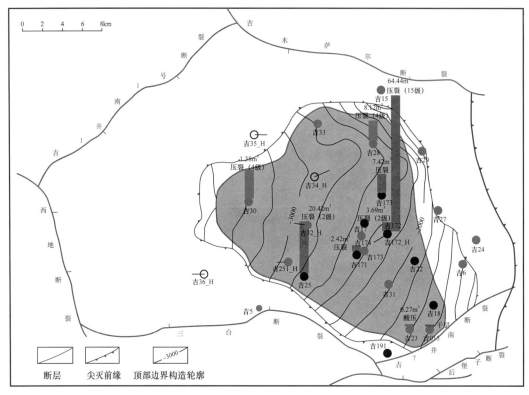

图 5-50　吉 172-H 井位图

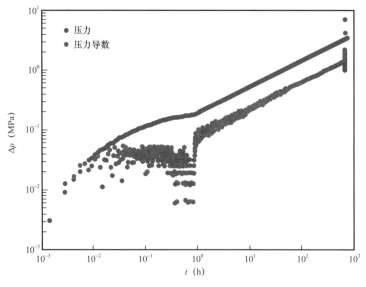

图 5-51　吉 172 井压力恢复试井数据

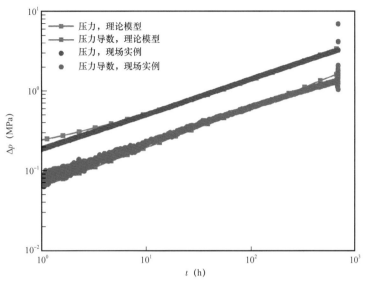

图 5-52　线性流阶段拟合

表 5-6　拟合数据和现场实际数据对比

参数	本模型	现场数据
裂缝条数	15	15
裂缝半长（m）	148	110～230
裂缝间距（m）	81	78.5（平均值）
储层渗透率（mD）	0.0107	0.001～0.284

第六章

页岩油数值模拟方法及应用

数值模拟是油藏生产动态预测和开发优化的基础。本章建立了页岩油开发的多相多组分渗流数学模型，重点介绍了基于嵌入离散裂缝网络模型处理体积压裂缝网的方法。在此基础上，以美国 Eagle Ford 页岩为例开展了数值模拟的应用研究，系统分析了井间干扰的影响因素及其规律。

第一节　页岩油多相多组分数值模拟方法

一、多相多组分渗流数学模型

页岩油多相多组分渗流数学模型包含质量守恒方程、压力方程以及能量守恒方程。该模型综合考虑了岩石和流体的压缩性、化学反应和分子扩散。

（一）质量守恒方程

页岩油主要依靠弹性能量进行衰竭式开发，考虑岩石和流体的压缩性，构建各组分的质量守恒方程（Xu，2015）：

$$\frac{\partial}{\partial t}\left(\phi \tilde{C}_k \rho_k\right) + \vec{\nabla} \cdot \left[\sum_{l=1}^{n_{\mathrm{p}}} \rho_k \left(C_{kl}\vec{u}_l - \tilde{D}_{kl}\right)\right] = R_k \qquad (6\text{-}1)$$

其中：

$$\tilde{C}_k = \left(1 - \sum_{k=1}^{n_{\mathrm{cv}}} \hat{C}_k\right)\sum_{l=1}^{n_{\mathrm{p}}} S_l C_{kl} + \hat{C}_k, \quad k = 1, 2, \cdots, n_{\mathrm{c}} \qquad (6\text{-}2)$$

式中，$\tilde{C}_k$ 为单位孔隙体积组分 k 的总体积（各相体积之和）；t 为时间；ϕ 为孔隙度；n_{p} 为相数；$\rho_k = \rho_{p_{\mathrm{R}}, k}/\rho_{p_{\mathrm{R0}}, k}$，$\rho_{p_{\mathrm{R}}, k}$ 为纯组分 k 在参考压力 p_{R} 下的密度；$\rho_{p_{\mathrm{R0}}, k}$ 为纯组分 k 在参考压力 p_{R0} 下的密度，通常 p_{R0} 为 1atm；C_{kl} 为物质 k 在 l 相中的浓度；$\vec{u}_l$ 为 l 相的流量；$\tilde{D}_{kl}$ 为物质 k 在 l 相中的扩散流量；R_k 为 k 的源项；S_l 为 l 相的饱和度；$\hat{C}_k$ 为物质 k 的吸附浓度；n_{cv} 为组分类型总数（包括水、轻组分、重组分等）。

（二）压力方程

结合达西定律、毛细管压力的定义、本构关系和质量守恒方程，推导出多相多组分渗流数学模型中的压力方程。压力方程的微分形式为（Xu，2015）：

$$\phi c_{\mathrm{t}}\frac{\partial p_1}{\partial t} - \vec{\nabla}\cdot\vec{K}\cdot\lambda_{\mathrm{rTc}}\vec{\nabla}p_1 = -\vec{\nabla}\cdot\sum_{l=1}^{n_{\mathrm{p}}}\vec{K}\cdot\lambda_{\mathrm{r}lc}\gamma_l\vec{\nabla}h + \vec{\nabla}\cdot\sum_{l=1}^{n_{\mathrm{p}}}\vec{K}\cdot\lambda_{\mathrm{r}lc}\vec{\nabla}p_{cl1} + \sum_{k=1}^{n_{\mathrm{cv}}}Q_k \qquad （6-3）$$

其中：

$$\lambda_{\mathrm{r}lc} = \frac{K_{\mathrm{r}l}}{\mu_l}\sum_{k=1}^{n_{\mathrm{cv}}}\rho_k C_{kl} \qquad （6-4）$$

$$\lambda_{\mathrm{rTc}} = \sum_{l=1}^{n_{\mathrm{p}}}\lambda_{\mathrm{r}lc} \qquad （6-5）$$

$$c_{\mathrm{t}} = c_{\mathrm{r}} + \sum_{k=1}^{n_{\mathrm{cv}}}C_k^0\tilde{C}_k \qquad （6-6）$$

式中，p_1 为相 1（水）的压力；C_{t} 为总压缩系数；$\vec{K}$ 为油藏渗透率张量；λ_{rTc} 为所有相的总相对流度；$\lambda_{\mathrm{r}lc}$ 为流体压缩性修正的 l 相的相对流度；γ_l 为 l 相的相对密度；h 为深度；p_{cl1} 为 l 相与水的毛细管压力；Q_k 为物质 k 的源 / 汇项；$K_{\mathrm{r}l}$ 为 l 相的相对渗透率；μ_l 为 l 相的黏度；c_{r} 为岩石压缩系数。更加准确的模拟模型应当在推导该方程时考虑页岩油的非线性渗流机理。

（三）能量守恒方程

通过考虑平流和导热项推导出能量守恒方程（Xu，2015）：

$$\frac{\partial}{\partial t}\left[(1-\phi)\rho_{\mathrm{s}}C_{V\mathrm{s}} + \phi\sum_{l=1}^{n_{\mathrm{p}}}\rho_l S_l C_{Vl}\right]T + \vec{\nabla}\cdot\left(\sum_{l=1}^{n_{\mathrm{p}}}\rho_l C_{pl}u_l T - \lambda_{\mathrm{T}}\vec{\nabla}T\right) = q_{\mathrm{H}} - Q_{\mathrm{L}} \qquad （6-7）$$

式中，T 为油藏温度；$C_{V\mathrm{s}}$ 为岩石比定容热容；C_{Vl} 为 l 相的比定容热容；C_{pl} 为 l 相的比定压热容；λ_{T} 为热导率；q_{H} 为单位体积焓量；Q_{L} 为上覆和下覆岩层的热损失；ρ_l 为 l 相的密度；S_l 为 l 相的饱和度。

（四）本构关系

除上述公式外，还存在一些本构关系：

$$\sum_{l=1}^{n_{\mathrm{p}}}S_l = 1 \qquad （6-8）$$

$$\sum_{k=1}^{n_{\mathrm{cv}}}C_{kl} = 1 \qquad （6-9）$$

这些关系隐式地包含在控制方程的推导过程中。

二、数值模拟中体积压裂缝网的处理方法

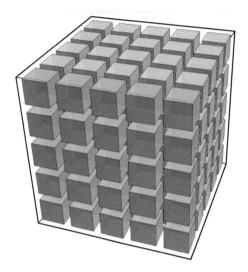

图 6-1　双孔油藏的理想模型
（Xu，2015）

目前常用的体积压裂缝网处理方法包括双重连续介质、离散裂缝模型方法和嵌入离散裂缝模型。双重介质方法中，多孔介质被假设为两个连续体：其中基质对孔隙体积贡献很大，但对流动能力贡献很小；裂缝与之相反，对流动能力贡献很大，但对孔隙体积的贡献微不足道。这两个连续体需要分别对其参数进行设置。图 6-1 为双孔模型中裂缝介质的理想化表示，裂缝间距均匀，平行于渗透率主轴之一，基质均匀各向同性。因为基质块被裂缝隔开，基质之间不存在流体流动。

双重介质模型虽然是对天然裂缝油藏进行建模的有效方法，但也存在一定的局限性。首先，其不适用于不连通裂缝及少量大尺度裂缝的建模；其次，双重介质模型难以对油藏的高度局部各向异性进行表示。离散裂缝模型（DFM）可以有效解决这些问题，离散裂缝模型中每个裂缝都由一个单元或控制体显式表示，而且每个裂缝都具有单独的尺寸、方向和渗透率，因此能够更加真实地模拟裂缝。这些参数可以从裂缝监测或裂缝扩展的地质力学建模中获得，也可以通过随机方法生成。离散裂缝的直接表示方法是将高渗透单元置于相应的位置。对于正交裂缝或正交裂缝网络，可以在裂缝附近采用非常细的结构化网格或进行局部网格加密。但对于随机方向的裂缝和复杂的裂缝交会处，大多数离散裂缝模型需要非结构化网格才能对裂缝进行精确表示。

当前的离散裂缝模型在非结构化网格自动划分、裂缝相交的高效表示和裂缝网络的重叠等方面存在挑战。嵌入式离散裂缝模型（EDFM）是解决非结构化网格划分问题的有效方法。EDFM 最初由 Li 和 Lee（2008）提出，目的是在保持结构化网格计算效率的同时，提高离散裂缝模型的准确性。该方法采用直角网格对储层进行离散化，而且引入了裂缝网格。裂缝对流体流动的影响是通过非相邻网格间的渗流指数来建立的。下面对 EDFM 的发展状况和应用进行简要介绍。

（一）EDFM 的发展历程

Lee 等（2001）在早期尝试中提出了一种分层方法来模拟不同长度的裂缝。该方法通过格林函数和边界元相结合的方法对裂缝进行了数值模拟。对于长裂缝，类比井眼指数的概念，定义了一个渗流指数来描述网格与网格中裂缝之间的流动。

后来，Li 和 Lee（2008）将长裂缝建模方法扩展到二维平面的裂缝建模，包括裂缝

网络，并允许裂缝与井筒相交。由于在该模型中，裂缝被基质网格边界切割成段，裂缝网格嵌入结构化基质网格中，故称为嵌入式离散裂缝模型（EDFM）。通过定义断裂面与基质网格的平均法向距离，提出了模型与断裂段之间渗流指数的计算公式。通过对裂缝和井筒产能的叠加，考虑了垂直裂缝与垂直井筒的交点，并以二维储层和垂直裂缝为例，验证了该方法的有效性。

后来，为了将 EDFM 应用到实际生产中，Moinfar 等（2014）进一步开发了包含倾斜裂缝的三维嵌入式离散裂缝模型。他们系统地提出了 EDFM 中 3 种典型的非相邻连接，并在此基础上增加了裂缝与井筒之间的连接方式。他们在自己研发的全隐式油藏模拟器（GPAS）中实现了 EDFM，并进行了案例研究，包括天然裂缝油藏和水力压裂油藏中的一次采油和水驱。模拟器中利用裂缝孔径与有效正应力的关系，通过耦合地质力学和 EDFM 流场模拟，研究了裂缝的动力学特性。

近年来，EDFM 由于其精确性和灵活性而受到越来越多的关注。Shakiba（2014）在得克萨斯大学奥斯汀分校的油藏模拟器（UTCOMP 和 UTGEL）中实现了 EDFM，展示了 EDFM 在不同模拟器中的适用性，并通过半解析模型验证了其准确性。Cavalcante Filho 等（2015）开发了用于渗流指数计算的 EDFM 预处理代码。Shakiba 和 Sepehrnoori（2015）结合了 EDFM 和微震监测数据用于复杂裂缝网络的表征。Panfili 等（2014）将 EDFM 应用于商用模拟器，利用角点网格对裂缝性碳酸盐岩储层中的混相注气进行了研究。Jiang 等（2014）集成双连续介质的 EDFM 和 MINC（多个连续相互作用）方法模拟了页岩气储层的裂缝网络模型，表明了混合模型可以降低计算成本并处理基质与裂缝之间传导率的巨大差异。

（二）EDFM 方法简介

EDFM 借用了双连续介质方法的概念，该方法通过相应的基质网格创建了裂缝网格，从而考虑连续体之间的渗流。一旦裂缝穿透基质网格，就会创建一个额外的网格来表示物理域中的裂缝片。利用基质网格边界可将单个裂缝离散成多个裂缝片。为了区分新添加的网格和原始基质网格，这些额外的网格被统称为裂缝网格（Xu，2015）。

图 6-2 用一个只有 3 个基质块和 2 条裂缝的简单例子说明了在 EDFM 中添加裂缝网格的过程。图 6-2a 为物理域，图 6-2b 为计算域。物理域中的每个矩阵块和断裂段由计算域中相同颜色的网格表示。在添加裂缝之前，有网格 1、网格 2 和网格 3 三个基质网格。添加裂缝后，网格总数增加。裂缝 1 穿透了 3 个基质块，因此将 3 个裂缝网格（网格 4、网格 5 和网格 6）引入计算域中表示相应的裂缝片。同样地，裂缝 2 只增加了一个额外的网格（网格 7），因为它只穿透一个基质块。因为使用了结构化网格，所以每一行应该有相同数量的网格，因此还引入了两个空网格。最后，网格总数从 3 个（1×3=3）增加至 9 个（3×3=9），每个裂缝网格的深度定义为对应裂缝片中心的深度，孔隙体积定义为裂缝片的体积：

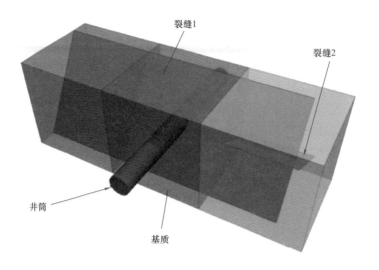

a. 物理模型示意图

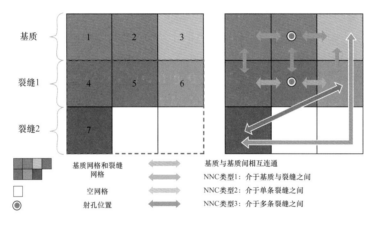

b. 计算域中的网格（箭头显示了不同类型的连接关系）

图 6-2　EDFM 方法示意图（Xu，2015）

$$V_f = S_{seg}w_f \qquad (6-10)$$

式中，S_{seg} 为垂直于开度方向的裂缝面积；w_f 为裂缝开度。

在模拟中，通过为每个裂缝网格分配一个有效孔隙度来计算裂缝片的孔隙体积：

$$\phi_f = \frac{S_{seg}w_f}{V_b} \qquad (6-11)$$

式中，V_b 为分配给裂缝片的网格总体积。

通过网格表示裂缝片后，又定义了非相邻连接（NNC）。引入 NNC 的目的是使物理上相连但在计算域内相邻的网格之间能够进行流动。3 种类型的 NNC 定义如下：（1）NNC 类型 I——裂缝片与所穿透的基质网格之间的连接；（2）NNC 类型 II——

单个裂缝中裂缝片之间的连接；（3）NNC 类型Ⅲ——相交裂缝片之间的连接（Xu 等，2015）。

图 6-2b 中的箭头显示了 3 种类型的 NNC。每个 NNC 中的网格由预处理程序计算出连接传导率。利用这些传导率，可以得到 NNC 中两个网格间 l 相的体积流量为：

$$q = \lambda_l T_{\mathrm{NNC}} \Delta p \qquad (6-12)$$

式中，λ_l 为 l 相的相对流度；T_{NNC} 为 NNC 的传导率；Δp 是网格间的压力差。

通常，T_{NNC} 可以表示为：

$$T_{\mathrm{NNC}} = \frac{K_{\mathrm{NNC}} A_{\mathrm{NNC}}}{d_{\mathrm{NNC}}} \qquad (6-13)$$

式中，K_{NNC}、A_{NNC} 和 d_{NNC} 分别是与此连接相关的渗透率、接触面积和距离。

除了这些 NNC 外，EDFM 中还给出了裂缝与井之间的连接。当裂缝片与井筒轨迹相交时，在裂缝网格上增加一个射孔井眼，将相应的裂缝网格定义为井筒（图 6-2a）。随后为该网格定义了裂缝井指数。

（三）传导率的计算

基质—裂缝连接：基质与裂缝片之间的 NNC 传导率取决于基质渗透率和裂缝几何形状。当裂缝片完全穿透基质时，假设基质中压力梯度均匀，且压力梯度垂直于裂缝面，如图 6-3 所示，基质—裂缝间的传导率为（Xu 等，2015）：

$$T_{\mathrm{f-m}} = \frac{2 A_{\mathrm{f}} (\boldsymbol{K} \cdot \boldsymbol{n}) \boldsymbol{n}}{d_{\mathrm{f-m}}} \qquad (6-14)$$

式中，A_{f} 为裂缝片一侧的面积；$\boldsymbol{K}$ 为基质渗透率张量；$\boldsymbol{n}$ 为裂缝平面的法向量；$d_{\mathrm{f-m}}$ 为基质到裂缝的平均法向距离。

$d_{\mathrm{f-m}}$ 可由下式计算得到：

$$d_{\mathrm{f-m}} = \frac{\int_V x_{\mathrm{n}} \mathrm{d}V}{V} \qquad (6-15)$$

式中，V 为基质块的体积；$\mathrm{d}V$ 为基质体积单元；x_{n} 为从体积单元到裂缝平面的距离。

如果裂缝没有完全穿透基质网格，由于基质网格内的压力分布可能会偏离之前的假设，因此传导率的计算比较复杂。为了使该方法具有非侵入性，与 Li 和 Lee（2008）的处理方法相同，Xu（2015）假设传导率与基质单元内裂缝段面积成正比。

单个裂缝中裂缝片之间的连接：在 EDFM 中，裂缝可以被离散成许多不同形状的部分，包括三角形、四边形、五边形和六边形。示例如图 6-4 所示。因此，这些片之间的连接类似于二维非结构化网格中的连接。在 EDFM 中进行了类似 Karimi-Fard 等（2004）的简化近似。因此利用两点通量近似方法计算相邻片 1 和片 2 之间的传导率：

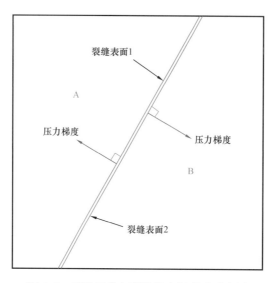

图6-3 基质网格与裂缝段之间联系示意图

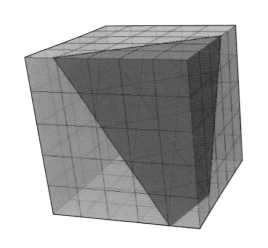

a. 网格边界将裂缝面切割成29段

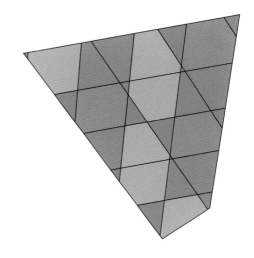

b. 根据顶点的数量对裂缝进行着色

图6-4 单个裂缝中不同形状的裂缝片示例

$$T_{seg} = \frac{T_1 T_2}{T_1 + T_2} \tag{6-16}$$

$$T_1 = \frac{K_f A_c}{d_{seg1}}, T_2 = \frac{K_f A_c}{d_{seg2}} \tag{6-17}$$

式中，K_f 为裂缝渗透率；A_c 为这两个片之间公共面的面积；d_{seg1} 和 d_{seg2} 分别为片 1 和片 2 的质心到公共面的距离。

这种两点通量近似方法可能会在裂缝片不能形成正交网格的三维情况下失去一定的

精度。当裂缝面内的流动对总流动具有决定作用时，可能需要采用多点通量近似方案。

裂缝交会处：对裂缝交会处的精确高效建模是离散裂缝模型的难点。为简化该问题，Moinfar 等（2014）在相交的裂缝片之间指定一个传导率来近似裂缝交会处的质量传输。传导率可由下列公式计算：

$$T_{\text{int}} = \frac{T_1 T_2}{T_1 + T_2} \tag{6-18}$$

$$T_1 = \frac{K_{\text{f1}} w_{\text{f1}} L_{\text{int}}}{d_{\text{f1}}}, T_2 = \frac{K_{\text{f2}} w_{\text{f2}} L_{\text{int}}}{d_{\text{f2}}} \tag{6-19}$$

式中，L_{int} 为相交线的长度；d_{f1} 和 d_{f2} 是子片（两侧）中心点到交点线法向距离的加权平均值。

在图 6-5 中，存在如下关系：

$$d_{\text{f1}} = \int_{S_1} x_{\text{n}} \mathrm{d}S_1 + \int_{S_3} x_{\text{n}} \mathrm{d}S_3 \tag{6-20}$$

$$d_{\text{f2}} = \int_{S_2} x_{\text{n}} \mathrm{d}S_2 + \int_{S_4} x_{\text{n}} \mathrm{d}S_4 \tag{6-21}$$

式中，$\mathrm{d}S_i$ 为面积单元；S_i 为裂缝片 i 的面积；x_{n} 为面元到相交线的距离。

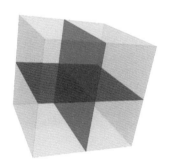
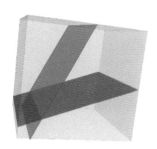

a. 3D视角

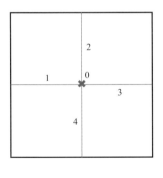

b. 2D视角

图 6-5 裂缝交会示意图

每个裂缝都被交点划分为两个子片。图 a 中每个子片具有相似大小；图 b 中每个子片面积具有很大不同

不需要对平均法向距离进行积分，因为分割后的子片通常为多边形，可以利用几何方法提高计算速度。

该裂缝交会模型的局限性在于，由于各子段的流动方向未知，无法考虑裂缝相交处复杂的流动机制（Berkowitz 等，1994），同时该模型未考虑交会角的影响。因此，该模型仅能作为近似结果。当裂缝交会处的流动对总流动具有重要影响时不应使用。

井筒—裂缝交会处：Moinfar 等（2013）对 EDFM 中的井筒与裂缝交叉点（图 6-6）进行了建模，为每个与井筒相交的裂缝片分配了一个有效的井指数。基于 Peaceman（1983）提出的常用公式：

$$WI = \frac{2\pi\sqrt{K_y K_z}\Delta x}{\ln(r_o / r_w)} \tag{6-22}$$

$$r_o = 0.28\frac{\left(K_y\Delta z^2 + K_z\Delta y^2\right)^{1/2}}{K_y^{1/2} + K_z^{1/2}} \tag{6-23}$$

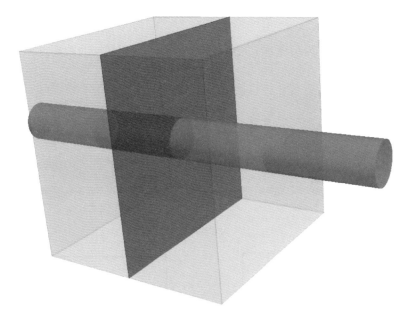

图 6-6　井筒—裂缝交会示意图（Xu，2015）
蓝色圆柱表示井筒，红色平面代表基质网格中的裂缝片

Moinfar 等（2013）提出了一种计算裂缝井筒有效井指数的方法：

$$WI_f = \frac{2\pi K_f w_f}{\ln(r_e / r_w)} \tag{6-24}$$

$$r_e = 0.14\sqrt{L^2 + W^2} \tag{6-25}$$

式中，K_f 为裂缝渗透率；w_f 为裂缝开度；L 和 W 分别为裂缝片的长度和高度。

将 Peaceman 模型中网格尺寸和渗透率用裂缝段尺寸和裂缝渗透率进行替换，可以推导出该公式。需要注意的是，裂缝通常具有很高的传导率，因此有效井指数的数值可能较大。测试表明，当数值超过一定值（例如 $10000mD \cdot ft$）时，WI_f 值的进一步增加不会影响模拟结果。此外，较大的 WI_f 值会导致数值不稳定。因此，当裂缝渗透率非常高时，可以用较小的值（如 $10000mD \cdot ft$）作为有效井指数，这样可以在不损失精度的情况下加快计算速度。

Lei 等（2005）采用有限体积方法（FVM）对上述多相多组分渗流模型进行离散。时间域上采用一阶向后差分公式，在空间域上对每一个网格进行质量守恒计算，这样控制方程可以写成矩阵形式：

$$\boldsymbol{A} \cdot \boldsymbol{p} = \begin{pmatrix} A_{mm} & C_{mf} & C_{mw} \\ C_{fm} & A_{ff} & C_{fw} \\ C_{wm} & C_{wf} & A_{ww} \end{pmatrix} \times \begin{pmatrix} p_m \\ p_f \\ p_w \end{pmatrix} = \begin{pmatrix} q_m \\ q_f \\ q_w \end{pmatrix}$$

采用牛顿迭代方法对每一时间步的非线性方程组 $f(p) = 0$ 进行求解：

$$\boldsymbol{J}^{-1} \delta V = -R$$
$$V^{n+1} = V^n + \delta V$$

当 R 小于 10^{-5} 时，循环迭代结束，进行下一时间步的牛顿迭代。矩阵 $\boldsymbol{J}$ 也可采用自动微分技术得到。模拟过程中，压裂缝可通过上述的 EDFM 方法来处理，由此可以实现页岩油的数值模拟。但需注意的是，目前页岩油的数值模拟方法还不完善，还需要进一步考虑页岩基质的非线性渗流机理，介质变形（裂缝导流能力的变化和基质应力敏感）。此外，高密度页理缝的精确建模和基于地质工程一体化思想的页岩油数值模拟方法仍富有挑战。

第二节　页岩油藏数值模拟方法应用实例

一、模型验证

在 Eagle Ford 公开数据的基础上（Simpson 等，2016），Yu 等（2017）采用基于 EDFM 的页岩油数值模拟方法分析了井间干扰对页岩油生产的影响。Eagle Ford 的流体类型包括低气油比（GOR）的黑油和高 GOR 的挥发性原油，本案例中主要考虑低气油比黑油。假设 Eagle Ford 原油组成包括 5 个拟成分：二氧化碳（CO_2）、N_2—C_1、C_2—C_5、C_6—C_{10} 和 C_{11+}。其相应的摩尔分数分别为 0.01821、0.44626、0.17882、0.14843、0.20828。

根据拟组分的临界性质以及表 6–1、表 6–2 中的其他输入,利用 Peng–Robinson 状态方程及 270°F 油藏温度下的闪蒸计算确定了原油的关键性质:油重度为 41°API,GOR 为 1000ft³/bbl,地层体积系数为 1.65bbl/bbl,泡点压力为 3446psi。

表 6–1 Eagle Ford 地层应用于 Peng–Robinson 方程的组分数据

组分	摩尔分数	临界压力（atm）	临界温度（K）	临界体积（L/mol）	摩尔质量（g/mol）	偏心因子	等张比容
CO_2	0.01821	72.80	304.20	0.0940	44.01	0.2250	78.00
N_2—C_1	0.44626	45.24	189.67	0.0989	16.21	0.0084	76.50
C_2—C_5	0.17882	32.17	341.74	0.2293	52.02	0.1723	171.07
C_6—C_{10}	0.14843	24.51	488.58	0.3943	103.01	0.2839	297.42
C_{11+}	0.20828	15.12	865.00	0.8870	304.39	0.6716	661.45

表 6–2 Eagle Ford 地层原油组分交互系数

组分	CO_2	N_2—C_1	C_2—C_5	C_6—C_{10}	C_{11+}
CO_2	0	0.1036	0.1213	0.1440	0.1500
N_2—C_1	0.1036	0	0	0	0
C_2—C_5	0.1213	0	0	0	0
C_6—C_{10}	0.1440	0	0	0	0
C_{11+}	0.1500	0	0	0	0

建立一个长度为 6550ft、宽度为 2150ft、厚度为 1000ft 的基础油藏模型（图 6–7）。首先,对两口多级压裂水平井进行模拟。两口井间距 700ft,每口井包含 30 条横向水力裂缝,裂缝半长为 225ft。压裂缝建模采用 EDFM,不需要进行局部网格加密。模拟中的油藏及裂缝基本参数见表 6–3。

模拟开始时,每口井的初始压力为 2000psi,流量恒定。同时假设压裂缝完全穿透整个储层。模型所使用的相对渗透率曲线,包括水—油相对渗透率、液—气相对渗透率曲线,如图 6–8 所示。将该模型与油藏数值模拟（CMG,2012）的气油两相产量进行对比,可以发现两者吻合较好（图 6–9）。

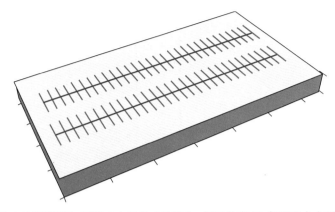

图 6-7 基本油藏模型包括两口水平井（蓝线），每口井有 30 条平面水力裂缝（红线）

表 6-3 模型基本油藏及裂缝参数

参数	数值
初始油藏压力（psi）	8000
油藏温度（°F）	270
油藏渗透率（nD）	470
油藏孔隙度（%）	12
初始含水饱和度（%）	17
总压缩系数（psi^{-1}）	3×10^{-6}
裂缝半长（ft）	225
裂缝导流能力（mD·ft）	100
缝高（ft）	100
缝宽（ft）	0.01
裂缝间距（ft）	200
井距（ft）	700

二、案例研究

（一）4 种不同的井间干扰情况

为测试不同物理机制的影响，如基质渗透率、水力裂缝以及天然裂缝对井间干扰压力响应的影响，设定了 4 种模型。每种情况由两个平行的水平井组成，但其裂缝密度

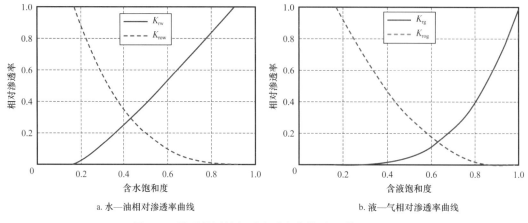

a. 水—油相对渗透率曲线　　　　　　　　b. 液—气相对渗透率曲线

图 6-8　模型使用的相对渗透率曲线（Yu 等，2016）

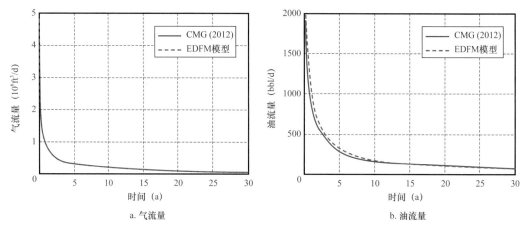

a. 气流量　　　　　　　　　　　　　b. 油流量

图 6-9　EDFM 模型与 CMG 模拟结果对比

和导流能力不同，如图 6-10 所示。情况 1 表示基质渗透率引起的井间干扰。模型中没有任何天然裂缝，而且水力裂缝相互之间也不连通。情况 2 表示通过基质渗透率和部分与水力裂缝相连的天然裂缝所产生的井间干扰。天然裂缝主要分布在两个方向，总数为 1000 条（黑线）。具体来说，天然裂缝是采用统计学方法生成的。一部分天然裂缝与 x 轴的夹角为 5°～25°，而另一方向的裂缝与 x 轴夹角为 95°～115°。天然裂缝的长度为 100～300ft，其导流能力均设置为 1mD·ft，而且其高度假设与储层厚度相同。情况 3 表示通过基质渗透率和水力压裂缝所造成的井间干扰，但不包含任何天然裂缝。两口井通过 5 个水力压裂缝进行连接，每条裂缝的导流能力为 100mD·ft。情况 4 同时考虑基质渗透率、天然裂缝和水力裂缝连接所造成的井间干扰。其他的储层及裂缝性质与表 6-1 到表 6-3 中的参数相同，模拟时间设定为 1000 天。假设模型上方的水平井在恒定压力 2000psi 情况下生产，而下方水平井一直处于关井状态。有必要指出，该假设在实际油田操作中可能是不现实的，但本案例的主要目的是研究各种物理机制对井间干扰压力响应的影响（Yu 等，2017）。

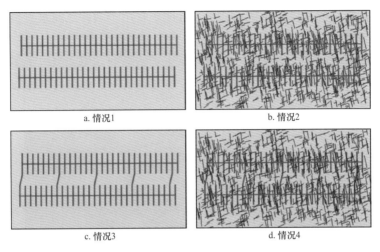

图 6-10　井间干扰的 4 种不同类型

图 6-11 分别给出了 4 种情况下的关井压力响应和生产井累计产油量。对于情况 1，由于基质渗透率仅为 470nD 的极低值，且所有情况下的孔隙度均为常数，因此基质渗透率对下方水平井（关井状态）1000 天内压力下降的影响可以忽略不计。对于情况 2，井底压力在早期的下降幅度很小，但在后期几乎呈直线下降。对于情况 3，井底压力在早期下降相对较快，但随后下降速度逐渐放缓。对比情况 2 和情况 3，可以得知模型中水力压裂缝连通对井间压力干扰的影响要比天然裂缝大得多。对于情况 4，井底压力在早期下降速度慢于情况 3，随后下降更快。情况 4 中天然裂缝产油可能有助于维持生产井的产能。图 6-11b 证实，天然裂缝的存在（情况 2 和情况 4）显著提高了生产井产量。

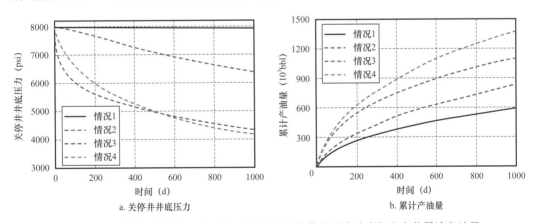

图 6-11　4 种情况的对比：上方井开启下方井关停的压力响应与生产井累计产油量

图 6-12 为每种情况下生产 1000 天后的储层压力分布。对于情况 1（图 6-12a），不存在井间干扰，关停井附近不会发生油藏枯竭。当由于天然裂缝的存在而发生井间干扰时（图 6-12b），与图 6-12a 相比，生产井的泄油面积有所增大。通过一些连通的天然裂缝，流体从关停井流到生产井。由于连通天然裂缝的导流能力非常小（1mD·ft），关停

井周围的任何油藏枯竭都可以忽略不计。当井间干扰由于两井之间水力裂缝连通而增强时，如情况3（图6-12c）所示，由于连通水力裂缝的导流能力更大，关停井到生产井之间流体的流动速度变快，造成关停井附近发生了明显的动用。当由于多种因素综合作用而发生井间干扰时，泄油区既包括生产井，也包括关停井，由此产生的油藏动用区最大（图6-12d）。

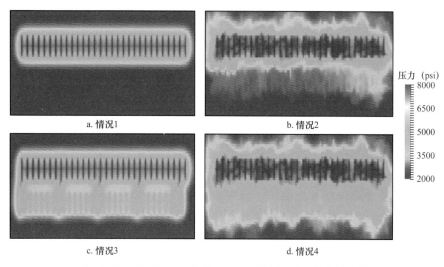

a. 情况1   b. 情况2

c. 情况3   d. 情况4

图6-12　4种情况下生产1000天后油藏压力分布的比较

（二）敏感性分析

1. 连通裂缝导流能力的影响

在含有5条连通裂缝的案例3基础上，研究了4种不同裂缝导流能力对压力响应的影响，4种导流能力分别为0.1mD·ft、1mD·ft、10mD·ft及100mD·ft，如图6-13所示。当连通裂缝的导流能力增大时，关停井的井底压力下降得更加迅速。此外，随着裂缝导流能力的提高，井底压力下降曲线由凸向凹变化。当裂缝导流能力较低（0.1mD·ft）时，即使存在多条连接的水力裂缝，井间干扰的压力响应在生产初期也难以辨别。图6-13b显示了每种连通裂缝导流能力下模型上方生产井的累计产油量。与预期结果相同，随着连接裂缝导流能力的增加，累计产量增加。

2. 天然裂缝数量的影响

研究了4种不同天然裂缝密度（即单位面积内包含100条、500条、1000条和1500条裂缝）对压力响应和油井产能的影响，如图6-14所示。裂缝长度、角度、高度等天然裂缝参数与情况4相同。图6-15a和图6-15b分别显示了关停井井底压力和生产井累计产油量的变化。当天然裂缝密度增加时，关停井井底压力在早期下降得更快。由于天然裂缝位置以及天然裂缝与水力压裂缝连接程度的变化，后期的压力下降速率不一致。随着天然裂缝密度的增加，生产井的累计产油量不断增加，其原因是天然裂缝密度较高时裂缝整体泄油（包括水力压裂缝和天然裂缝）效果更好。

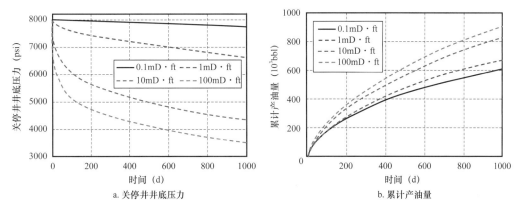

a. 关停井井底压力　　　　　　　　　　b. 累计产油量

图 6-13　连接裂缝导流能力对关停井压力响应和生产井累计产油量的影响

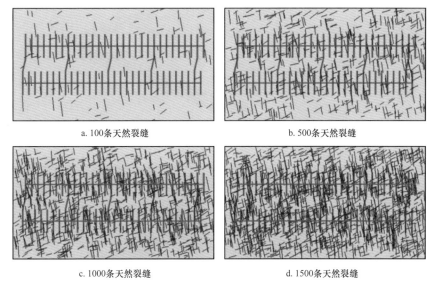

a. 100条天然裂缝　　　　　　　　　　b. 500条天然裂缝

c. 1000条天然裂缝　　　　　　　　　　d. 1500条天然裂缝

图 6-14　不同数量天然裂缝导致井间干扰的油藏模型

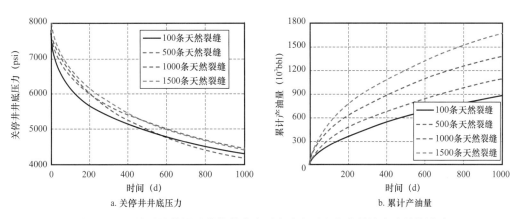

a. 关停井井底压力　　　　　　　　　　b. 累计产油量

图 6-15　天然裂缝数量对关停井井底压力响应及生产井累计产油量的影响

（三）关井测试

为考察目标井与周围井之间井间干扰强度的差异，将之前讨论的储层模型宽度增大到 2850ft，以容纳 3 口水平井，如图 6-16 所示。相邻两口井之间的距离仍为 700ft，每口井有 30 条非平面水力压裂缝。此外，该模型包括 2000 条天然裂缝，裂缝长度、角度、高度等参数设置与之前的相似。模拟时间为 100 天。中间的井总是处于关闭状态。为另外两口井设计了两种方案，以确定井间干扰对油井产能的影响。在方案 1 中，上部井先投产 1 个月，然后下部井投产；在方案 2 中，下部井先开井生产 1 个月，然后上部井开井生产。

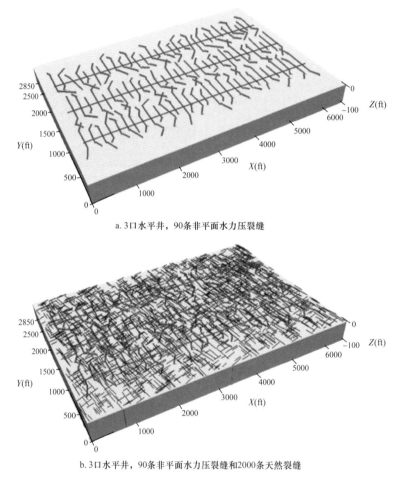

a. 3 口水平井，90 条非平面水力压裂缝

b. 3 口水平井，90 条非平面水力压裂缝和 2000 条天然裂缝

图 6-16　包括 3 口水平井、多条非平面水力压裂缝和天然裂缝的储层模型

图 6-17 对比了两种方案下的井底压力降落情况。在方案 1 中，关停井的井底压力随着上部井的生产而缓慢降低。然而，当下部油井 30 天后也开始生产时，井底压力迅速下降。下部井对中间井的干扰要比上部井强得多。方案 2 中，关停井的井底压力在下部井首次开井时迅速下降，而在 30 天后上部井开井生产时，压力会有一个较慢但连续

的下降。与下部井相比，上部井对中间井的干扰较小。由此可得，方案 1 比方案 2 更能识别出中间井与相邻井之间的井间干扰强度。图 6-18 对比了另一口井开始生产前 30 天两种方案的压力分布情况，可知中、下井之间的干扰大于中、上井之间的干扰。

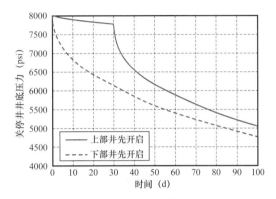

图 6-17　两种不同方案下关停井井底压力降落情况对比

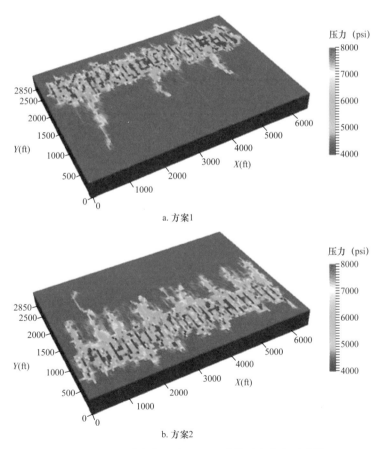

图 6-18　两种方案生产 100 天后的压力分布对比图

（四）井距的影响

通过改变研究区域内一口井（情况 1）到两口井（情况 2）再到 3 口平行水平井（情况 3）的井距，模拟了油藏的衰竭开采效果（图 6-19）。每种情况下，天然裂缝的位置和密度保持不变。图 6-20 为 3 种情况下生产 30 年的油气累计产量对比图。与 3 口井的产量相比，一口井生产 30 年的总产量仅为 51%，两口井的产量为 96%。图 6-21 为每种情况下生产 1000 天后的储层压力分布，清楚地表明了 3 口井早期的排液速度要比单井和两口井快得多。

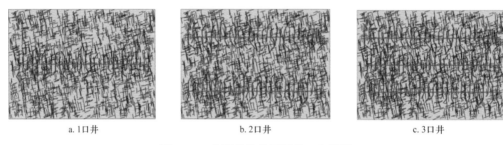

a. 1口井　　　　　　　　b. 2口井　　　　　　　　c. 3口井

图 6-19　水平井数量不同的 3 个模型

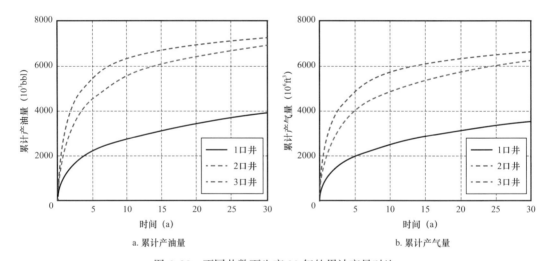

a. 累计产油量　　　　　　　　　　　b. 累计产气量

图 6-20　不同井数下生产 30 年的累计产量对比

本节的研究重点是利用数值模拟方法对油井干扰的压力降和产量进行量化。针对两口平面水力压裂缝较多的水平井，将该模型与商业油藏模拟软件进行了对比。各模型对累计产油量的影响见表 6-4 和表 6-5。表 6-4 给出了两口井的累计产量，这两口井的井距为 700ft。5 条水力压裂缝（100mD·ft）和 1500 条天然裂缝（1mD·ft）在 1000 天后的累计产油量是最高的（表 6-4，实验 3），说明水力压裂缝的连通程度与天然裂缝密度对油井产能影响显著。

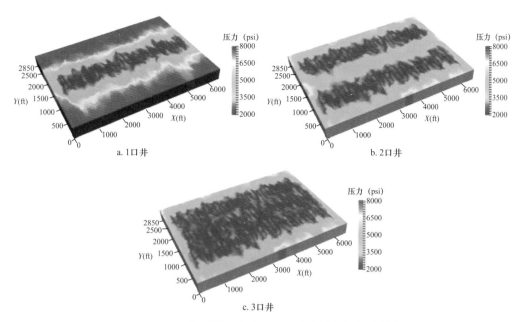

图 6-21　3 种情况下生产 1000d 后的压力分布对比图

表 6-4　平面水力压裂缝和天然裂缝影响下两口井模拟结果汇总

实验序号	情况	模型描述	模型设计	1000 天的产量（10^3bbl）	累计生产状况
1	情况 1	无天然裂缝，无水力压裂缝	图 6-10a	591	图 6-11b
	情况 2	仅天然裂缝（1mD·ft）	图 6-10b	1011	
	情况 3	仅 5 条水力压裂缝（100mD·ft）	图 6-10c	831	
	情况 4	5 条水力压裂缝（100mD·ft）和天然裂缝（1mD·ft）	图 6-10d	1378	
2	情况 3	5 条不同导流能力的水力压裂缝	图 6-10c	0.1mD·ft　618	图 6-13b
				1mD·ft　679	
				10mD·ft　831	
				100mD·ft　913	
3	情况 4	5 条水力压裂缝（100mD·ft）和天然裂缝（1mD·ft），天然裂缝密度各不相同	图 6-12a　100	885	图 6-14
			图 6-12b　500	1090	
			图 6-12c　1000	1378	
			图 6-12d　1500	1670	

表6-5　非平面水力压裂缝和天然裂缝影响下3口井的模拟结果汇总

实验序号	情况	模型描述	模型设计	30年的产量（10^3bbl）	累计生产状况
4	1口井	研究区域的一口井	图6-19a	3915	图6-20a
	2口井	井距1400ft	图6-19b	6932	
	3口井	井距700ft	图6-19c	7248	

表6-5给出了3口井的累计产量，每口井之间的距离为700ft，其中包括非平面水力压裂缝和天然裂缝。与3口井距700ft的情况相比，两口井相距1400ft的产量为其96%（表6-5，实验4）。

值得一提的是，在目前的研究模型中，天然裂缝对井间干扰的影响没有水力压裂缝那么重要，因为天然裂缝的导流能力较小（1mD·ft），而水力压裂缝导流能力较高（100mD·ft）。但当天然裂缝导流能力高于这里的假设时，结论可能会有所不同。未来的研究应当考察支撑裂缝和未支撑裂缝以及不同导流能力的天然裂缝和水力压裂缝的效果。此外，还需要考虑裂缝导流能力和基质渗透率随压力的变化。需要指出的是，应力变化和与岩石变形相关的地质力学效应在非常规储层生产模拟中发挥着重要作用，因此在后续的数值模拟方法研究中应当考虑地质力学效应的影响，将裂缝扩展与流动模拟耦合起来，建立一体化的数值模拟方法。

第七章

页岩油开发的生产优化方法

对页岩油生产过程中的井网、压裂工艺和工作制度等开发参数进行合理优化是实现页岩油经济、高效开发的重要保障。本章系统介绍了页岩油藏的自动历史拟合方法、井网—缝网参数智能优化设计方法以及工作制度优化方法，以期有效改善页岩油开发效果，提高经济效益。

第一节　页岩油藏的自动历史拟合方法

历史拟合是油藏数值模拟过程中的必备环节，其目的是以油藏生产动态数据为约束调整油藏参数，减少地质模型的不确定性，为后续开发动态的准确预测和生产优化奠定基础。然而，传统的历史拟合方法主要依赖工程师的经验通过人为调参实现，工作量大、周期长，难以适应当前页岩油的开发需求。为解决该问题，本节基于代理的马尔科夫链蒙特卡罗（MCMC）算法，开发了页岩油数值模拟的自动历史拟合（AHM）工作流程。该流程能够自动进行历史拟合、产能预测以及不确定度评价（Dachanuwttana 等，2018）。

一、K– 近邻算法代理

K– 近邻算法（KNN）是一种模式分类技术（Cover 和 Hart，1967）。为了预测多维空间中未知点的响应，KNN 搜索最近的 k 个已知点，然后求取它们响应的平均值。然而，在搜索最近点之前，建议首先使用式（7–1）进行归一化，特别是这些点中包含元素的单位不同。归一化将每个参数的上下限分别线性转换为 –1 和 1。

$$\theta_j^* = \frac{2\theta_j - \theta_j^{\max} - \theta_j^{\min}}{\theta_j^{\max} - \theta_j^{\min}} \tag{7–1}$$

$$\overrightarrow{\theta_j}^* = \left[\theta_1^*, \theta_2^*, \theta_3^*, \cdots, \theta_j^*, \cdots, \theta_M^*\right] \tag{7–2}$$

平均方法可以任意选择，但应该能为较接近的测量点提供更高的权重。式（7–3）和式（7–4）中描述的反距离加权平均法是常用的平均法之一。

$$\hat{E}\left(\overrightarrow{\theta_0}^*\right) = \sum_{i=1}^{k} \lambda_{i0} E\left(\overrightarrow{\theta_i}^*\right) \tag{7–3}$$

$$\lambda_{i0} = \frac{\left| \vec{\theta_i}^* - \vec{\theta_0}^* \right|^{-1}}{\sum\limits_{i=1}^{k} \left| \vec{\theta_i}^* - \vec{\theta_0}^* \right|^{-1}} \tag{7-4}$$

KNN 是一个精确的数据代理，这意味着代理的预测值与每个测量点的实际值相同。因此，KNN 具有适合所有测试点的灵活性，即使这些点的趋势是高度非线性的。KNN 的另一个优点是比其他的精确数据代理方法（如径向基函数或克里金法）需要更少的计算成本。

二、基于代理的 MCMC

MCMC 是一类贝叶斯抽样算法，包括 Metropolis、Metropolis–Hasting（MH）、Gibbs 采样和 Hamiltonian MCMC 等多种。本研究中使用 MH 并统称为 MCMC。在许多情况下，直接使用 MCMC 的计算成本可能极为高昂，例如，在 Liu（2003）的工作中计算超过了一亿步。因此，可以采用基于代理的 MCMC 方法来减少计算量（Slotte，2008；Goodwin，2015）。使用代理的好处是无须成本高昂的油藏模拟就可以估计模拟响应，目前代理模型在历史拟合（Wantawin，2017）和生产优化方面（Al–Mudhafar，2017）已被广泛地利用。Dachanuwattana（2018）等提出了基于代理的 MCMC，如图 7–1 所示。

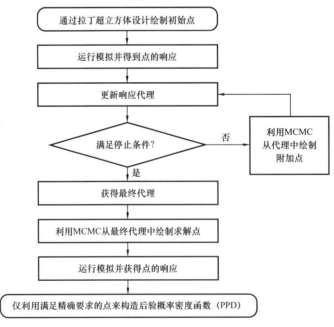

图 7-1　基于代理的 MCMC 自动历史拟合算法流程图

首先，为第一次迭代随机抽取一组随机点。然后，通过油藏模拟，利用式（7–5）计算各点的均方根误差（RMSE）。

$$E(\vec{\theta}) = \left\{ \sum_{j=1}^{n} \left[d_{\mathrm{obs}}(t_j) - d_{\mathrm{sim}}(\vec{\theta}, t_j) \right]^2 \right\} / n \qquad (7-5)$$

已知模拟点的均方根误差，可以使用 KNN 代理估计整个参数空间中任意点的响应[式（7-3）]。可选的代理还有多项式、径向基函数和克里格等其他方法，这些方法在本书中不再做详细介绍。由于模拟点的数量有限，在早期迭代中代理模型的准确性通常较低。因此，可以利用 MCMC 迭代来探索代理响应并对附加点进行采样提高模型准确度。之后，通过对附加点进行油藏模拟来迭代该过程，并使用它们来更新代理。

MCMC 算法由一系列计算组成，即所谓的 MCMC 链。在 MCMC 链的每个步骤 i 中，算法会返回一个表示油藏模型实现的多维参数点 $\vec{\theta}_i$。在步骤 $i=1$ 中，从先验分布中随机抽取一个参数点 $\vec{\theta}_i$。然后，从一个对称的、集中在 $\vec{\theta}_i$ 的建议分布中随机取样另一个被称作建议点的点 $\vec{\theta}_i^*$。下一步中的点 $\overrightarrow{\theta_{i+1}}$ 取决于式（7-6）计算出的比值 A。如果 $A\left(\vec{\theta}_i \to \vec{\theta}_i^*\right)$ 大于 0 到 1 之间的随机数，则建议 $\vec{\theta}_i^*$ 被接受，这意味着 $\overrightarrow{\theta_{i+1}}$ 被设置为 $\vec{\theta}_i^*$。否则，建议 $\vec{\theta}_i^*$ 被拒绝，$\overrightarrow{\theta_{i+1}}$ 被设置为 $\vec{\theta}_i$。对于步骤 $i \geqslant 2$，MCMC 算法以类似的方式迭代，直到有足够多的步数，使得 MCMC 链收敛。关于 MCMC 更详细的解释可以在 Chib 和 Greenberg（1955）以及 Tierney（1994）的著作中找到。

$$A\left(\vec{\theta}_i \to \vec{\theta}_i^*\right) = \exp\left[\frac{\hat{E}^2\left(\vec{\theta}_i\right) - \hat{E}^2\left(\vec{\theta}_i^*\right)}{2\sigma^2} \right] \qquad (7-6)$$

之所以使用 MCMC 来采样附加点，是因为该算法从低 RMSE 区域（可能存在历史拟合的最优解）提取了大部分点。另外，MCMC 并没有完全忽略高 RMSE 区域，当代理更新时，这些区域可能会变成低 RMSE 区域。以这种方式添加新点，有望通过迭代得到更准确的代理模型。

迭代的停止条件一般是代理模型的精度满足要求。然而，其准确性很难明确衡量。因此，可以采用几个指标进行间接评价。度量标准包括绝对误差[由式（7-7）得出]和决定系数 R^2[由式（7-8）和式（7-9）得出]。决定系数 R^2 是当前迭代的代理响应与后续迭代中的实际（模拟）响应之间的比较。如果代理响应与实际响应相同，R^2 将为理想值 1；如果两个响应相差较大，R^2 将更低。除了上述度量标准外，迭代的最大限度也被用作停止标准（Dachanuwattana 等，2018）。

$$\delta\left(P^{\mathrm{th}}\right) = P^{\mathrm{th}} \mathrm{percentile}\left(\left|\hat{E}_{j,i} - E_{j+1,i}\right|\right) \qquad (7-7)$$

$$R_j^2 = 1 - \frac{\sum_{i=1}^{n}\left(\hat{E}_{j,i} - E_{j+1,i}\right)^2}{\sum_{i=1}^{n}\left(E_{j+1,i} - \overline{E}_{j+1}\right)^2} \qquad (7-8)$$

$$\bar{E}_{j+1} = \frac{1}{n}\sum_{i=1}^{n}E_{j+1,i} \qquad\qquad (7\text{-}9)$$

三、现场实例分析

现场案例是阿根廷 Vaca Muerta 组的一口页岩油井。油藏模型为矩形，厚度均匀。总压裂级数为 9 级。其中两个压裂段——第 3 段和第 8 段执行失败，因此需要重复压裂。压裂液由分别含 50/150 目、30/50 目、30/60 目支撑剂的滑溜水、线性胶和交联凝胶组成。对每个压裂段均采集了微震数据。图 7-2 为各段微震数据的监测结果。通过对微震分布的直观观察，发现各段的裂缝几何形态沿侧向变化。第 1、第 9 段为平面形状，第 2 至第 5 段为多重或复杂的裂缝网络。此外，第 2 至第 4 段可能与监测井相近。第 6 至第 8 段观测到的微震事件相对较少。

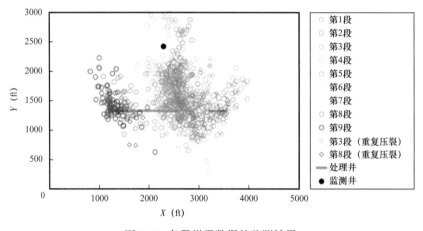

图 7-2　各段微震数据的监测结果

图 7-3 为解释得到的 28 条离散裂缝，其中水力裂缝 27 条，诱导原生裂缝 1 条。水力裂缝的最大可能长度用黑线表示，而不确定的有效长度用蓝线表示。在考虑微震事件方位角和密度的情况下对这些裂缝进行建模。在本研究案例中，每个水力裂缝的有效长度都通过与其相应的最大长度乘以一个比例系数来表示。在后续的历史拟合过程中，该比例系数将作为不确定参数来调节。

应该指出的是，基于微震数据解释裂缝形态的方法包括很多种，例如改造体积（SRV）（Mayerhofer，2010）、离散裂缝网络（DFN）（Williams-Stroud，2008）或地质力学模型（Warpinski，2013）。虽然本研究中的裂缝解释不像地质力学模型那样真实，但该结果足以用于本案例研究并演示所提出的自动历史拟合方法。

利用油藏数值模拟器建立了网格尺寸为 85×43×1 的油藏模型（CMG，2014）。油藏长 4897ft、宽 2610ft，厚度为 295～315ft。在 10000ft 的基准深度上，油藏初始压力为 9500psi。采用 EDFM 预处理器将复杂裂缝特征嵌入模型中。该井可连续测量井口压力、产油量和产水量。采用井筒流动模型，从井口压力出发计算井底流压。生产 15 个月的井底压力、产油量和产水量数据如图 7-4 所示。从图 7-4 中可以看出，20 天后的产水量几乎为零。假设早期的产水是返排的压裂液，则油藏本身几乎不产水。因此，水的历史拟合可以忽略不计。产气量没有测量，并被认为可以忽略不计。

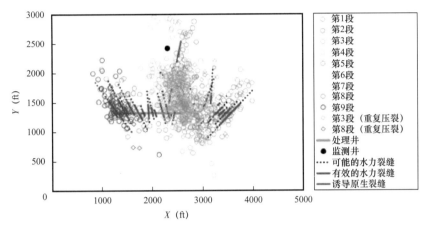

图 7-3　基于微震数据解释裂缝几何形状

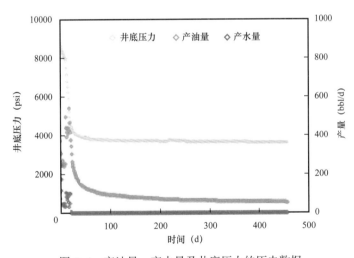

图 7-4　产油量、产水量及井底压力的历史数据

　　将实际产油量曲线作为油藏模拟器的输入值，对井底压力与产水量曲线进行拟合。图 7-5 描述了自动历史拟合方法的详细步骤，第一步是确定影响拟合结果的不确定参数。根据先验知识，识别出 8 个不确定参数，并假设其分布均匀（表 7-1）。下一步，使用实验设计（DOE）识别最不确定参数。减少参数的数量是有帮助的，因为它大大减少了后续步骤中所需的模拟运行数量。使用的实验设计方法为两水平因子设计，它可评价单个参数的影响以及交互作用的影响（同时改变多个参数的联合影响）。通过两因子设计，对 8 个不确定参数进行分析，得到 128 个油藏模型的实现。

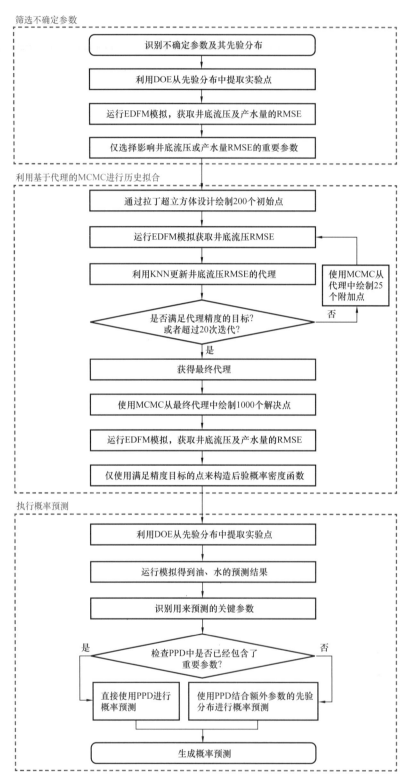

图 7-5　使用基于代理的 MCMC 自动历史拟合方法的具体步骤

表 7-1　8 个不确定参数及其先验分布汇总

代码	不确定参数	分布	最小值	最大值
A	渗透率（mD）	均匀	0.0001	0.1
B	水饱和度	均匀	0.2	0.5
C	孔隙度	均匀	0.001	0.08
D	总压缩系数（psi^{-1}）	均匀	5.8×10^{-6}	9.0×10^{-6}
E	水力压裂缝导流能力（mD·ft）	均匀	100	1000
F	厚度（ft）	均匀	275	135
G	天然裂缝导流能力（mD·ft）	均匀	0.1	10
H	裂缝比例系数	均匀	0.1	1

　　每个参数的显著性用其绝对效应的 t 值量化。将 t 值最高的第一个参数作为影响参数，其累计显著性贡献为 80%。所得到的井底压力 RMSE 和产水量 RMSE 的 Pareto 图如图 7-6 所示。x 轴上的每一项定义与表 7-1 相似。从图 7-6a 可以看出，井底压力 RMSE 主要受 AC、C、ABCH、BCH、A 项的影响。还可以看出，产水量 RMSE 受 B、AH、H、ABH、BH 等项的影响较大。因此，A、B、C、H 参数（渗透率、含水饱和度、孔隙度、裂缝比例系数）是影响井底压力和产水量曲线历史拟合质量的最重要参数，其余 4 个参数在历史拟合步骤中保持参考值不变。

　　为显示 4 个重要参数的多样性，图 7-7 显示了基于全因子设计的 16 个案例预测结果。如图 7-7a 所示，先验模拟的井底压力曲线差异较大，即在一种情况下，压力曲线迅速降至零，而在另一种情况下，压力曲线几乎保持平稳。井底压力响应的巨大差异表明，先验分布具有很高的不确定性，因此历史拟合的计算成本可能很高。

　　利用拉丁超立方体设计（LHD）从影响参数域中随机抽取 200 个初始点。接下来，通过油藏数值模拟得到了这 200 个点的井底流压。基于这些仿真点，KNN 代理可以用来近似域中任意点的井底压力。与传统的 Plackett–Burman、Central Composite 和 D-optimal 等试验设计方法（Yeten，2005）相比，LHD 法具有更精确的代表性，因此 LHD 法是较好的选择。然后使用 MCMC 对整个代理响应面进行采样并构造 PPD。随机从 PPD 中选取另外 25 个点进行油藏模拟，以获得它们的井底压力。在第二次迭代中，使用所有可用的点（包括初始点和附加点）更新代理。然后，使用 MCMC 对更新后的代理进行采样并构造 PPD。停止标准是当决定系数 R^2 超过 0.8，或 P_{50} 绝对误差小于 500psi，或迭代次数超过 20 次。图 7-8 和图 7-9 分别绘制了迭代过程中 R^2 和绝对误差的变化。该实例中，计算最终因为超过最大允许的迭代次数而终止。

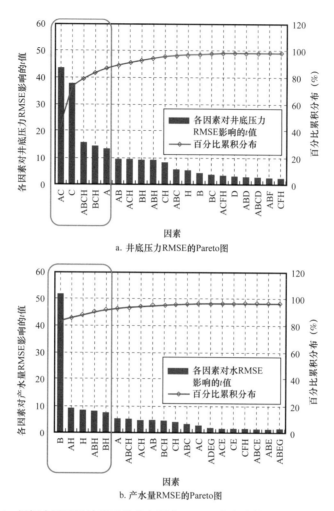

a. 井底压力RMSE的Pareto图

b. 产水量RMSE的Pareto图

图 7-6　根据全因子设计得到的井底压力 RMSE 和产水量 RMSE 的 Pareto 图

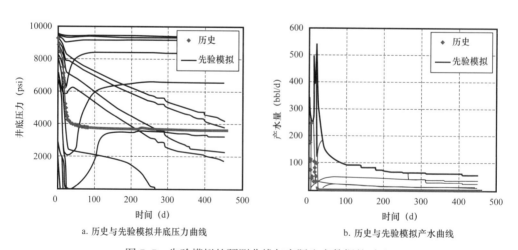

a. 历史与先验模拟井底压力曲线　　　　　　　b. 历史与先验模拟产水曲线

图 7-7　先验模拟的预测曲线与实际生产数据的对比

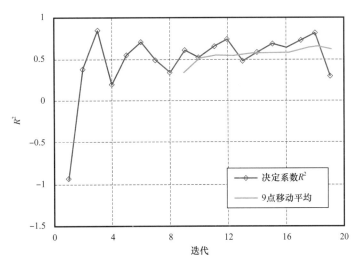

图 7-8　迭代过程中 R^2 的变化
第 20 次迭代之后，R^2 的移动平均值约为 0.6

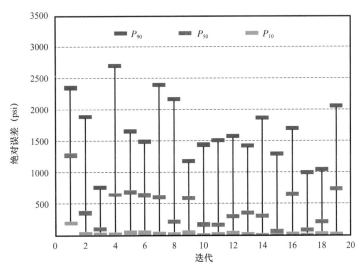

图 7-9　迭代过程中代理 RMSE 与实际 RMSE 之间绝对误差的 P_{10}，P_{50} 和 P_{90}

迭代结束后，得到最终的井底压力 RMSE 代理。然后，使用 MCMC 对最终代理进行彻底的采样并构造 PPD。随机选取 PPD 中的 1000 个点，并对这些点进行油藏模拟。通过运行油藏模拟验证，这些样本中有 71 个与实际的解接近（井底压力 RMSE 小于 300psi，水 RMSE 小于 30bbl/d）。将最终解汇总为图 7-10 所示的平行坐标图。每条绿线代表一个历史拟合的实现，它将前 4 个垂直轴上的 4 个参数和第 5 个轴上的采样频率连接起来。此外，表 7-2 中提供了最可能的历史拟合情况。从图 7-11 可以看出，历史拟合渗透率和孔隙度范围的跨度非常小，这说明寻找解的难度很大。图 7-11d 表明历史拟合得到的有效裂缝长度预计为可能裂缝长度的 15%～45%。该结果表明，单凭微震资料

217

不足以表征有效裂缝长度，历史拟合是非常必要的。前后模拟结果的对比如图 7-12 所示，可以发现井底压力和产水量曲线与历史生产数据吻合很好。

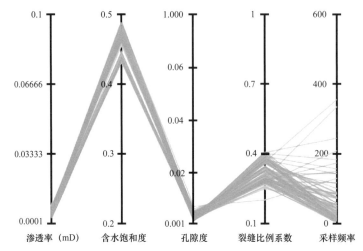

图 7-10　历史拟合结果的平行坐标图

每条绿线代表解的一种实现。前 5 个垂直轴代表不确定性参数，
第 6 个轴表示根据 MCMC 算法得到的解的采样频率

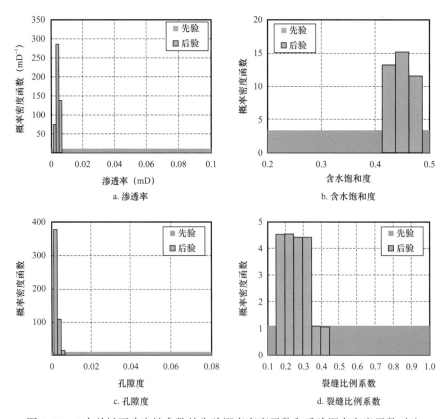

图 7-11　4 个关键不确定性参数的先验概率密度函数和后验概率密度函数对比

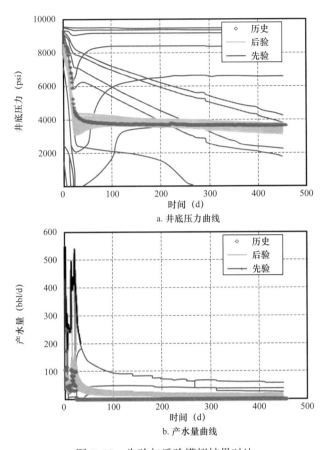

a. 井底压力曲线

b. 产水量曲线

图 7-12　先验与后验模拟结果对比

表 7-2　4 个关键参数最可能的历史拟合结果

代码	不确定参数	数值
A	渗透率（mD）	0.0056
B	水饱和度	0.47
C	孔隙度	0.003
D	裂缝比例系数	0.37

　　为了说明复杂裂缝对压力分布的影响，图 7-13 和图 7-14 中绘制了历史拟合后的油藏压力分布图。图 7-13 为生产后 10 天的早期压力分布。由此可见，压降发生在有效裂缝附近。这种模式遵循了理论上预计的双线性流模式，可以用离散裂缝模型（如 EDFM 或 LGR）观察到。图 7-14 显示了生产历史结束时的压力分布。可以看出，大部分压降发生在有效裂缝附近，裂缝几何形状控制着压力的传播。虽然单靠微震资料可以估算出最大可能裂缝长度，但实际裂缝长度只能通过历史拟合过程来确定。有效裂缝几何形状的信息越多，对油藏管理和合理井距的设计就越有帮助。

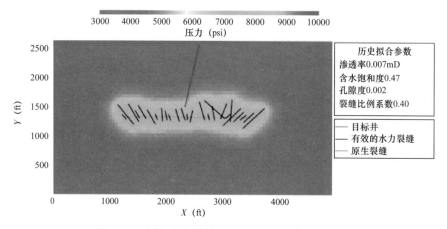

图 7-13　复杂裂缝情况下 10 天后的油藏压力分布

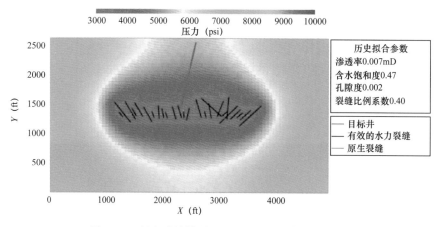

图 7-14　复杂裂缝情况下 458 天后的油藏压力分布

假设该井在 500psi 的井底压力下生产至 8000 天，然后对该井的生产动态进行预测。虽然只使用历史拟合进行预测在直观上是正确的，但应注意的是，历史拟合中忽略的参数可能带来不好的结果。因此，必须重新考虑所有的不确定参数。采用两水平因子设计分析表 7-1 中所有 8 个参数的影响。累计产油量、累计产水量和采收率预测的 Pareto 图如图 7-15 所示。图中绿色矩形的突出显示表明预测阶段 3 个最不确定的参数是 A、B 和 C。由于这些参数包含在历史拟合不确定参数之中，因此在历史拟合过程中构建的最终 PPD 可直接用于概率预测步骤；否则，必须结合最终 PPD 考虑额外参数的不确定性。

图 7-16 至图 7-18 分别显示了累计产油量、累计产气量和采收率的后验预测。如图 7-16 所示，累计产油量的 P_{10}、P_{50} 和 P_{90} 分别为 13.2×10^4bbl、16.3×10^4bbl 和 21.5×10^4bbl。P_{90}/P_{10} 的比值为 1.6，说明产油量预测的不确定性在中等到较高之间。预计产水量为（5.8~10.2）$\times 10^4$bbl。Vaca Muerta 井采收率的 P_{10}、P_{50} 和 P_{90} 分别为 15%、19% 和 25%（Dachanuwattana 等，2018）。

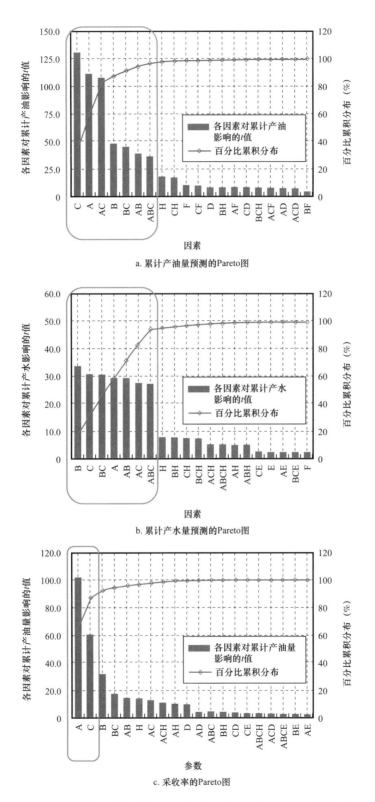

a. 累计产油量预测的Pareto图

b. 累计产水量预测的Pareto图

c. 采收率的Pareto图

图 7-15　基于两水平全因子设计得到的累计产油量、产水量和采收率预测的 Pareto 图

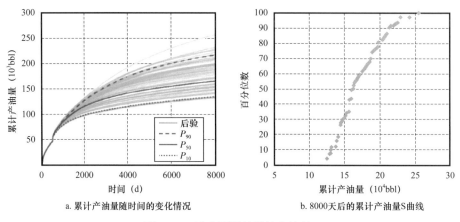

a. 累计产油量随时间的变化情况　　　　　　b. 8000天后的累计产油量S曲线

图 7-16　后验预测的累计产油量

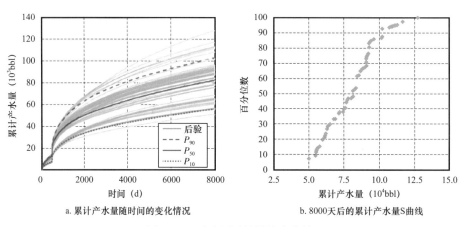

a. 累计产水量随时间的变化情况　　　　　　b. 8000天后的累计产水量S曲线

图 7-17　后验预测的累计产水量

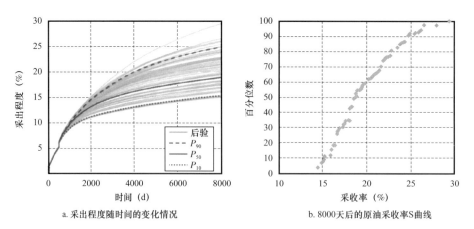

a. 采出程度随时间的变化情况　　　　　　　b. 8000天后的原油采收率S曲线

图 7-18　后验预测的原油采收率

第二节 页岩油藏井网—缝网参数智能优化方法

一、页岩油井网优化方法

目前，多级压裂水平井参数优化方法存在两个难点：

（1）优化变量较多，包括水平井参数（位置、长度、井距等）和压裂缝参数（导流能力、半缝长、裂缝条数、裂缝间距等）。随着优化变量的增多，模拟次数呈指数增加，容易陷入局部最优。

（2）需要精确考虑井与裂缝之间的匹配，因为优化各级裂缝参数时，变量数目受裂缝条数的影响。此外，优化变量是离散的，很难找到精确解。因此，提出分级优化策略，建立了页岩油井网优化设计技术。

井网优化设计框架分为三级：第一级为单井压裂裂缝参数优化，保持各级压裂缝参数相同，优化裂缝间距、半缝长、导流能力、裂缝条数；第二级为井网参数优化，将第一级优化得到的最优单井缝网参数作为一个整体，保持参数不变，优化井网参数（井网形式、井距、排距）；第三级为井网—缝网参数微调，即考虑储层的非均质性，对井网参数以及各级裂缝参数进行小幅度优化调整，从而使经济效益和资源动用最大化。

（一）单井参数优化设计

在第一级的压裂水平井参数优化问题中，优化变量包括水平井参数和压裂缝参数（图 7-19）。其中，水平井参数包括水平井中心点坐标（x_w，y_w）、水平井筒长度（L_w）。水力裂缝参数包括缝间距（S_f）、导流能力（C_f）以及半缝长（HL_f）。

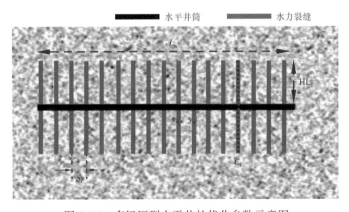

图 7-19 多级压裂水平井的优化参数示意图

目标函数是评价不同模拟方案的基础，其中经济净现值（Net Present Value，NPV）被广泛应用于非常规油气资源领域的工程优化问题（甘云雁，2011）。不同假设条件下，NPV 存在不同的数学表达式，但通常都由折现现金流和资本支出两部分组成（赵辉，2013，2017）。本书采用 Yu 和 Sepehrnoori（2014）提出的 NPV 数学模型进行优化。

$$J = \sum_{j=1}^{n} \frac{\left[V_F \left(x_w, y_w, S_f, HL_f, C_f, L_w \right) \right]_j}{(1+i)^j} - \left[FC + C_{well} + \sum_{k=1}^{N} \left(C_{fracture} \right) \right] \qquad (7-10)$$

$$C_{fracture} = C_{fc} + C_{fhl} \qquad (7-11)$$

式中，V_F 为未来产出原油的收益，等于油价与原油产量的乘积，万元，其中油价取值 1981 元 /m³；n 为折算现金流的时间段数；i 表示银行年利率，取值 10%；FC 为固定成本，取值 140 万元；C_{well} 为单井钻井成本，等于每米钻井成本乘以钻井进尺，万元，其中每米钻井成本为 4130 元；N 为裂缝条数；$C_{fracture}$ 代表单条裂缝的压裂成本，万元，且与半缝长（HL_f，m）和导流能力（C_f，D·cm）有关。

文献中（Xu，2018）的成本曲线回归关系式为：

$$C_{fc} = 0.1516 C_f^2 - 6.2023 C_f + 113.81 \qquad 10D\cdot cm < C_f < 50D\cdot cm \qquad (7-12)$$

$$C_{fhl} = 0.0015 HL_f^2 - 0.1056 HL_f + 32.392 \qquad 10m < HL_f < 250m \qquad (7-13)$$

式中，C_{fc} 和 C_{fhl} 分别为半缝长和导流能力影响的压裂成本，万元。

因此本节建立的多级压裂水平井参数优化数学模型如下：

$$u^* = \arg\max_{u \in U} J(u)$$
$$s.t. \ \tilde{u}_i \leqslant u_{i\max} \qquad (7-14)$$
$$\tilde{u}_i \geqslant u_{i\min}$$

式中，u^* 为最佳参数方案；$J(u)$ 表示目标函数；u 包含了全部优化变量，$u = \{x_w, y_w, L_w, S_f, C_f, HL_f\}$。

为了保证优化结果符合矿场实际情况，所有的变量都存在一个上下限约束（$u_{i\max}$，$u_{i\min}$）。

根据井网参数优化问题的特点包括：目标函数高度非线性，获取导数困难；解平面粗糙，多极值，不连续；优化变量多；约束条件复杂。采用无梯度优化算法对式（7-14）进行求解，如图 7-20 所示：首先根据优化条件生成初始模型，采用解析、数值或半解析方法进行产能预测并计算 NPV，采用优化算法判断终止条件，若不满足，则重新生成新一代参数进行模拟评价；若满足，则终止优化，输出优化结果。

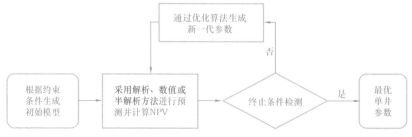

图 7-20 单井参数优化流程

（二）井网参数优化设计

在大规模布井时，如果对每一口井定义一个坐标，优化每口井的位置，那么会造成优化变量及其约束特别多，而且不能自动确定井数。因此，通过定义 4 种变换算子，建立了井网形式的自动转换方法。

首先建立基础井网单元，以图 7-21 所示的 4 口多级压裂水平井进行说明。通过对基础井网进行 4 种变换（缩放变换、移动变换、剪切变换以及旋转变换），实现不同井网形式（正对井网、交错井网）、不同井距和排距的转换（图 7-22）。对基础井网单元进行转换之后，重复井网单元进行大规模布井。若水平井中心点坐标超出目标油藏，则将该井移除，从而实现井数的自动优化确定。

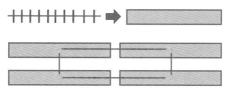

图 7-21　基础井网单元

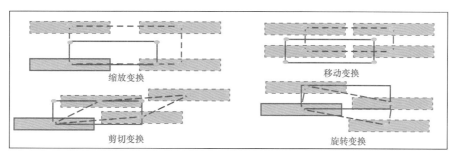

图 7-22　井网变换方式

其次，建立上述 4 种转换方式的数学表征方法。对于包含 4 口压裂水平井的基础井网单元，以左下角的水平井作为参考井，4 口井的位置相对于参考井的距离可定义为输入矩阵 W_{in}：

$$W_{in} = \begin{bmatrix} x_1 - x^{ref}, y_1 - y^{ref} \\ x_2 - x^{ref}, y_2 - y^{ref} \\ x_3 - x^{ref}, y_3 - y^{ref} \\ x_4 - x^{ref}, y_4 - y^{ref} \end{bmatrix} \tag{7-15}$$

式中，x^{ref} 为参考井的横坐标；y^{ref} 为参考井的纵坐标；x_1，x_2，x_3 和 x_4 分别为 4 口井的横坐标；y_1，y_2，y_3 和 y_4 分别为 4 口井的纵坐标。

通过 4 种变换后，4 口井的位置发生新的变化，也就是说，矩阵 W_{in} 将变为新的坐标矩阵 W_{out}。

$$W_{\text{out}} = \begin{bmatrix} \hat{x}_1 - x^{\text{ref}}, \hat{y}_1 - y^{\text{ref}} \\ \hat{x}_2 - x^{\text{ref}}, \hat{y}_2 - y^{\text{ref}} \\ \hat{x}_3 - x^{\text{ref}}, \hat{y}_3 - y^{\text{ref}} \\ \hat{x}_4 - x^{\text{ref}}, \hat{y}_4 - y^{\text{ref}} \end{bmatrix} \quad （7\text{-}16）$$

如式（7-17）所示，从 W_{in} 变为 W_{out} 是通过变换矩阵 M 来实现的。

$$W_{\text{out}}^{\text{T}} = M M_{\text{in}}^{\text{T}} + \Delta M_{\text{mo}}^{\text{T}}$$
$$M = M_\theta \times M_{\text{sc}} \times M_{\text{sh}} \quad （7\text{-}17）$$

式中，M 为综合变换算子；M_θ 为旋转算子；M_{sc} 为缩放算子；M_{sh} 为剪切算子；ΔM_{mo} 为移动算子。4 种井网优化算子如图 7-23 所示。

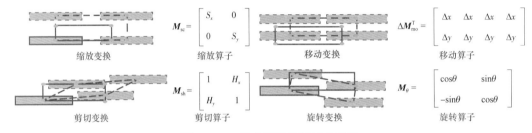

图 7-23　4 种井网优化算子示意图

进而建立井网优化数学模型，与第一级优化数学模型的不同之处在于优化变量。其目标函数表达式如式（7-18）所示，各优化变量及其上下限约束如式（7-19）所示。

$$J = \sum_{j=1}^{n} \frac{\left[V_{\text{F}}\left(M_{\text{sc}}, M_{\text{sh}}, M_\theta, \Delta M_{\text{mo}}^{\text{T}} \right) \right]_j}{(1+i)^j} - \left[\text{FC} + C_{\text{well}} + \sum_{k=1}^{N} \left(C_{\text{fracture}} \right) \right] \quad （7\text{-}18）$$

$$S^{\min} \leqslant S_x, S_y \leqslant S^{\max}$$
$$\Delta l^{\min} \leqslant \Delta x, \Delta y \leqslant \Delta l^{\max}$$
$$H^{\min} \leqslant H_x, H_y \leqslant H^{\max} \quad （7\text{-}19）$$
$$\theta^{\min} \leqslant \theta_x, \theta_y \leqslant \theta^{\max}$$

（三）井网—缝网参数耦合优化

井网参数优化之后，考虑储层非均质性，以最大化经济效益为目标，保持井数及裂缝条数不变，进一步对各口井的位置以及各级裂缝参数（半缝长 HL_{fi}、导流能力 C_{fi}、裂缝间距 S_{fi}、裂缝倾角 θ_{fi}）进行小幅度的优化调整（图 7-24）。优化数学模型与第一级数学模型相似 [式（7-14）]，不同之处也在于优化变量，因此其目标函数表达式、各优化变量及其上下限约束如下：

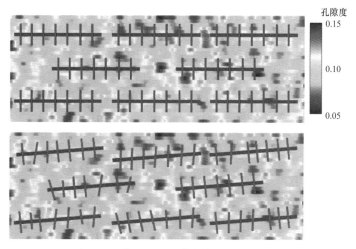

图 7-24 井网—缝网参数耦合优化示意图

$$J = \sum_{j=1}^{n} \frac{\left[V_F(x_w, y_w, S_{fi}, HL_{fi}, \theta_{fi}, C_{fi})\right]_j}{(1+i)^j} - \left[FC + C_{well} + \sum_{k=1}^{N}\left(C_{fracture}\right)\right] \qquad (7-20)$$

$$
\begin{aligned}
S^{min} &\leqslant S_{fi} \leqslant S^{max} \\
\Delta l^{min} &\leqslant x_w, y_w \leqslant \Delta l^{max} \\
H^{min} &\leqslant HL_{fi} \leqslant H^{max} \\
\theta^{min} &\leqslant \theta_{fi} \leqslant \theta^{max} \\
C^{min} &\leqslant C_{fi} \leqslant C^{max}
\end{aligned}
\qquad (7-21)
$$

二、矿场实例应用

采用新疆吉木萨尔致密油矿场数据（童勤龙等，2017），开展井网优化实例应用。选区目标油藏的一块"甜点"区域，孔隙度和渗透率分布场图如图 7-25 所示。初始油藏压力为 47.8MPa，流体黏度为 10.58mPa·s，流体密度为 850kg/m^3，流体的压缩系数为 2.76×10^{-9}Pa^{-1}，岩石的压缩系数为 2×10^{-10}Pa^{-1}。

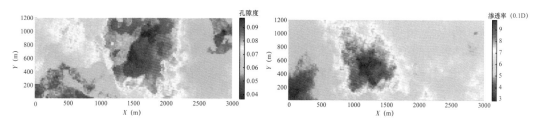

图 7-25 新疆吉木萨尔致密油目标区块属性

基于上述分级优化思想，在本实例应用中将第二级和第三级优化合并，因此实际优化可简化为两级：

第一级，将储层的非均质性进行数值平均，在均质油藏中进行单井裂缝参数优化，包括裂缝间距、半缝长和导流能力（图 7-26）。

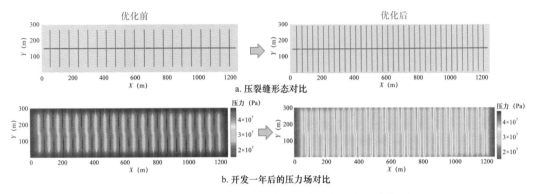

图 7-26　第一级优化中裂缝形态及开发一年后的压力场对比

初始的裂缝间距为 60m，优化后的裂缝间距为 33m，符合现场小裂缝间距效果较好的认识。优化后的裂缝半长为 142m，导流能力为 50D·cm。与初始方案相比，该裂缝参数组合使经济净现值增加 1015 万元，累计产油量增加 10865m³。

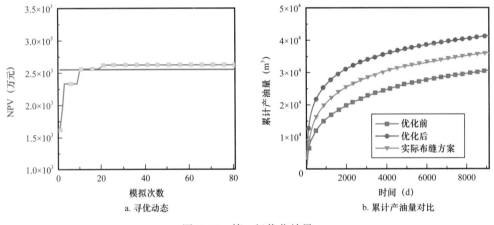

图 7-27　第一级优化效果

第二级，为提高计算效率，保持最优单井裂缝参数不变，直接在非均质油藏中优化井网参数。如图 7-28 所示，优化后的井网形式为交错井网，且优化后的井网更倾向于覆盖储层物性较好的地方。与矿场实际采用的井网形式相比，优化后方案经济净现值增加 436 万元，累计产油量增加 2697m³（图 7-29），表明与正对井网相比，采用交错井网可以进一步提高 NPV 和累计产油量。

如图 7-30 所示，多级压裂水平井分级优化策略的先进性主要体现在两个方面：与整体优化设计技术相比，分级优化更易于找到全局最优解，从而能够获得最佳的收益。在模拟次数相同的条件下，分级优化获得的最优方案更好，因此在有限的计算资源条件下，分级优化能够给出更好的井网缝网优化方案。

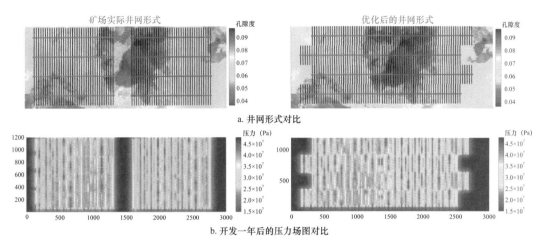

b. 开发一年后的压力场图对比

图 7-28 优化后井网与矿场实际井网的形式和开发一年后压力场对比

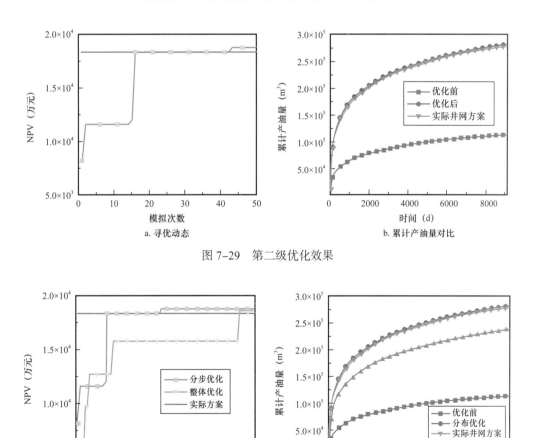

图 7-29 第二级优化效果

图 7-30 分级优化与整体优化结果对比

第三节 页岩油开发工作制度优化方法

一、多级劈分优化方法

页岩油工作制度的优化问题是一个复杂的动态优化问题。已有研究结果表明，优化问题求解时的计算效率关键在于初始解的选取。好的初始解不仅可以加速寻优速度，同样会保证较好的求解精度，而差的初始解会降低寻优速度，或是陷入局部最优。基于以上认识，针对页岩油工作制度动态调控优化问题求解困难、最优调控频率难以确定的问题，本节介绍一种多级劈分优化方法。

多级劈分方法的基本思路为：首先针对动态调控系统设定较少的调控步，在此调控步上优化求解得到优化问题的最优调控方案；之后再将每个调控步劈分为多个调控步，此时，将上一级较少调控步时优化得到的最优调控方案作为新的动态调控优化问题的初始解，以期利用较优的初始解加速下一步的动态优化问题的寻优过程。同时，对比前后两级中动态调控优化问题获得的最优解和目标函数值，当新优化问题的目标值相比老的优化问题不再增加或增加很小时，停止优化。这样，可以同时确定最优调控频率和相应各调控步下的最优调控数值，由此确定最优工作制度。

关于多级劈分优化方法，定义劈分级数、劈分因子、调控步数和调控步长 4 个概念（王相，2016）。

劈分级数：表征压力系统中每一调控步被劈分的次数，用 l 表示。$l=0$，表示压力系统的调控步没有被劈分过。每一次对调控步进行劈分，$l_{i+1}=l_i+1$。

劈分因子：对调控步进行劈分时，单个调控步被劈分后的调控步数量，用 n_s 表示，$s=1$ 表示第一级时每个调控步被劈分后的调控步数。

调控步数：油井总生产时间内压力系统调控的总步数，第 l 级的调控步数用 n_l 表示。在每个调控步的开始时刻进行压力系统的工作制度调整，并保持该工作制度生产至该调控步的结束时刻。

调控步长：每个调控步的生产时间，第 l 级的调控步长用 Δt_l 表示。这里假设每个调控步的生产时间相等，调控步长等于油井的生产时间除以调控步数，即 $\Delta t_l = t/n_l$。

通过示意图对以上概念进行表征描述，如图 7-31 所示。

对一个包含 m 口井的页岩油藏，多级劈分优化方法的基本计算流程（图 7-32）如下：

（1）初始化。设定劈分级数 $l=0$，各井的调控步数为 n_0。设定动态调控优化问题的初始解：

$$P^0 = \left[p_1^0, p_2^0, \cdots, p_m^0 \right] \tag{7-22}$$

$$p_i^0 = \left[p_{i1}^0, p_{i2}^0, \cdots, p_{in}^0 \right]^T \quad i=1,2,\cdots,m \tag{7-23}$$

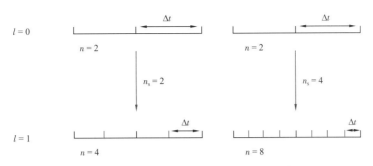

图 7–31 多级劈分优化方法中基本概念示意图

（2）动态调控优化。选择合适的优化求解算法，并且设定恰当的优化算法终止条件。使用选定的优化算法求解动态调控优化问题：

$$P^{l*} = \arg\min SD(P^l) \tag{7-24}$$

（3）检测。判断是否满足终止条件，若满足条件，多级劈分优化方法停止，最优调控步数 $n^* = n_l$，对应的最优调控工作制度 $P^* = P^{l*}$；否则，继续步骤（4）。

（4）劈分。设定劈分级数为 $l+1$，各井的调控步数 $n_{l+1} = n_l n_s$。设定 $l+1$ 级动态调控优化问题的初始解：

$$P^{l+1} = \left[p_1{}^{l+1}, p_2{}^{l+1}, \cdots, p_m{}^{l+1} \right] \tag{7-25}$$

$$p_i{}^{l+1} = \left[p_{i1}{}^{l+1}, p_{i2}{}^{l+1}, \cdots, p_{in}{}^{l+1} \right]^{\mathrm{T}} \quad i = 1, 2, \cdots, m \tag{7-26}$$

$$p_{ij}{}^{l+1} = p_{i[n_{l+1}/n_s]}{}^{l*} \quad j = 1, 2, \cdots, n_{l+1} \tag{7-27}$$

转入步骤（2）继续计算，直至满足终止条件，劈分停止，优化结束。

从上述内容可以看出，多级劈分优化方法是将复杂的动态调控优化问题转化为众多求解较为简单的且求解逐渐增加的动态优化问题，此过程中使用前一步动态优化问题的最优解作为下一步动态调控优化问题的初始解，这样保证了初始解的优越性。虽然通过多级劈分优化方法使动态优化问题的求解数目有所增加，但是每一步优化过程的求解难度有所降低。多级劈分优化方法能够加速寻优的基础在于：

（1）较低维度的动态优化问题相比于复杂的较高维度动态优化问题更容易求解。

（2）在寻优空间中，较低维度动态优化问题最优解的位置与复杂高纬度动态优化问题的最优解的位置更为接近。

（3）一个好的初始解可以提高优化算法的寻优速度及寻优精度。

基于多级劈分优化方法，可以将数值模拟与优化算法相结合来优化页岩油工作制度的调控策略，但在优化之前，需要选取合适的多级劈分方法初始参数。具体参数包括：

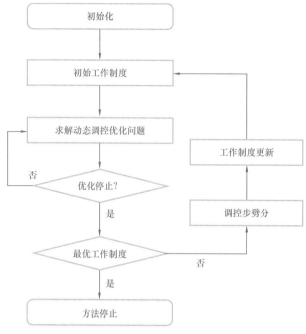

图 7-32　多级劈分优化方法的计算流程图

（1）初始调控步数。将初始调控步数选择为 1，即 $n_f=1$，优化得到最优工作制度，之后进行劈分，分别得到 $n_f=2$、4、8 时的最优工作制度。

（2）劈分因子。较大的劈分因子可以减少优化求解的次数，但是增加了每次求解的时间，相应两级的最优解差异程度也随之增大。因此，根据实际情况一般选取劈分因子为 2。

（3）优化算法。图 7-33 为利用多级劈分方法进行优化的一个实例，选取的算法为自适应协方差矩阵进化（CMA-ES）算法。由于 CMA-ES 算法是随机性算法，同一初始解下的每次寻优结果不同，因此需要多次优化求解，看其平均寻优表现。分别选取不同的初始解，比较其寻优效率，红色、绿色、蓝色曲线分别对应好、一般、差 3 种初始解。可以看出，好的初始解在寻优速度上明显优于差的初始解，但最优解的差异性不是很明显，表明 CMA-ES 算法对页岩油的工作制度优化问题表现出较好的鲁棒性。

二、合理工作制度优化

目前，页岩油开发过程中合理工作制度优化主要存在两个难点：（1）优化变量较多。因为压力系统的调控是一个动态优化问题，其优化变量数目随着调控频率的增加将成倍增加，极大地增加了求解的难度；（2）约束条件复杂，目标函数高度非线性。由于优化不同调控步时变量是离散的，很难找到精确解，因此结合上述提出的多级劈分优化方法，通过数值模拟方法与优化算法相结合，以累计产油量最大化为目标函数建立页岩油工作制度的多级劈分优化方法，形成页岩油合理工作制度的优化设计技术。

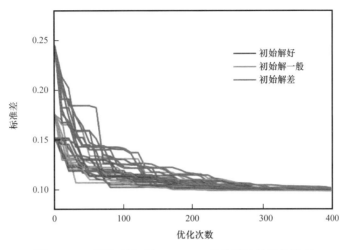

图 7-33　不同初始解下 CMA-ES 优化算法的寻优效率

　　页岩油工作制度优化过程分为 4 步：第一步为单级优化，保持各时间段井底压力水平相同，即单一调控步数，在合理井底压力范围内优化出初始参数下的最优井底压力；第二步为劈分优化，这一段便开始劈分，通过相关参数（劈分因子、调控步数）来确定劈分的具体方法，这里选择初始参数 n_s（劈分因子）为 2；第三步为调控劈分步，分别进行 4、8、16 等不同调控步数下的优化对比，分析其寻优速度及稳定性之间的差异；第四步即为最优工作制度的确定，即选定最优劈分方案，确定最优调控步长，从而达到累计产油量最大化。图 7-34 为页岩油工作制度多级劈分优化流程图。

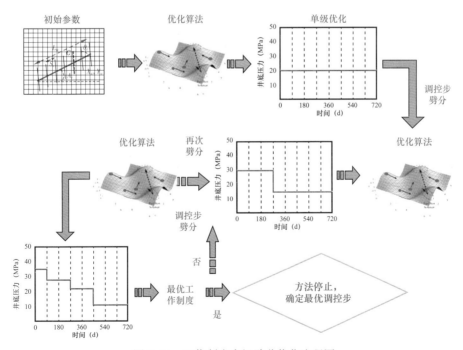

图 7-34　工作制度多级劈分优化流程图

（一）单级优化

目标函数是评价不同模拟方案的基础，其中累计产油量被广泛应用于非常规油气资源领域的工程优化。本书以累计产油量为目标函数进行不同阶段、不同步长的优化技术研究，来建立页岩油工作制度优化模型。

目标函数：

$$\max J = Q\text{（累计产油量）}$$

初始约束条件：

$$\forall p \in (p_{\min}, p_{\max})$$

$$x_i^{\text{init}} = x_{i-1} \quad i = 1, 2, 3, \cdots$$

表 7-3 和图 7-35 分别给出了采用多级劈分优化方法对井底压力进行优化时，不同调控步数下的优化变量和约束条件、以及优化结果的示意图。本节采用无梯度随机搜索优化算法——CMA-ES 算法进行求解，寻优过程如图 7-36 所示。

表 7-3　不同调控步数下的优化变量和约束条件

调控步数	优化变量	约束条件
1	P_1	$P_{\min} \leqslant P_1 \leqslant P_{\max}$
2	P_{21}, P_{22}	$P_{\min} \leqslant P_{22} \leqslant P_{21} \leqslant P_{\max}$
4	$P_{41}, P_{42}, P_{43}, P_{44}$	$P_{\min} \leqslant P_{44} \leqslant P_{43} \leqslant P_{42} \leqslant P_{41} \leqslant P_{\max}$
…	…	…

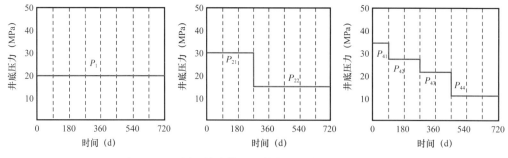

图 7-35　不同调控步数下的井底压力优化结果示意图

图 7-36 即为单级优化时累计产油量的寻优过程，迭代 75 次左右得到最优值，即累计产油量最大，相比优化前单井产量增加 4.6%。此时得到调控步数为 1 时的合理工作制度，最优井底压力为 9980kPa（图 7-37）。

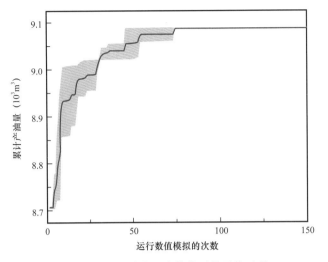

图 7-36 单级井底压力优化时的寻优过程

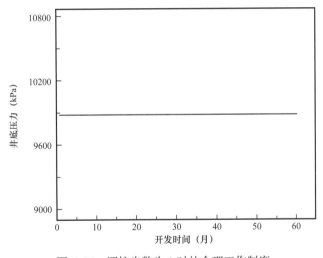

图 7-37 调控步数为 1 时的合理工作制度

（二）劈分优化

通过第一步单级优化可以得到调控步为 1 时的最优值，然后将最优调控数值作为下一步劈分的初始值来进行劈分优化，劈分系数为 2，即

$$P_{21}^{\text{init}} = P_{22}^{\text{init}} = P_1$$

约束条件为：

$$P_{\min} \leqslant P_{22} \leqslant P_{21} \leqslant P_{\max}$$

同样采用无梯度优化算法 CMA-ES 进行求解，如图 7-38 所示，由此得到劈分级数为 1、调控步数为 2 时的寻优过程。可以发现同样迭代 75 次左右得到最优值，最优的工

作制度如图 7-39 所示。此时，工作制度的调控被分为两部分，即调控步长为 30 个月，每次调控时的最优井底压力也可以从中得到。相比较劈分之前的单级压力系统，这样的工作制度调控更有利于页岩油开发，累计产油量从 9000m³ 增加到 9250m³ 左右，开发效果得到较好提升。

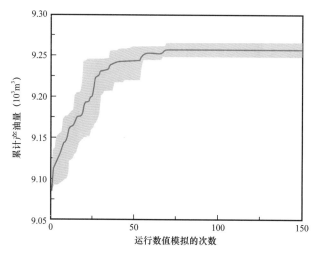

图 7-38　调控步数为 2 时井底压力的寻优过程

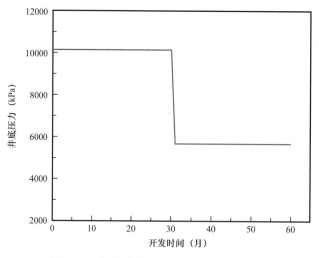

图 7-39　调控步数为 2 时的最优工作制度

　　绘制优化前、单级优化以及调控步数为 2 时的累计产油量对比图，可以发现将工作制度（井底流压）视为一个优化变量，优化后页岩油井产量得到明显提升。经过初次劈分优化后，油藏的开发效果更好，累计产油量明显增加，由单井 8700m³ 提高到近 9300m³（增加近 7%），由此证明多级劈分优化方法的合理性。

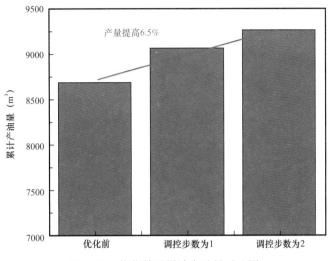

图 7-40 优化前后累计产油量对比图

（三）调控劈分步数

通过第一级劈分优化可以得到下一级劈分优化的初始解，同理，也可通过第 n 级劈分优化得到第 $n+1$ 级的初始解，分别进行劈分因子为 2，调控步数为分别 4、8 和 16 的优化求解，并且分析不同调控步数时的寻优速度及寻优稳定性，来确定最优的调控频率及调控数值。图 7-41 为不同调控步数时的寻优过程，图 7-42 为不同步数下的最优工作制度。

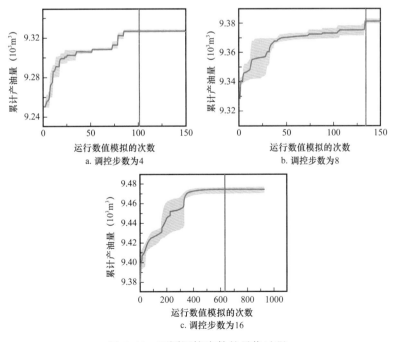

图 7-41 不同调控步数的寻优过程

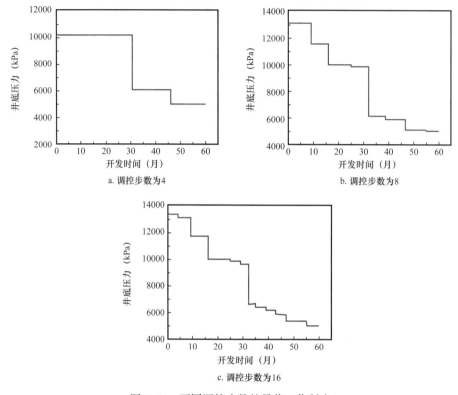

a. 调控步数为4

b. 调控步数为8

c. 调控步数为16

图 7-42　不同调控步数的最优工作制度

从图 7-41 可得到不同调控步数时寻优过程的差异，主要表现在收敛速度和最优值两方面。随着调控步数的增加，收敛迭代次数从 100 次增加到 650 次，寻优过程的收敛速度加倍减慢；最优值随调控步数的增加逐渐增大，然而增加幅度呈现减小趋势。即随着劈分的进一步进行，优化工作制度所带来的增产效果将逐渐减弱，因此，需要综合考虑收敛速度和最优值变化来确定最优工作制度。

（四）最优工作制度的确定

图 7-43 为不同调控步数下的累计产油量对比，可以看出劈分优化后的产能明显增加，当劈分步为 8 时，产能增加 8% 左右。随着劈分步增加，产量的增加幅度逐渐减小，过多地增加调控频率无法进一步有效提高产能，因此选择合理调控步数为 8～10（即 6～8 个月为一个调控周期）。此时最优劈分参数为 $l=4$、$n_s=2$、$n=8$，对应的最优工作制度如图 7-44 所示。

三、优化算法优选

多级劈分优化方法能否加速动态调控问题的寻优，还要受到优化算法的影响。从是否依赖目标函数导数信息，可以将优化算法分为梯度算法和无梯度算法。梯度算法，即在寻优过程中需要计算目标函数的导数信息，其具有优化速度快、寻优效率高的特

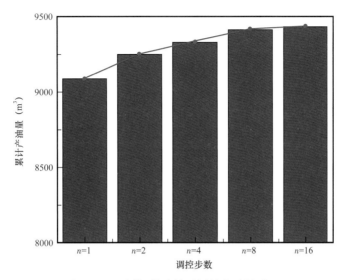

图 7-43　不同调控步数时累计产油量对比

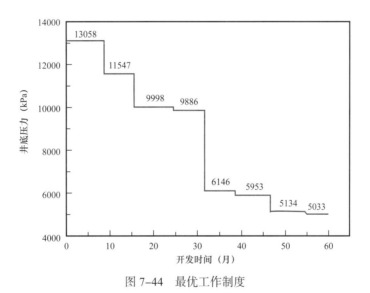

图 7-44　最优工作制度

点。常见的梯度算法包括牛顿法、EnOpt 算法、随机扰动梯度近似算法等（Bukshtynov，2015；Do，2013；Ebadat，2012；Karimi，2014）。无梯度算法，也称零阶算法，即在迭代求解过程中不需要导数信息，该算法没有梯度算法优化效率好，但由于其无须求导，应用范围较广。常见的无梯度算法包括遗传算法（GA）、广义模式搜索算法（GPS）、模拟退火算法、粒子群算法等（刘丽英，2006；Beckner，1995；Audet，2002；Kolda，2003；Farshi，2008）。

除上述分类方法外，还可以依据算法寻优范围，将算法分为局部搜索算法和全局搜索算法；根据寻优结果是否确定，可分为确定性算法和随机性算法。具体的优化算法分类见表 7-4 和表 7-5。

表 7-4　优化算法分类

分类	特点
无梯度（零阶）算法	利用目标函数值指导寻优
梯度（一阶／二阶）算法	利用目标函数的导数或 Hessian 矩阵（二阶导数）指导寻优
确定性算法	输入相同时，输出相同
随机性算法	输入相同时，输出不一定相同
局部搜索算法	探索局部搜索空间
全局搜索算法	探索整个搜索空间

表 7-5　不同类型优化算法的代表性算法

分类	代表性算法
无梯度（零阶）算法	单纯型算法、GPS 算法、模拟退火算法、GA 算法、PSO 算法、协调搜索算法、差分进化算法
梯度（一阶／二阶）算法	牛顿法、最速下降法、共轭梯度法、序列二次规划法、随机扰动梯度近似算法、EnOpt 算法
确定性算法	牛顿法、最速下降法、共轭梯度法、序列二次规划法、单纯型算法、GPS 算法
随机性算法	模拟退火算法、GA 算法、PSO 算法、差分进化算法、CMA-ES 算法
局部搜索算法	牛顿法、最速下降法、序列二次规划法
全局搜索算法	模拟退火算法、GA 算法、差分进化算法

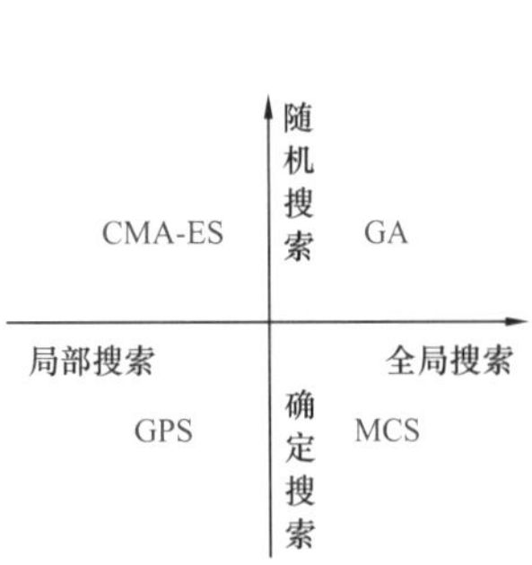

图 7-45　4 种算法类型

尽管梯度算法寻优效率高，但由于工作制度优化的目标函数多极值、非连续，极易陷入局部最优，因此本节选取无梯度算法作为工作制度优化的求解算法。根据表 7-5 又可将无梯度算法分为 4 种类型，针对工作制度优化问题的特征及现有算法的特点，筛选出 4 种用于求解多级劈分工作制度的优化算法，分别为遗传算法（GA）、自适应协方差矩阵进化算法（CMA-ES）、模式搜索算法（GPS）和多级协调搜索算法（MCS）。这 4 种算法的分类如图 7-45 所示。

（一）GA算法

遗传算法属于随机性全局搜索算法，虽然全局寻优能力强，能很快地找到近似最优解，然而 GA 的局部搜索能力较差，收敛速度慢，且容易出现早熟收敛，因此从近似最优解到精确最优解的寻优能力差。GA 算法是由 Holland 教授于 1975 年提出的一种基于生物进化论的启发式随机搜索算法，其主要特点是直接对结构对象进行操作。与其他优化算法相比，GA 的优势在于：

（1）对函数形态没有要求，搜索过程既不受优化函数连续性约束，也没有要求优化函数必须存在导数。

（2）从种群参数成员开始搜索，适合于并行计算，具有更显著的搜索效率。

（3）易于和其他优化算法结合，提高搜索速度。

其主要流程如图 7-46 所示。

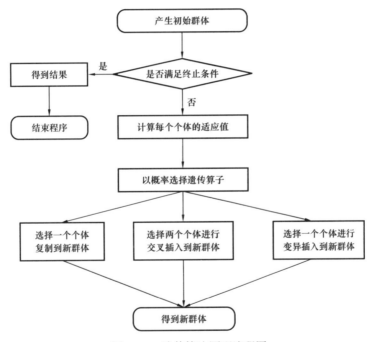

图 7-46　遗传算法原理流程图

（二）CMA-ES算法

自适应协方差矩阵进化算法（CMA-ES 算法）是一种基于种群的随机性局部搜索算法，但与 GA 算法、PSO 算法不同，CMA-ES 算法中的种群个体分布服从特定的概率分布，迭代寻优过程中主要对概率分布进行调整（Bouzarkouna，2012；Fateen 2012；刘金鹏，2014）。

在迭代步 k，CMA-ES 首先根据如下公式抽样 λ 个个体形成种群：

$$x_i^k = N\left(m^k,\left(\sigma^k\right)^2 \boldsymbol{C}^k\right), i=1,2,3,\cdots,\lambda \tag{7-28}$$

式中，N（$\cdots,\cdots$）为多变量正态分布的一个随机向量；m^k 为平均向量；$\boldsymbol{C}^k$ 为协方差矩阵；σ 为步长因子。

平均向量 m^k 表征了当前最优解；协方差矩阵 $\boldsymbol{C}^k$ 为一个对称正定矩阵，用来描述分布的几何特征；步长因子 σ 用于对协方差矩阵 $\boldsymbol{C}^k$ 进行全局的放大或缩小，以实现快速收敛及避免早熟现象。CMA-ES 算法在迭代过程中，需要对以上 3 个参数不断进行更新。平均向量 m^k 是通过计算目标函数值最小的 μ 个个体的加权平均而获得，计算公式如下：

$$m^{k+1} = \sum_{i=1}^{\mu} \omega_i x_{1:\lambda}{}^k \tag{7-29}$$

默认权重为：

$$\omega_i = \frac{\ln\left(\mu+1\right)-\ln i}{\mu\ln\left(\mu+1\right)-\ln\left(\mu!\right)}, i=1,\cdots,\mu \tag{7-30}$$

之后，对协方差矩阵进行更新：

$$\boldsymbol{C}^{k+1} = \left(1-c_{\text{cov}}\right)\boldsymbol{C}^k + \frac{c_{\text{cov}}}{\mu_{\text{cov}}} p_c^{k+1} p_c^{(k+1)T} +$$
$$c_{\text{cov}}(1-\frac{1}{\mu_{\text{cov}}})\times \sum_{i=1}^{\mu} \frac{\omega_i}{\sigma^{(k)2}}(x_{1:\lambda}{}^{k+1}-m^k)(x_{1:\lambda}{}^{k+1}-m^k)^T \tag{7-31}$$

式中，p_c^k 称为进化路径，用以表征寻优方向。

p_c^k 同样需要在每个迭代步进行更新，更新公式如下：

$$p_c^{k+1} = \left(1-c_c\right)p_c^k + \sqrt{c_c\left(2-c_c\right)\mu_{\text{eff}}}\,\frac{m^{k+1}-m^k}{\sigma^k} \tag{7-32}$$

式中，c_c 为介于 0～1 之间的常数；$\mu_{\text{eff}}=1/\sum_{i=1}^{\mu} w_i^2$ 用于描述重组。

步长因子 σ^{k+1} 确定公式如下：

$$\sigma^{k+1} = \sigma^k \exp\left[\frac{c_o}{d_\sigma}\left(\frac{\left\|p_\sigma^{k+1}\right\|}{E\left\|N(0,1)\right\|}-1\right)\right] \tag{7-33}$$

其中：

$$p_\sigma^{k+1} = \left(1-c_c\right)p_c^k + \sqrt{c_c(2-c_c)\mu_{\text{eff}}}\,\sigma^{k-1}\boldsymbol{C}^{k-\frac{1}{2}}(m^{k+1}-m^k) \tag{7-34}$$

通过步长因子可以实现协方差矩阵自适应的缩放，能够具有很好的收敛速度。图 7-47 给出了利用 CMA-ES 算法寻优的示意图。

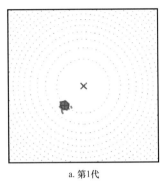 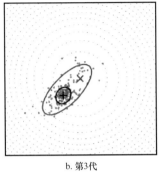 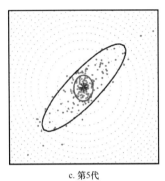

a. 第1代   b. 第3代   c. 第5代

图 7-47   CMA-ES 算法求解实例

（三）GPS 算法

广义模式搜索算法（GPS 算法）属于确定性局部搜索算法。此算法主要是在一个方向集上抽取目标函数，通过比较函数值的大小，找出下降方向进而解决所求问题，算法无须计算或近似任何导数，在非线性规划和非光滑最优化领域有着广泛的应用（Audet，2002；Torczon，1997；Abramson，2004）。

基本的 GPS 算法运行步骤（图 7-48）如下：首先选定一个初始点，并计算该点处的目标函数值。之后基于给定的搜索模式确定不同搜索点，并计算各搜索点的目标函数值。搜索模式由搜索方向集合和搜索步长确定。当沿搜索模式的各个方向搜索均完成后，对比各点目标函数值的大小，选择目标函数值最小的点作为新的基础点并进行下一个迭代步。如果搜索发现了新的基础点，则下一步搜索步长会乘以一个大于 1 的数（扩展因子）；反之如果搜索没有发现比现有基础点目标函数值更小的点，则下一步搜索步长会乘以一个 0~1 的数（缩小因子）。在一个迭代步中，会沿着各搜索方向依次搜索，如果搜索完所有的方向之后再选择新的基础点，称作一个完全 POLL。如果搜索过程中，一旦发现比现有基础点目标函数值更小的点就将其设定为新的基础点，并开始新的搜索，称作不完全 POLL。

（四）MCS 算法

多级协调搜索算法（MCS 算法）属于确定性全局搜索算法（吕祥生，2007；尹立一，2011；罗剑波，2008）。其寻优过程主要是将整个搜索空间逐步细分为更小的搜索空间，对于没有充分探索过的子空间使用全局算法进行寻优，对于已经足够小的子空间，便不再细分，而是使用局部搜索进一步精确寻优。

MCS 算法具体步骤（图 7-49）为：

（1）初始化。MCS 将初始搜索空间劈分为一系列小盒子，即小空间。每个盒子包含基点、对点和级数 3 个参数。基点和对点共同决定了盒子的大小，级数表征该盒子被劈分过的次数。

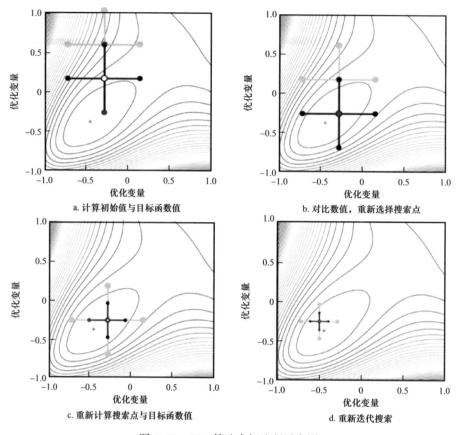

a. 计算初始值与目标函数值   b. 对比数值，重新选择搜索点

c. 重新计算搜索点与目标函数值   d. 重新迭代搜索

图 7-48 GPS 算法求解流程示意图

（2）扫描。按照级数大小对盒子进行排序，列入扫描清单中，并将每一级中目标函数值最小的盒子进行标注。被标记的盒子则进行劈分，劈分产生的新盒子加入扫描清单中，并对扫描清单进行更新。

（3）劈分。对于需要劈分的盒子，首先获得各盒子的参数信息，以及盒子在各方向上被劈分的次数。判断盒子劈分次数是否足够多，若劈分次数足够，则使用排序劈分法，沿该盒子劈分次数最少的方向进一步劈分；否则，使用期望劈分法，首先沿各个方向劈分获得更有解的期望方向，之后沿期望最大的方向进行劈分。

（4）购物篮。所有达到最大级数的盒子的基点按目标函数值大小放入购物篮。对于购物篮中的点，通过一系列规则判断其是否处于某新的局部最小区域，若是，则将该点标记为下次局部搜索的初始点；否则，该点与某购物篮中已存在的点处于同一局部最小区域，选两者中具有更优目标函数值的保留。

（5）局部搜索。购物篮中更新后的点作为初始点，开始局部搜索。局部搜索结合协调搜索和序列二次规划的思想，首先通过一系列协调搜索构建一个局部的二次型，之后根据序列二次规划确定搜索方向和搜索步长，搜索完成后对二次型进行更新，如此迭代。

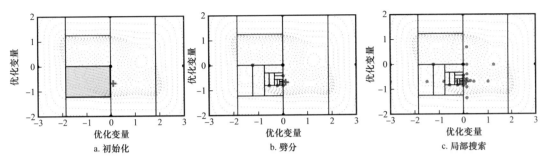

图 7-49　MCS 算法求解流程示意图

（五）算法对比

从上面介绍的 4 种算法可以看出，GPS 算法和 CMA-ES 算法属于局部搜索算法，但 CMA-ES 算法属于随机性搜索算法，GPS 算法属于确定性搜索算法，局部收敛能力强；GA 算法和 MCS 算法均属于全局搜索算法，具有优越的全局寻优能力；其中 MCS 算法则同时包含了全局搜索和局部搜索的寻优机制。接下来用 4 种算法分别调用工作制度优化数学模型，对比 4 种算法的寻优速度与最优值。

图 7-50 为 4 种算法在不同初始值下的寻优结果。从寻优速度和寻优结果两方面分析，在确定性搜索算法中，MCS 算法的表现优于 GPS 算法；在随机性搜索算法中，CMA-ES 算法在各方面均明显优于 GA 算法。接下来，本节将针对确定性算法 MCS 和随机性算法 CMA-ES 进行不同调控步数下的寻优效率分析。

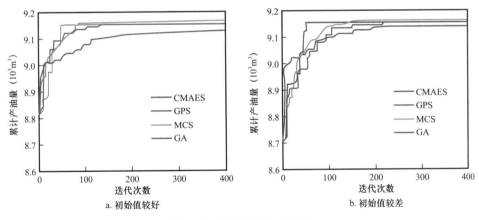

图 7-50　不同优化算法对比

具体结果如图 7-51 所示。当调控步数为 1 时，MCS 算法在寻优效率上稍微优于 CMA-ES 算法，但整体来说差别不大。随着调控步数的增大，MCS 算法相比较 CMA-ES 算法收敛速度明显降低，需要迭代的次数增加，但最优值也是越来越高。综上所述，MCS 算法在目标函数上更优，但在寻优速度上，随着调控步数的增加，可能会产生不收敛的情况，而 CMA-ES 算法虽然最优值比 MCS 算法稍低，但寻优速度明显更快。

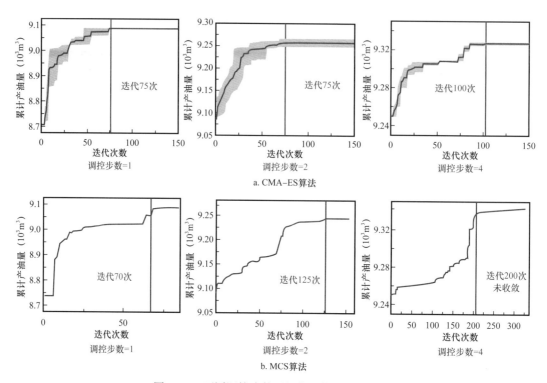

图 7-51　不同调控步数下的优化算法效果对比

第八章

页岩油提高采收率方法

页岩油的资源潜力巨大，但由于物性很差，开采非常困难。目前常用的弹性开采方法最终采收率一般低于 10%，因此需要采用新技术来提高页岩油的采收率。本章从室内实验、数值模拟和先导性试验等方面总结了页岩油储层 EOR 方法的相关研究进展，分析了不同 EOR 方法的作用机理、效果和现场应用中面临的问题，以期为新的提高采收率技术研发提供思路。

第一节 页岩油注气提高采收率方法

目前普遍认为最具潜力的页岩油提高采收率方法是注气开采。过去 10 年，进行了许多注气提高非常规储层原油采收率的研究。所采用的气体包括 CO_2、N_2 和富气。然而，由于各种因素，大部分文献重点研究了 CO_2。CO_2 可能易与页岩油混相，使其膨胀并降低其黏度。而且 CO_2 与页岩油的最小混相压力低于其他气体（如 N_2）（Zhang 等，2016）。

一、技术研究现状

相关研究在早期阶段主要使用数值模拟方法开展（Shuaib 等，2009）。模型显示，连续注气可提高原油采收率 10%～20%，吞吐方案实现的原油采收率提高值为 5%～10%（Hoffman 等，2016）。Dong 等（2013）通过数值模拟，评价了向 Sanish 油田 Bakken 组区域注 CO_2 的效果。他们提出了一种方案，即在该油田钻更多水平注入井来提高 CO_2 注入能力。该方案预测的最大注入压力为 8000psi，CO_2 日注入量为 $500 \times 10^4 ft^3$，最终可将采收率从 5% 提高到 24%。Xu 等（2014）评价了蒙大拿州东部 Elm Coulee 油田不同水力压裂裂缝构型情况下 CO_2 驱的开发效果。他们发现，与轴向裂缝相比，横向裂缝的原油采收率更高，但是由于注气突破方面的问题，CO_2 利用效率较低。Zhu 等（2015）模拟一口水平井从一条压裂裂缝注入，从相邻压裂裂缝产出的情况。他们发现裂缝间注 CO_2 能够使原油采收率显著提高。Pu 等（2016）引入的模型考虑了页岩储层小孔隙的毛细管压力作用和吸附效应，发现该模型可以较准确地模拟非常规储层的注 CO_2 提高采收率过程。而且，与不考虑毛细管压力特性的情况相比，考虑毛细管压力作用模拟得出的原油采收率较高。

在室内实验方面，Song 等（2013）可能是早期研究者之一，他们进行实验来比较向加拿大 Bakken 组岩心注 CO_2/ 水的结果。他们发现，水驱最终采收率高于非混相 CO_2 吞吐方案。然而，混相和近混相 CO_2 吞吐最终采收率高于水驱。Hawthorne 等（2013）使用 Bakken 组岩心研究了注 CO_2 提高原油采收率机理。他们证实，CO_2 提高这类复杂储层采收率的主要机理是扩散作用。然而，为保证最佳的开发效果，要求地层与 CO_2 具有较长的接触时间以及较大的接触面积。Gamadi 等（2014）使用来自 Man-cos 组和 Eagle Ford 组的页岩岩心进行实验，研究向这些储层注 CO_2 的潜力。结果表明，循环注 CO_2 可以达到 33%～85% 的页岩油采收率。Alharthy 等（2015）使用 Bakken 组岩心，比较了不同类型气体（诸如 CO_2、C_1—C_2 混合气体或 N_2）提高采收率的效果。他们得出结论：注入 C_1、C_2、C_3 和 C_4 组成的气体获得了与注 CO_2 相近的采收率；另外，中 Bakken 段岩心注 CO_2 采收率是 90%，下 Bakken 段岩心注 CO_2 采收率接近 40%。此外，他们还发现其主要采油机理是加快了原油从基质向裂缝的流动。最后，Yu 等（2016）使用饱和脱气原油的 Eagle Ford 岩心进行了 N_2 驱替试验。他们研究了不同驱替时间以及不同注入压力对 N_2 驱替效果的影响。他们发现，驱替时间越长，注入压力越高，采收率越高。表 8-1 列出了使用混相注气提高非常规储层采收率方面重要研究文献。表 8-2 列出了混相注气 EOR 方法在页岩储层应用的适用性、应用动机、提高采收率机理和限制性因素。

表 8-1 非常规储层混相注气方法研究文献总结

序号	作者，发表年份	论文出处	研究方法	地层	提高采收率方法	提高采收率机理
1	Kovscek 等，2008	SPE 115679–MS	室内实验	硅质页岩储层岩心	CO_2	扩散作用
2	Shoaib 等，2009	SPE 123176	数值模拟	Bakken 组	CO_2	压力保持
3	Vega 等，2010	SPE 135627–MS	室内实验 / 数值模拟	硅质页岩岩心	CO_2	扩散作用
4	Hoteit 等，2011	SPE 141937–MS	数学方法	X	CO_2	扩散作用
5	Hoffman 等，2012	SPE 154329	数值模拟	Bakken 组	CO_2/ 天然气	X
6	Dong 等，2013	SPE 168827–MS	数值模拟	Bakken 组	CO_2	X
7	Hawthorne 等，2013	SPE 167200–MS	室内实验	Bakken 组	CO_2	抽提
8	Tao Wan 等，2013	SPE 168880	数值模拟	Eagle Ford 组	CO_2	原油黏度降低和压力保持

续表

序号	作者，发表年份	论文出处	研究方法	地层	提高采收率方法	提高采收率机理
9	Xu 等，2013	SPE 168774-MS	数值模拟	Bakken 组	CO_2	压力保持
10	Kurtoglu 等，2013	SPE 168915-MS	综述/数值模拟	Bakken 组	CO_2	原油黏度降低和原油膨胀
11	Chen，2013	得克萨斯理工大学硕士论文	数值模拟	Bakken 组	CO_2	X
12	Tovar 等，2014	SPE 169022-MS	室内实验	取心井岩心	CO_2	扩散作用/降低毛细管压力
13	Chen 等，2014	SPE 164553-PA	数值模拟	Bakken 组	CO_2	扩散作用
14	Gamadi 等，2014	SPE 169142-MS	室内实验	Mancos 组和 Eagle Ford 组	CO_2	再加压
15	Schmidt 等，2014	WPC 21-1921	先导性试验	Bakken 组	天然气	驱替基质原油
16	Tao Wan 等，2014	SPE 169069-MS	数值模拟	Eagle Ford 组	CO_2	原油黏度降低和压力保持
17	Adekunle，2014	美国科罗拉多矿业大学（CSM）博士论文	室内实验/数值模拟	Bakken 组	CO_2/天然气凝析液	X
18	Fai-Yengo 等，2014	URTeC：1922932	数值模拟	Bakken 组	CO_2	一定数量机理综合作用
19	Sheng 等，2015	JNGSE 22卷，252-259页	数值模拟	X	CO_2	X
20	Alharthy 等，2015	SPE 175034-MS	室内实验/数值模拟	Bakken 组	CO_2	扩散作用
21	Tao Wan 等，2015	SPE 1891403-PA	数值模拟	Eagle Ford 组	CO_2	扩散作用
22	Alharthy 等，2015	美国科罗拉多矿业大学（CSM）博士论文	室内实验/数值模拟	Bakken 组	CO_2/天然气凝析液	原油膨胀，再加压和扩散作用
23	Sheng 等，2015	ARMA 2015-438	数值模拟	Wolfcamp 组页岩	气体	X
24	Hoffman 等，2016	SPE 180270-MS	先导性试验	Bakken 组	CO_2 吞吐/水驱	X

续表

序号	作者，发表年份	论文出处	研究方法	地层	提高采收率方法	提高采收率机理
25	Pu 等，2016	SPE 179533-MS	数值模拟	Bakken 组	CO_2	毛细管压力作用和吸附效应
26	Yang 等，2016	SPE 180208-MS	数值模拟	Eagle Ford 组	CO_2	CO_2 吸附
27	Yu 等，2016	SPE 180378-MS	室内实验	Eagle Ford 组	N_2	再加压和岩心破裂
28	Yu 等，2016	SPE 179547-MS	室内实验	Eagle Ford 组	N_2	再加压

注：X 表示该文献中未涉及或未说明此项。

表 8-2　非常规储层混相注气方法总结

注气方法类型	适用性	应用动机	提高采收率机理	应用限制性因素
天然气吞吐	是	天然能量开采后且储层波及效率较低的油藏	再加压和原油抽提	吞吐采油阶段存在问题，在现场先导性试验中未取得成功
天然气井间驱替	是	天然能量开采后且储层波及效率较低的油藏	地层压力保持和原油膨胀	储层波及效率控制
CO_2 吞吐	是	天然能量开采后且储层波及效率较低的油藏	再加压和原油抽提，气体解吸	吞吐采油阶段存在问题，在现场先导性试验中未取得成功
CO_2 井间驱替	是	天然能量开采后且储层波及效率较低的油藏	地层压力保持和原油膨胀	储层波及效率控制
水气交注	是	天然能量开采后且储层波及效率较低的油藏	地层压力保持	需进行现场测试
N_2	是	天然能量开采后且储层波及效率较低的油藏	地层压力保持	需进行现场测试，室内实验中高速产油期较短

二、注气开采页岩油机理

在开井生产阶段，地层压力迅速下降，岩石基质中的液态油流向裂缝，孔隙中含油饱和度小幅增加；压力降低后，油中溶解气减少，原油黏度稍有增加。在注气阶段，三者的变化与开井生产时相反。由此可见，吞吐作业中地层压力的迅速下降说明压力保持很有必要，含油饱和度的小幅增加则表明靠天然弹性能进行驱油的效果不显著。此外，吞吐作业中原油黏度变化不大（均保持在 0.1mPa·s 左右），是一次采油时原油黏度的 1/4，这是因为在气体吞吐模式中，更多的气混在油中，使油的黏度降低，变得更易流动。油气互溶导致的原油黏度降低也为气体吞吐模式的开采原理之一。Hawthorne 等（2013）通过油藏模拟也得到了相同结论。

气体相对渗透率滞后也是气体吞吐技术的增产原理之一。Haines 和 Monger 等（1990）通过常规岩心天然气吞吐模式的室内实验发现，液态油产量在吞吐作业的第二周期内得到了显著提高。而从物理学角度分析，在注气阶段，气体是连续相，能在地层中快速流动，而在开井生产时，油中溶解气随着地层压力下降而成为分散的游离气泡，在达到一定饱和度前不能实现连续流动。注气阶段的气体相对渗透率要大于同一储层含气饱和度下开井生产时的气体相对渗透率。因此，气体吞吐模式中的气体相对渗透率滞后现象具有增产效果。水平井水力压裂后，页岩储层会形成许多横向人工裂缝，这些人工裂缝沟通了地层内零星分布的天然裂缝，很大程度地改善了天然裂缝连通性，提高了其复杂性，从而形成了更为复杂的裂缝网络体系。这些裂缝网络使注入气更多地进入储层，增大了注入气与储层油的接触面积，为油的流动提供了更多流动通道。然而，发育的裂缝网络也存在局限性，即注入气易迅速在井底突破，造成气体在储层内的波及面积减小，液态油采收率降低。

为说明注气开采是提高页岩储层采收率的最佳方法，并促进此方法在页岩油和凝析油开采中的应用，Gamadi 等（2014）首次对含油页岩储层气体吞吐模式进行了实验研究。他们建立的实验模型是：把一个饱和油的页岩岩心柱放入一个体积比其大的容器中。岩心柱和容器壁间留有一定的空间，以此来代表裂缝。最初，容器里充满了高压气体，在压差下气体会自由扩散到岩心柱内，这个过程则代表了气体吞吐模式中的注气阶段。经岩心柱一段时间吸气后，压力降低后的气体从岩心柱中释放出来，而压力升高后的油也逐渐从岩心柱中流出，此过程则代表了气体吞吐模式中的开井生产阶段。吞吐作业前后页岩岩心柱的质量差异则代表页岩一次吞吐周期内液态油的产量。然后，不断重复上述过程。

利用上述模型，Gamadi 等（2014）采用氮气为注入气体，研究了气体注入压力及气体吸收时间对页岩气体吞吐效果的影响。其中，气体注入压力从 6.9MPa 变化到 24.13MPa，气体吸收时间从 1 天变化到 7 天。研究发现，气体注入压力及气体吸收时间越大，页岩液态油产量越高，并且前者的影响更为重要。这说明在页岩气体吞吐作业中，压力保持很有必要。同时还发现，随着作业周期的不断循环，单周期内的液态油产量会下降。

Gamadi 等（2014）还对页岩 CO_2 气体吞吐模式进行了研究。研究发现，当气体注入压力在 10.34MPa 以下时，随着注入压力的升高，液态油产量显著增加。当注入压力大于 10.34MPa 时，该值的提高对增产的贡献不再显著，这可能与 CO_2 最小混相压力在 10.34MPa 左右有关。这表明了用 CO_2 作为页岩吞吐作业注入气时，需考虑其与地层油的混溶性。对于 Gamadi 等（2014）采用的实验岩心，美国 Eagle Ford 页岩区的岩心实验采收率要高于 Mancos 页岩区的岩心实验采收率。所用的岩心柱尺寸均为直径 2.54cm、长 5.08cm。由于岩心柱中饱和的油为矿物油，而矿物油中一般会含有沥青质沉积物，这会对岩心本身造成污染和伤害，影响其产油能力，故 Gamadi 等（2014）实验结果可能受沥青质沉积物的影响。

气体吞吐、气驱和循环注气，三者存在着区别。气体吞吐是指先向油井内注入一定量的气体，然后关井让气体在地层内扩散，一段时间后再开井生产的一种油气增产方法。在开井生产时，从地层采出的游离气会在气体注入阶段的高压下被再次压入同一地层。气驱是指将气体发生器产生的气体通过气体注入器循环地注入同一地层。而只要气体被再次注入同一地层，这个过程就是循环注气。由此可见，气体吞吐和气驱作业中均包含循环注气。因页岩储层中天然裂缝的复杂性以及在压裂时会产生更为复杂的裂缝网络体系，对页岩储层进行气驱作业时，气体易在井底突破，导致油藏能量快速衰竭。而在气体吞吐作业中，注入气可被地层油溶解，使油的体积膨胀，且油气两相甚至可在注入压力很高的情况下互溶。由此可见，页岩储层气体吞吐作业能很好地避免注入气在井底突破的问题。然而，气体吞吐也存在局限性，即一部分注入气会在回采阶段中吐出，使作业效率有一定程度的降低。

三、先导试验

Miller 和 Hamilton–Smith（1998）记录了 1986—1994 年在一个常规储层进行的吞吐项目。该项目是在美国肯塔基州东部的 Big Sink 油田进行的。该气田平均孔隙度为 13%，平均渗透率为 19mD。测试了两种类型的气体：CO_2 与氮气废气混合的贫气和套管头的富气，每一种注入气体都在一口井上进行了测试。该项目的结论是，将这两种类型的天然气应用于吞吐工艺均可获得额外的石油采收率，且成本增长非常低，低于 2.5 美元 /bbl，使用富气的成本相对较低。为了达到同样的效果，废气的焖井时间要比 CO_2 长。

在 Bakken 和 Eagle Ford 进行了页岩油储层第一代注气的先导试验。EOG 资源公司成功地将采收率从 30% 提高到 70%，对得克萨斯州南部 Eagle Ford 页岩的 15 口成熟水平井进行了天然气注入，在此之前，室内实验也显示了较为乐观的结果。这是致密页岩储层注气提高净现值的首次记录。虽然该公司没有披露太多的技术细节，但通过对油井生产的分析，人们认为采用了吞吐方法（Rassenfoss 等，2017）。EOG 资源公司的执行副总裁将试验测试的成功归结于 3 个原因：（1）水平井钻井大幅减少了资本成本；（2）产出的气体重复注入，减少了购买和操作成本；（3）三次采油过程延长了生产井的生命周期。到目前为止，Bakken 组已进行了 5 次注气和 2 次注水先导试验。在 7 项提高采收率试验中，4 项采用了吞吐方法，1 项采用了连续天然气驱方法。

在 Bakken 组中部，Continental 资源公司、Enerplus 公司和 XTO 能源公司联合进行了 Elm Coulee 油田的先导试验（Sorensen 等，2016）。45 天后累计 CO_2 注入量达到 2570t。采用吞吐方案，焖井 30 天后开始生产。起初，油井产量达到 160bbl/d 的峰值，然后迅速下降到 20bbl/d，并持续了很长一段时间。注入的 CO_2 中，约有一半最终被回收利用，由于操作因素复杂，难以估算注入 CO_2 的影响。最初的产量峰值可能纯粹是压力积聚的结果，而不是二氧化碳和石油之间的相互作用。2008 年底，EOG 资源公司还在 Bakken 组中部 Parshal 油田采用吞吐注气方案，对 6 个压裂阶段的水平井注气，共注入 $3000 \times 10^4 ft^3 CO_2$。先导试验结果表明，二氧化碳浓度的控制是一个主要问题，因为一口井在 11 天内就出现了早期突破，而另外 3 口井则没有。原因是 Parshal 油田的裂缝非常密集，CO_2 流度非常高。该结果证实了在试验前对天然裂缝体系进行表征，以及在试验过程中提高流体定向流动波及效率的重要性。EOG 资源公司进行的二次采油注水试验并没有提高采收率。第三个试验是首先注水，然后注混合气体，该试验发现控制裂缝中的气体运移是关键问题。

Bakken 组的先导试验表明，储层特征是实现在页岩储层气驱采油的关键。通过复杂微震技术，可以得到人工裂缝分布和破碎岩石的体积，通过先进的测井技术可以描述天然裂缝和流体性质。获得充足的注入和生产数据，对调整测试井和补偿井的施工工艺具有重要意义。天然裂缝系统具有较高的渗透性，为流体通过水力裂缝从基质运移到井筒提供了主要的流动路径；另外，还应控制裂缝中流体的高流度。水平井的工作制度和完井设计还应与注气相适应，以提高经济效益和方便操作。

2017 年中，XTO 能源公司能源与环境研究中心（EERC）在无生产历史的未改造井中进行了一次 CO_2 注入试验（Sorensen 等，2018）。Knutson–Were 井位于北达科他州的 Dunn 县。注气准备工作包括将生产井改为注入井，采用脉冲中子测井（PNL）测量目标区块岩石物性，采用超声成像仪（USI）测井检查井筒完整性和水泥/套管状态，并监测储层温度和压力变化。在目标区块顶部和底部设置了两个封隔器，以抑制 CO_2 扩散。CO_2 注入周期由预试验和主试验两个阶段组成。在预试验过程中，由于上部封隔器在高压作用下失效，共注入 $CO_2$16t，低于预定的 60t。主试验持续时间不足 5 天，包括两个循环注气阶段、一个连续注气阶段和关井阶段。共注入二氧化碳 98.9t。在关井期间，采用双对数压力分析方法解释了油井的流动特性。在经典流态分类的基础上，该流动周期分为裂缝内的线性流动、裂缝未闭合时的双线性流动、裂缝闭合时的线性流动和裂缝闭合时的拟径向流动 4 个阶段。裂缝闭合时的线性流动持续时间超过 170h，说明基质渗透率低，难以形成径向流。

图 8–1 为注 CO_2 后分离器内油样与原始状态相比的组成分析。x 轴是碳原子数，y 轴是累计百分比。曲线斜率越大，石油中轻质组分的比例就越高。如图 8–1 所示，CO_2 采出油含有大量的轻质组分，验证了实验室的研究结果，即使在没有水力压裂的情况

下，CO_2 也能够渗透到低渗透页岩储层中，通过分子扩散从基质中提取轻质油。最重要的是，在没有水力压裂的情况下，CO_2 能够以最小为 4.5～5gal❶/min 的注入速率进入页岩储层，进一步证明注 CO_2 提高采收率以及在页岩储层中进行碳封存的可行性。

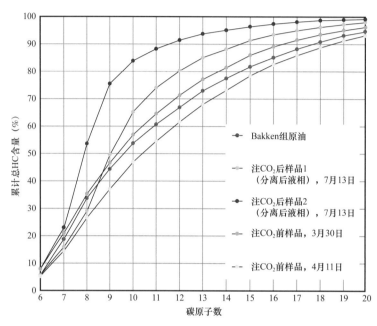

图 8-1　CO_2 注入前后流体组分的变化

第二节　压裂增能提高采收率方法

一、技术研究现状

对于页岩油储层，在压裂液中添加表面活性剂，并通过压裂后的焖井措施能够增强油水置换效率也能够有效提高原油采收率。目前一般认为这些储层属于弱油湿，因此岩石润湿性会对水相进入基质驱油形成阻力。因此，利用表面活性剂改变润湿性，提高水的自发渗吸能力是提高原油采收率的良策（Sheng，2015）。研究者已经对表面活性剂提高页岩油储层采收率的潜力进行了研究（Shuler 等，2001）。Alvarez 等（2014）使用非离子、阴离子表面活性剂开展了实验研究，评价了页岩油储层通过表面活性剂改造润湿性和提高采收率的潜力。实验采用经过保存的碳酸盐岩/硅质井壁岩心。他们发现表面活性剂溶液能降低接触角（更亲水），并能提高原油采收率，但非离子、阴离子表面活性剂性能不同。Dawson 等（2015）进行实验研究了使用表面活性剂提高 Bakken 组原油采收率的可行性，且通过数值模拟将室内实验结果放大到了现场尺度。他们的岩心自

---

❶ 1UK gal=4.55dm³，1US gal=3.79dm³。

发渗吸实验采收率为30%～40%。然而，人们仍然关注现场条件下自发渗吸速度可能非常小的问题（Sheng，2015）。而且非常规油藏内表面活性剂的吸附量可能会非常高，因此未来应该研究这两个因素。Wang等（2016）采用数值模拟方法，将他们的实验室结果扩展到现场尺度，研究了表面活性剂的自发渗吸速度和基质侵入深度。所得出的结论是，如果储层仅存在水力裂缝，由于基质侵入深度较低，因此注表面活性剂效果不理想。然而，如果在具有高密度天然裂缝的非常规储层情况下，表面活性剂溶液与基质接触面积增加，表面活性剂渗吸采油则是此类油藏非常具有应用前景的提高采收率方法。Shuler等（2016）评价了水力压裂过程中应用表面活性剂吞吐增加产量并实现原油长期可持续生产的潜力。他们认为表面活性剂移除原油的效率受表面活性剂化学组成和原油类型的影响。Alvarez等（2016）研究了不同种类表面活性剂对界面张力和接触角的影响，发现使用的表面活性剂均能使岩心润湿性从油湿向水湿方向转变。然而，阴离子表面活性剂在降低界面张力和接触角方面具有更好的表现。Nguyen等（2014）研究了非离子、阳离子、阴离子和两性表面活性剂对Bakken和Eagle Ford亲油页岩岩心渗吸的影响。他们发现，对于Eagle Ford页岩露头岩心和Bakken储层岩心，在大多数实验情况下表面活性剂自发渗吸比盐水效率更高。他们认为，对于化学渗吸，改变润湿性的机理比降低界面张力机理更重要。然而，储层的高矿化度条件可能是应用表面活性剂的主要限制条件，因为高矿化度会降低表面活性剂减小界面张力和改变润湿性的性能。Xu等（2015）发现，加入表面活性剂的压裂液地层渗透程度是不添加表面活性剂情况下的2倍。在实验中，他们使用CT来监测不同情况下压裂液在岩心内的渗透深度。他们认为，含表面活性剂压裂液具有更大渗透深度的原因是低界面张力。表8-3总结了页岩储层中注化学剂提高采收率方法的适用性、机理以及可能遇到的问题。

表8-3　非常规储层注化学剂提高采收率方法总结

化学剂类型	适用性	应用动机	提高采收率机理	应用限制性因素
表面活性剂	是	（1）油湿性储层； （2）高水/油界面张力油藏； （3）储层毛细管压力p_c为负值； （4）所有室内实验和数值模拟研究均显示原油采收率提高	（1）改变润湿性； （2）降低IFT； （3）促进水自发渗吸	（1）需进行现场测试； （2）表面活性剂成本； （3）表面活性剂渗透距离有限； （4）自发渗吸速度较慢
碱	未研究	（1）油湿性储层； （2）高水/油界面张力油藏； （3）储层毛细管压力p_c为负值	（1）改变润湿性； （2）降低IFT； （3）促进水自发渗吸	尚不明确
聚合物	否	储层非均质程度较高	提高储层波及效率	孔喉尺寸较小

二、先导试验

Wood等（2011）介绍了在加拿大Bakken组进行的8个水驱先导性试验。大多数试验处于早期阶段，但是其中一些试验显示出了令人鼓舞的结果。选取先导性试验 #1 进行介绍。加拿大 Bakken 组所有先导性试验采用的井网几乎相同（图 8-2）。尽管加拿大 Bakken 组孔隙度和渗透率比美国 Bakken 组高得多，但加拿大 Bakken 组采用小井距（仅 200ft）。该注采井距远低于美国 Bakken 组已实施先导性试验的井距。小注采井距可能是该先导性试验取得成功的主要原因之一。该先导试验中生产井 / 注入井的水平段长度约是 1mile❶。图 8-2 显示了先导性试验 #1 的井网布局、井数、水平段间距和各井水平段长度。先导性试验 #1 的 4 口生产井分布位于注入井的两侧。该先导性试验结果显示，注水使原油产量从约 75bbl/d 增加到 550bbl/d。

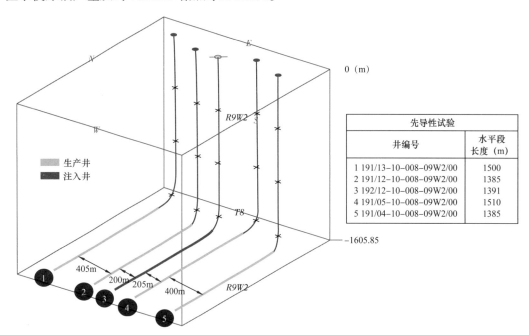

先导性试验	
井编号	水平段长度（m）
1 191/13-10-008-09W2/00	1500
2 191/12-10-008-09W2/00	1385
3 192/12-10-008-09W2/00	1391
4 191/05-10-008-09W2/00	1510
5 191/04-10-008-09W2/00	1385

图 8-2　加拿大 Bakken 组先导性试验 #1 的井身结构（Wood 等，2011）

❶ 1mile=1609.344m。

第九章
页岩油开发实例

本章以北美致密油开发较为成功的地区——Bakken 和 Eagle Ford 页岩油地层为研究对象，对其地质概况、所采取的开发方案以及所取得的开发效果进行分析，以期为页岩油开发提供参考及借鉴。

第一节　Bakken 页岩油开发实例

一、Bakken 页岩油地质特征

Bakken 地层是威利斯顿盆地一套分布广泛的标志性地层。在加拿大萨斯喀彻温省南部，马尼托巴省西南部，以及美国的北达科他州西部和蒙大拿州东部均有分布（图 9-1）（Mohaghegh 等，2011）。

Bakken 储层可能属于广大地理区域上的同一沉积环境。泥盆纪至密西西比纪时期，北美内陆盆地的天气、地理条件及区域构造相互作用，同时伴随着碎屑和富含有机质的层状水体的进入，形成了有利于 Bakken 储层沉积和成岩的环境。Bakken 储层由上、下两片富含有机质的黑色泥岩以及夹杂在两片泥岩中间的粉砂质砂岩组成。中间的粉砂质砂岩属于在产储层。除马尼托巴省的下 Bakken 泥岩受剥蚀外，这套"三明治"状的储层在整个威利斯顿盆地均有分布。储层在北达科他州和西中萨斯喀彻温省最厚。在萨斯喀彻温省东部和马尼托巴省西南部的沉积边缘，Bakken 储层与受剥蚀的前中生代储层呈不整合接触。萨斯喀彻温省中储层的平均有效厚度为 19m，从西部最厚的 50m 减薄到东南部的 5m。

威利斯顿盆地北部，属于克拉通盆地（古内陆盆地）类型，是古大陆地壳通过几千万年的不定期沉积而形成的半圆形或卵形盆地。面积大约有 $35 \times 10^4 km^2$。该盆地在加拿大西端形成了一个不规则的碗状塌陷。古生代时期导致盆地发育的下弯作用力，可能与盆地底部或周围基底的长期线性运动有关。该盆地起源于晚寒武世到早奥陶世之间，最初形成的是克拉通边缘或大陆架盆地，后来由于科迪勒拉造山带的变形以及后续大陆西部边缘地壳的增长，才形成了今天的威利斯顿盆地。盆地沉积与整个古生代相对连续的盆地构造、古水测量深度相一致。古生代主要是碳酸盐岩沉积，中生代和新生代主要是碎屑岩沉积。在以往的地质时期中，威利斯顿盆地既没有显示出独立的整体构造

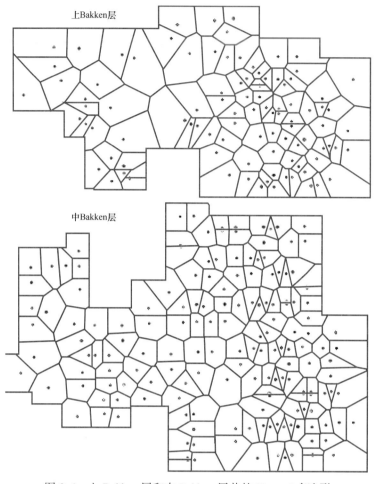

上Bakken层

中Bakken层

图 9-1　上 Bakken 层和中 Bakken 层井的 Voronoi 多边形

特征，也未显示作为大盆地某一部分的特征。盆地下沉和上升的造山运动，可能与基底断块的构造运动或与劳伦大陆周围的造山运动有关。自盆地形成以后，根据不断重复的碎屑岩和碳酸盐岩地层显示，威利斯顿盆地沉积具有循环的海进、海退特点。初始沉积发生在早寒武世不规则的晶体表面之上。而地层岩石呈现了海进、沉积、海退的第二个循环。奥陶纪时期，威利斯顿盆地已经属于一个结构完整的塌陷。海水来源于西南部有碎屑岩和碳酸盐岩沉积地区。由于横跨大陆穹隆的运动把盆地及其结构向北倾斜，到泥盆纪时期，海进、海退路线扩大到北部。地层呈现出从泥盆纪到密西西比纪海进、海退沉积层序的特点。随后海进路线在麦迪逊群组时期也发生了改变。这种海进、海退路线的改变与蒙大拿地区剪切应力系统的发育有关。而地层具有陆地碎屑岩中间夹有海相硅质碎屑岩、碳酸盐岩和蒸发岩沉积夹层的特点。该地层发生在侏罗纪和白垩纪时期西部内陆海进、海退的下降时期。自此以后，该盆地就一直受隆起、腐蚀以及火山作用的影响，落基山脉不断向该盆地提供碎屑岩。最上面的古近—新近系、第四系主要由泥质砂岩和褐煤组成，同时含有部分石灰岩和火山灰（Mohaghegh 等，2011）。

储层大约在晚泥盆世至早密西西比世时期在威利斯顿盆地沉积而成。威利斯顿盆地位于一个很大的古陆缘海中心，也就是现在的北美西部内陆地区，大约位于北纬47°之间。由于克拉通海相盆地和沿海前缘的插入，将威利斯顿盆地与其相邻的大陆隔成东、西两部分。沿着东西向（部分闭塞），作为连通西克拉通边缘海路的蒙大拿山脊，是在晚泥盆世时期，由沿着威利斯顿盆地内部基底构造的连续断块断层运动形成的。该过程中还伴有沿着斯威特格拉斯背斜的地壳上升，同时代的 Transcontinental、Wisconsin、Severn 地壳隆起改变了威利斯顿盆地东部和东北部盆地边缘。在泥盆纪与早密西西比世之间沉寂的 Bakken 岩层处于盆地西部边缘构造运动活跃的时期。

Bakken 地层深度从不同的水平面以下 527～2340m。细分成 3 个可辨认小层组：下 Bakken 组、中 Bakken 组和上 Bakken 组。3 个层组在萨斯喀彻温省南部很容易识别。下 Bakken 组与 Torquay、Big Valley 及 Lyleton 地层（地层的细分小层）不整合接触。中 Bakken 组与下 Bakken 组不整合接触，与上 Bakken 组整合接触，上 Bakken 组在西部与地层呈不整合接触，其他区域内与 Lodgepole 地层整合接触。萨斯喀彻温省的 Bakken 地层平均厚度为 19m。从东部最薄的 5m 到西部最厚的 50m。

上、下 Bakken 组中，总 TOC 含量高达 35%，主要是起源于海洋浮游生物的 I 型和 II 型有机物。Stasiuk 于 1991 年描述了页岩的有机微相分布，发现在萨斯喀彻温省南部上、下 Bakken 组页岩存在一个特别的带状分布，东部由未成熟或部分成熟的沥青质 III 型有机物组成，西部主要由海相沉积的 I 型和 II 型有机物组成。

在下 Bakken 组黑色页岩单元中发现了一些近乎平行或垂直的裂缝。这些裂缝大部分填充有分选较好的方解石和黄铁矿，少量发生变形或褶皱的裂缝包含泥质沉积物。由于埋藏很深，大部分裂缝在下部页岩层中只有大约 4cm 长，曾记录到最长的裂缝长达 20cm，这些裂缝主要分布在萨斯喀彻温省东部地区。

二、Bakken 页岩油开发现状

图 9-1 为上 Bakken 层和中 Bakken 层的井组分布。图 9-2 为在 Bakken 页岩进行 Top-Down 模型训练和历史拟合时的基本方法（Mohaghegh 等，2012）。图 9-3 和图 9-4 为上 Bakken 层（图 9-3）和中 Bakken 层（图 9-4）一些油藏特征参数的分布图。在 Top-Down 建模中根据测井数据和其他可以得到的油藏特征参数建立了一个较准确的油藏静态模型。既然 TDM 是一个以 AI&DM 为基础的油藏模拟和建模技术，它不需要油藏数值模拟模型通常需要的静态模型。

在 Top-Down 建模过程中建立的静态模型只用了可以得到的（和较好测量的）数据。静态模型指的是与每个井相关的油藏特征指标（测井、岩心分析以及试井结果、地震属性），并且将它们与具有相近油藏特征指标的邻近井进行关联。通过对所有井进行上述分析，油藏每部分的特征指标被多次取样。

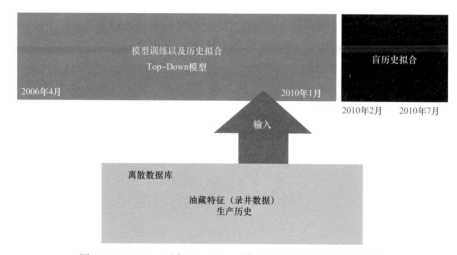

图 9-2　Bakken 页岩 Top-Down 模型的训练及历史拟合策略

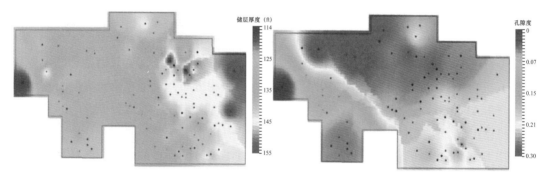

图 9-3　上 Bakken 页岩厚度及孔隙度分布

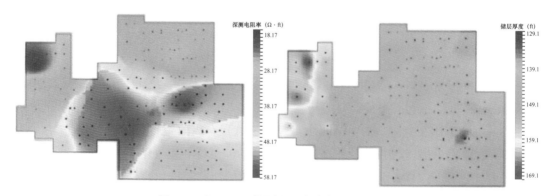

图 9-4　中 Bakken 深测电阻率分布及储层厚度

　　图 9-5 和图 9-6 是在上 Bakken 层页岩和中 Bakken 层经过 TDM 训练和历史拟合后的结果。每幅图中都有 4 个例子。从这些图中可以看出，TDM 已经掌握了流体在有裂缝页岩储层中的流动规律，并且能够预测井的生产动态。

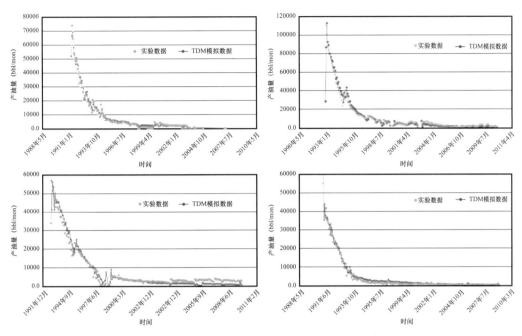

图 9-5　上 Bakken 页岩 TDM 训练和历史拟合

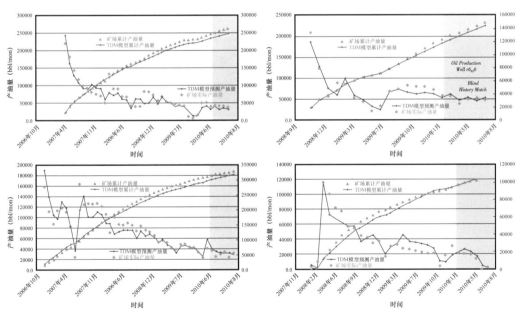

图 9-6　中 Bakken 地层 TDM 训练和历史拟合

　　TDM 的其中一个能力是快速跟踪分析。通过该分析，TDM 可以得到每口井的特征曲线。特征曲线可以用来量化与模型输入参数有关的不确定性。这样的参数可以是油藏特征参数，也可以是生产过程中井的操作控制参数。

第二节　Eagle Ford 页岩油开发实例

一、Eagle Ford 地质条件

Eagle Ford 地层是分布于得克萨斯州中南部墨西哥湾沿岸区域的上白垩统的沉积，如图 9-7 高亮部分所示。它一直被认为是得克萨斯其他区块的烃源岩，直到最近它才被认为是非常规油气区块。地层可以在沿着穿过 Austin、Waco 和 Fort Worth 的 Ouachita 地垒的附近看见露头。在具有烃潜力的南得克萨斯州，Eagle Ford 地层在地下 5000～13000ft，厚度为 50～300ft。尽管被广泛地认为是页岩，Eagle Ford 地层实际上是由有机质丰富的钙质泥岩和经过两套海侵层序沉积的白垩石（上、下 Eagle Ford 层）组成。

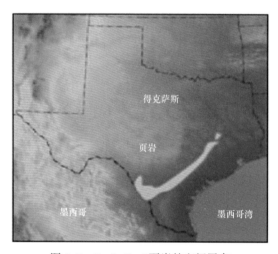

图 9-7　Eagle Ford 页岩的空间展布

随着深度的降低氧化环境逐渐增多，因此，下 Eagle Ford 层有机物更为丰富，可以产出更多的烃类有机物。Eagle Ford 地层的有机碳含量为 1%～7%。Eagle Ford 层上部为浅水沉积的 Austin 白垩层，因此没有像 Eagle Ford 地层一样有机质丰富的性质。

由于区域分布较广，Eagle Ford 地层由几个不同的小区块组成。在 La Salle 县，在 Edwards 陆架边缘（上灰色条带）和 Sligo 陆架边缘（下灰色条带）之间找到"甜点"。这个区域的埋深（10000～13000ft）使井生产大量的干气。西北部的 Maverick 盆地，Eagle Ford 地层非常浅（5000～8500ft）。东北部地区，在 Live Oak 县、Karnes 县和 DeWitt 县主要沿着 Edward 矿脉的背面来勘探 Eagle Ford。这些区域主要生产凝析油和气。确定 Eagle Ford 地层的范围需要更多的生产数据和勘探，但是目前的结果是有前景的。

二、裂缝建模和压力拟合

在非常规油藏中，主裂缝在 x-z 平面沿着垂直于最小主应力 σ_3 的方向发展。y-z 平

面和 x–y 平面裂缝分别沿垂直于应力 σ_2 和 σ_1 方向发展。在 x–z 和 y–z 平面上造的离散裂缝是垂直的，在 x–y 方向上压裂裂缝是水平的（Meyer 等，2010）。在进行压裂处理时的微震数据可以作为一个有用的诊断工具，通过引入裂缝网络的空间分布、裂缝高度、裂缝半长和裂缝面的方位来校正裂缝模型。

传统的双翼裂缝模拟器对于建立这种复杂的水力压裂裂缝网络效果不好。然而，离散裂缝网络可以通过裂缝模拟器进行建模。利用商业离散裂缝网络模拟器（椭圆形网格）对裂缝发展方向以及范围进行预测，并进行了压裂历史拟合。可以根据流动类型、壁面粗糙度、支撑剂运移和沉降选项评价裂缝几何形状和空间延伸范围之间的关系。

模拟过程中，网格间距被认为是近似与区域厚度成正比。网格细化是为了考虑有效产层厚度和在相应厚度下的地层开裂高度。对 A 井和 B 井的模拟中，裂缝的长轴和短轴方向上都为 75ft。水平裂缝在模拟器中没有分别进行考虑，而是通过附加井筒压力损失、页岩储存函数进行考虑。支撑剂的沉降速率为 0.1ft/min，且在整个裂缝网络上支撑剂的分布是均匀的。选取该设置的主要原因是裂缝壁面并不是光滑的（Vincent，2009）而是具有一定粗糙度，裂缝尖端或其他不一致的特性不能够使所有的支撑剂随着减阻水沉降到裂缝的底部。

与水平井筒相交的多级有限导流能力垂直裂缝解析解被用来对 A 井和 B 井进行生产历史拟合（Meyer 等，2010）。数值解可以应用于矩形油藏有限导流能力的垂直裂缝。这个解可以用来解释多级横向裂缝较高的初始产量，并且与裂缝之间干扰造成的晚期产量递减相符合。

三、Eagle Ford 页岩油开发现状

Eagle Ford 的水平井 A 进行了 10 级支撑剂压裂增产措施。4000ft 的水平段上用了滑溜水、线性胶和 40/80 目陶瓷支撑剂。在每级压裂中，第一个和最后一个射孔段的孔密为每英尺 6 孔，中间两个井段为每英尺 12 个孔。平均作业速率和地面作业压力分别为 50bbl/min 和 8900psi。当不使用滑溜水时，支撑剂的浓度随着级数的增大而增大，从 0.25lb[❶]/gal 到 1.5lb/gal。线性胶被用作后面几级的携带液，浓度为 0.75～1.5lb/gal。每一级放置的支撑剂体积大约为 250000lb，并且每级要用 11300bbl 的水（Bazan 等，2011）。

为评价储层特征以及潜力，对 A 井进行油层物理分析。由图 9–8 的分析结果确定了有效孔隙度、渗透率、矿物组成、有机质含量，并且估计了净厚度。通常，净有效厚度的确定需要根据一些已知的含水饱和度、黏土含量、渗透率、电导率、孔隙度来确定。A 井有效高度为 283ft。油藏压力通过孔隙压力梯度 0.76psi/ft 来确定。岩石的力学性质通过在垂直面上进行声波测井来得到，然后便可以得到应力值、杨氏模量、泊松比以及裂缝的粗糙度。

---

❶ 1lb=0.454kg。

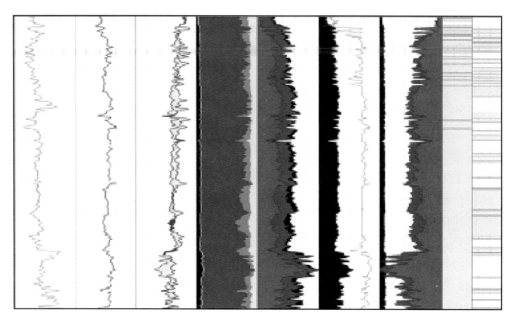

图 9-8 A 井所对应油藏特征参数的变化

通过生产测井，确定每一级（和簇）的供液能力。结果表明，总产气量为 $401.5 \times 10^4 ft^3/d$，产水量为 99bbl/d，所有级的裂缝都对生产起作用。经计算，第 8 级的气体贡献率最小为 5%，第 10 级的贡献率最大为 19%。在开始生产的 3 周内收集的产出液中的示踪剂结果也表明，10 级裂缝均对产量做出了贡献（尽管百分比不相同）。生产测井剖面如图 9-9 所示。

用放射性示踪剂进行生产测井的另一个好处是确定某一簇是否携带流体和支撑剂以及某一簇是否产气。一般来说，每级中 4 簇中只有两簇措施有效，产生产量可观的气体。相似的结果表明将近一半（或更少）的射孔簇对产量有贡献，这可以从 Macellus 页岩井的文献中看到（Yeager 和 Meyer，2010；Jacot 等，2010）。图 9-10 表明 40 簇中大约有 28 簇有放射性材料（工程判断）。根据生产测井可以得到对产量有贡献的簇的个数为 27 簇（体积分数为 2% 或更大）。

A 井模拟的压裂裂缝网络以在长轴和短轴上 75ft 的离散裂缝间距为基础。离散裂缝网络纵横比（宽度 / 长度）大约为 0.3。该假设认为在远离一级裂缝轴的位置有少量的二级裂缝发育。裂缝长度为 776ft，总的裂缝高度为 358ft，在射孔处最大的宽度为 0.22in。附加井筒效应拟合表明，平均 500psi 的压力损失在关井后 2min 内耗散。平均裂缝导流能力为 20～80mD·ft（图 9-11）。单位面积上的浓度剖面如图 9-12 所示，说明由于压裂措施后置液的注入，造成在井筒的浓度损失。浓度和导流能力值是裂缝闭合时的值，沉降速度为 0.1ft/min。静压力在泵的末端为 206psi，压裂液的效率为 84.4%（图 9-13 和图 9-14）。图 9-15 为离散裂缝网络相互连通各簇的视图。离散裂缝网络的总长为沿长轴方向 1552ft（半长为 776ft），沿短轴方向 450ft，总改造体积为 $1.69 \times 10^8 ft^3$（$12.7 \times 10^8 gal$）。图 9-16 为 A 井近 9 个月的日产量和累计产量。

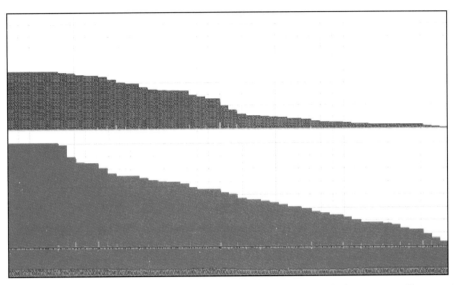

图 9-9　由生产测井结果得到的 A 井沿水平井筒的累计产气量和产水量（Bazan 等，2011）

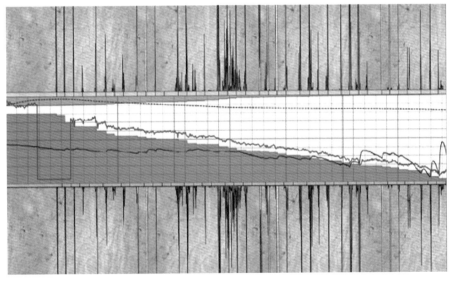

图 9-10　A 井沿水平井井筒的放射性示踪剂结果表明该井有 28 个有效簇

　　页岩储层中裂缝导流能力往往被视为重要的增产设计参数。然而，井的方位和裂缝的导流能力也是设计水平井时两个必须认真考虑的基本参数。在这样的方向和这样的速度条件下，近井的导流能力是不足的，因此限制了流动（Shah 等，2010；Mukherjee 和 Economides，1991）。通过定义一个水平井节流表皮，将这个效应进行量化。

　　A 井的历史拟合考虑了水平节流表皮的两种不同情况：（1）以高导流能力的支撑剂收尾，因此井筒附近的导流能力应该比整个裂缝网络的平均裂缝导流能力大；（2）无支撑剂收尾，因为压裂可能注入后置液，并且不会从近井的高裂缝导流能力中获益。所有情况都假设裂缝具有相同的导流能力并且等距分布，裂缝尺寸相同。为了更好地定义有

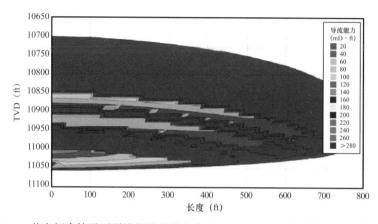

图 9-11 A 井在闭合情况下裂缝的导流能力为 20～80mD·ft（连通簇状离散网络模型）

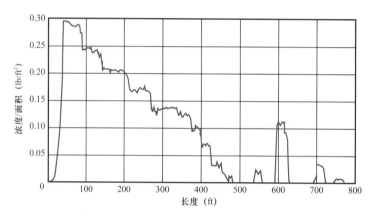

图 9-12 A 井在裂缝闭合情况下单位面积的浓度截面（连通簇状离散网络模型）

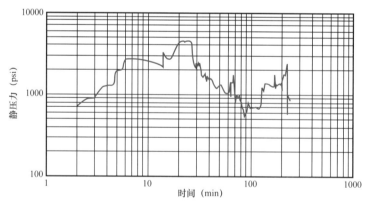

图 9-13 A 井的静压力随时间变化曲线（连通簇状离散网络模型）

A 井的静压力泵的末端为 900psi

效裂缝长度、系统渗透率和裂缝导流能力，历史拟合的求解分别在最小裂缝条数 10 条（每级 1 条）、平均裂缝条数 20 条（每级 2 条）以及最大裂缝条数 40 条（每级 4 条）的约束条件下进行。

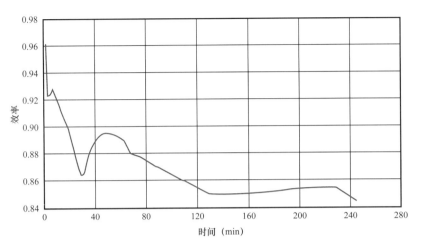

图 9-14 压裂液效率随时间变化曲线（连通簇状离散网络模型）

A 井泵入时压裂液的效率将近 85%

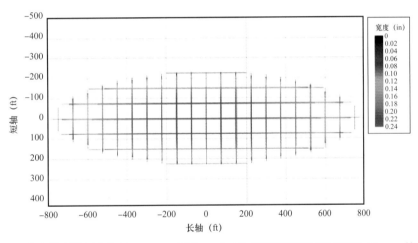

图 9-15 A 井离散裂缝网络长轴 1556ft，短轴 450ft（连通簇状离散网络模型）（Bazan 等，2011）

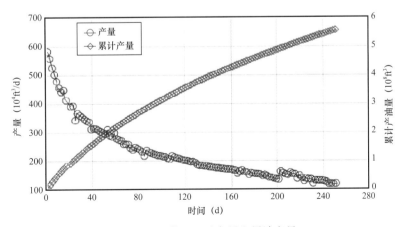

图 9-16 A 井 250 天产量和累计产量

　　A 井的生产测井表明 27 条横向裂缝对生产做出了贡献，放射性测井表明有 28 条裂缝进行了改造。因此，用将近 40 个射孔簇一半的 20 条横向裂缝分析作为主要的产量来源是合理的。A 井压裂进行了后置液处理，没有支撑剂收尾，历史拟合得到支撑裂缝的长度为 250ft，裂缝的导流能力为 $2mD \cdot ft$，节流表皮为 0.015，地层的渗透率为 16.8nD。对于 20 条裂缝情况，后置液（无支撑剂收尾）处理减小裂缝半长 10%。表 9-1 为 A 井油藏和裂缝的特性参数。尽管只有不到 1 年的生产数据，20 条横向裂缝的历史拟合看起来是合理的（图 9-17）。利用拟合结果预测 10 年的累计产量，如图 9-18 和图 9-19 所示（井底压力为 1200psi）。1 年和 5 年后的累计产量分别为 $7 \times 10^8 ft^3$ 和 $18 \times 10^8 ft^3$。这些长期的预测结果只能在优化裂缝设计参数中使用，而不能用来估算最终可采储量。为了得到更准确的预测，长期的生产数据以及井底流压数据是必要的。

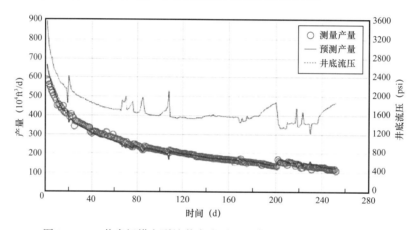

图 9-17　A 井多级横向裂缝井底流压以及实际和预测产量的对比

表 9-1　A 井油藏和裂缝的特性

井筒半径（ft）	0.333
边界长度（ft）	4000
级数	10
每级裂缝簇数	4
深度（ft）	10875
主力层高度（ft）	283
油藏地层压力（psi）	6568
温度（°F）	242
泄流区域（acre）	80
油藏尺寸（ft）	933.38，3733.52

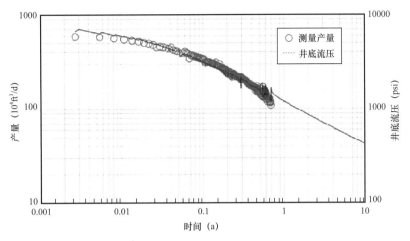

图 9-18 利用历史拟合结果对有 20 条横向裂缝的 A 井的产量预测

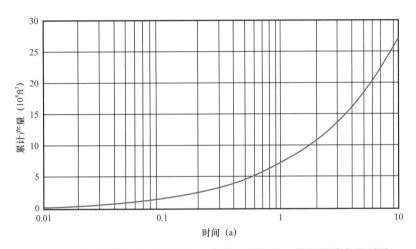

图 9-19 利用历史拟合结果对有 20 条横向裂缝的 A 井的累计产量预测

相同的方法用于 Eagle Ford 的凝析油水平井 B 进行拟合。该井进行了 12 级压裂。每一级用 4 个 2ft 的簇进行射孔（水平段共 48 簇）。B 井中有 8 个额外的簇在与 A 井相同的地方。所有射孔段的孔密都为每英尺 6 孔。平均作业速率和地面作业压力分别为 70bbl/min 和 8500psi。当不使用滑溜水时，支撑剂的浓度随着级数的增大而增大，从 0.25lb/gal 到 1.5lb/gal。每一级放置的支撑剂体积大约为 270000lb，用掉 12500bbl 的水（Bazan 等，2011）。

图 9-20 为 B 井的油层物理分析，确定了有效孔隙度、渗透率、矿物组成、有机质含量，并且估计了净厚度。B 井有效厚度为 224ft。油藏压力通过孔隙压力梯度 0.65psi/ft 来确定。岩石的力学性质通过在垂直面上进行声波测井得到，然后，便可以得到应力值、杨氏模量、泊松比以及裂缝的粗糙度，如图 9-21 所示。

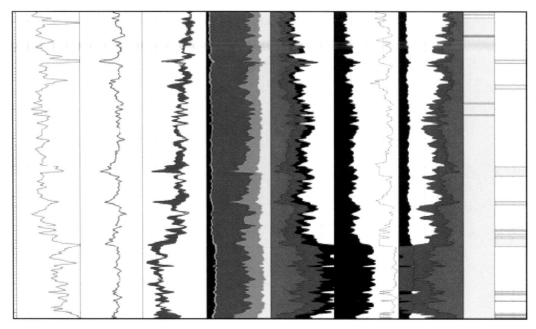

图 9-20　B 井的特征参数变化

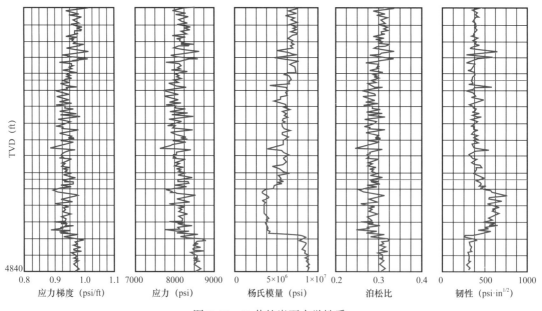

图 9-21　B 井的岩石力学性质

　　在钻开所有段塞后进行生产测井，确定每一级（和簇）的供液能力。结果表明，总产气量为 $418.4 \times 10^4 \text{ft}^3/\text{d}$，产水量为 89bbl/d，所有级的裂缝都对生产起作用。经计算，第 8 级的气体贡献率最小为 3%，第 4 级和第 1 级的贡献率最大为 14%。示踪剂结果表明，12 级裂缝均对产量有贡献（尽管百分比不相同）。生产测井剖面如图 9-22 所示。

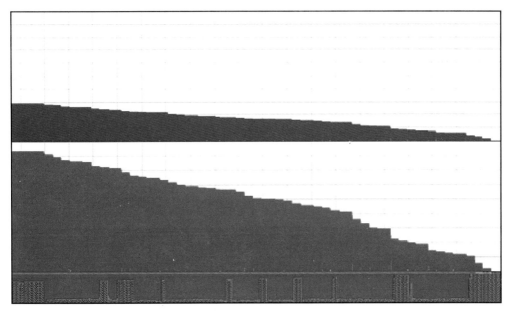

图 9-22　由生产测井结果得到的 B 井沿水平井筒的累计产气量和产水量

图 9-23 表明，48 簇中大约有 29 簇有放射性材料。根据生产测井可以得到对产能有贡献的簇的个数为 21 簇。一般来说，每级 4 簇中只有两簇措施有效。B 井模拟的压裂裂缝网络以在长轴和短轴上 75ft 的离散裂缝间距为基础。离散裂缝网络纵横比（宽度 / 长度）大约为 0.4。裂缝长度为 960ft，总的裂缝高度为 331ft，在射孔处最大的宽度为 0.14in。附加井筒效应拟合表明，平均 250psi 的压力损失在关井后 3min 内耗散。平均裂缝导流能力（图 9-24）将近 40mD·ft。单位面积上的浓度剖面如图 9-25 所示，表明由于压裂后置液的注入，造成在井筒的浓度损失。浓度和导流能力的值是裂缝闭合时的值，沉降速度为 0.1ft/min。静压力在泵的末端为 232psi，压裂液的效率为 67.3%（图 9-25）。图 9-26 为离散裂缝网络相互连通各簇的视图。离散裂缝网络的总长为沿长轴方向 1920ft（半长为 960ft），沿短轴方向 700ft，总改造体积为 $3.21 \times 10^8 ft^3$（$24 \times 10^8 gal$）（图 9-27）。

微震成像技术通过对邻近井的检测，探测并确定微震事件发生的位置。该技术被用于估计每级裂缝的高度、长度和方位角。总的来说，所有级裂缝方位角从 N45°E 到 N55°E，主裂缝的方位角大约为 N50°E，基本上与 B 井的水平段横切。大部分的微震活动主要集中在上层，平均裂缝高度为 260ft。当实施压裂措施时，可以观察到有些裂缝向上延伸进入 Austin 白垩层，向下延伸进入 Buda 组。裂缝网络的半长为 450～900ft，大部分裂缝半长为 700ft。裂缝网络的宽度为 265～730ft，平均宽度在 490ft 左右。有些级的微震事件相互重叠，表明形成的裂缝网络较为复杂。图 9-27 展示了 B 井 12 级裂缝的微震成像结果。B 井所有级的侧视图如图 9-28 所示。对于第四级，裂缝网络宽度为 600ft，裂缝网络的半长为 700ft（图 9-29），高度为 310ft（图 9-30）。

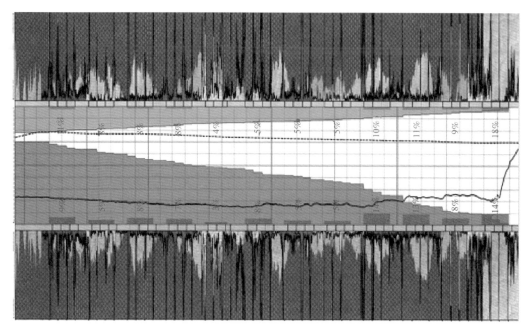

图 9-23　B 井沿水平井井筒的放射性示踪剂测定结果

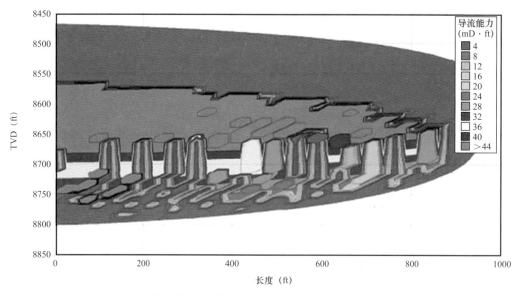

图 9-24　B 井的裂缝导流能力为 40mD·ft（连通簇状离散网络模型）

　　模拟中用到的裂缝特征参数和历史拟合参数见表 9-2。B 井的凝析油产量约为 200bbl/d，生产期内有 16 天的关井时间。为了更好地定义有效裂缝长度、渗透率和裂缝导流能力，历史拟合的求解分别在最小裂缝条数 12 条（每级 1 条）、平均裂缝条数 24 条（每级 2 条）以及最大裂缝条数 48 条（每级 4 条）的约束条件下进行。

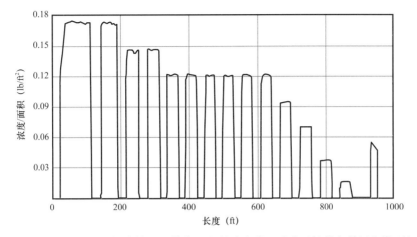

图 9-25　B 井在裂缝闭合情况下单位面积的浓度截面（连通簇状离散网络模型）

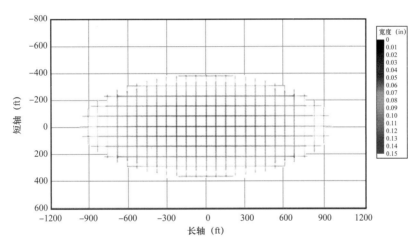

图 9-26　B 井离散裂缝网络长轴 1920ft，短轴 700ft（连通簇状离散网络模型）

表 9-2　B 井油藏和裂缝的特性

井筒半径（ft）	0.365
边界长度（ft）	4000
级数	12
每级裂缝簇数	4
深度（ft）	8640
主力层高度（ft）	224
油藏地层压力（psi）	6568
温度（°F）	242
泄流区域（acre）	80
油藏尺寸（ft）	933.38，3733.52

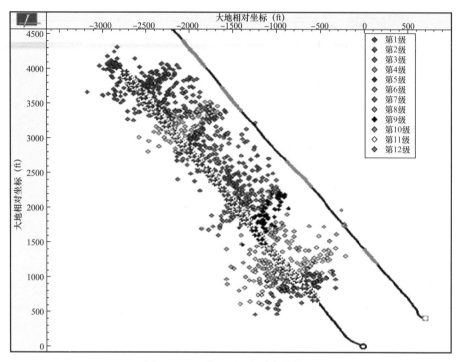

图 9-27　B 井 12 级微震成像结果

平均裂缝半长为 700ft，宽度为 490ft

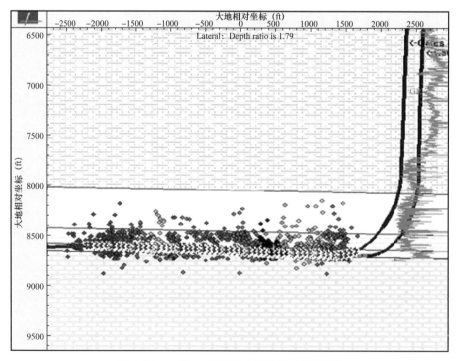

图 9-28　B 井 12 级微震成像结果（侧视图）

平均裂缝高度为 260ft

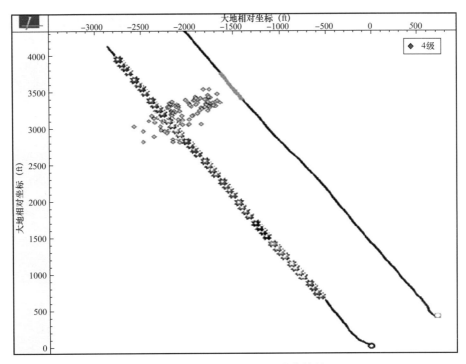

图 9-29　B 井第 4 级微震成像结果

观测裂缝半长为 700ft，宽度为 600ft

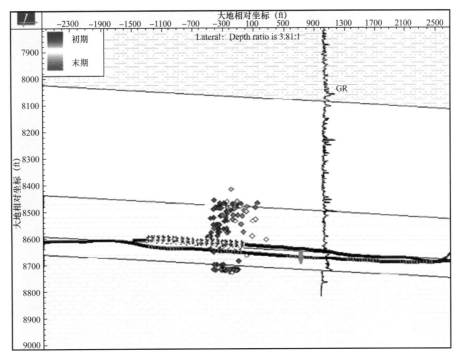

图 9-30　B 井第 4 级微震成像结果（侧视图）

观测裂缝高度为 310ft

　　B 井生产测井表明 21 条横向裂缝对生产做出了贡献，放射性测井表明有 29 条裂缝进行了改造。因此，用超过一半的横向裂缝进行分析和预测是合理的。压裂进行后置液处理，则没有支撑剂收尾造成支撑裂缝的长度为 330ft，裂缝的导流能力为 1.47mD·ft，节流表皮为 0.093，地层的渗透率为 146.7nD。24 条横向裂缝的历史拟合看起来是合理的。预测得到的 1 年和 5 年后累计产量分别为 $13 \times 10^8 ft^3$ 和 $47 \times 10^8 ft^3$。

参 考 文 献

董冬，杨申镰，项希勇，等，1993.济阳坳陷的泥质岩油气藏［J］.石油勘探与开发，20（6）：15-22.

杜金虎，何海清，杨涛，等，2014.中国致密油勘探进展及面临的挑战［J］.中国石油勘探，19（1）：1-9.

杜金虎，胡素云，庞正炼，等，2019.中国陆相页岩油类型、潜力及前景［J］.中国石油勘探，24（5）：560-568.

付广，姜振学，张云峰，1998.大庆长垣以东地区扶余致密油层成藏系统的划分与评价［J］.特种油气藏，3（2）：12-17

付金华，牛小兵，淡卫东，等，2019.鄂尔多斯盆地中生界延长组长7段页岩油地质特征及勘探开发进展［J］.中国石油勘探，24（5）：601-614.

付金华，喻建，徐黎明，等，2015.鄂尔多斯盆地致密油勘探开发新进展及规模富集可开发主控因素［J］.中国石油勘探，20（5）：9-19.

甘云雁，张士诚，刘书杰，等，2011.整体压裂井网与裂缝优化设计新方法［J］.石油学报（2）：290-294.

高瑞祺，1984.泥岩异常高压带油气的生成排出特征与泥岩裂缝油气藏的形成［J］.大庆石油地质与开发，3（1）：160-167.

贾承造，郑民，张永峰，2012.中国非常规油气资源与勘探开发前景［J］.石油勘探与开发，39（2）：129-136.

贾承造，邹才能，李建忠，等，2012.中国致密油评价标准、主要类型、基本特征及资源前景［J］.石油学报，33（3）：343-350.

李国欣，朱如凯，2020.中国石油非常规油气发展现状、挑战与关注问题［J］.中国石油勘探，25（2）：1-13.

李晓光，刘兴周，李金鹏，等，2019.辽河坳陷大民屯凹陷沙四段湖相页岩油综合评价及勘探实践［J］.中国石油勘探，24（5）：636-648.

李忠兴，王永康，万晓龙，等，2006.复杂致密油藏开发的关键技术［J］.油气田开发，11（3）：60-64.

梁世君，罗劝生，王瑞，等，2019.三塘湖盆地二叠系非常规石油地质特征与勘探实践［J］.中国石油勘探，24（5）：624-635.

林英松，韩帅，周雪，等，2015.体积压裂技术在煤层气开采中的适应性研究［J］.西部探矿工程，27（4）：59-61.

刘金鹏，2014.面向大规模实值优化问题的CMA-ES算法及其分制策略研究［D］.合肥：中国科学技术大学.

刘丽英，2006.广义模式搜索算法的一些研究［D］.大连：大连理工大学.

罗剑波，姜长生，2008.基于MCS自适应算法的机翼颤振主动抑制［J］.航空兵器，15（3）：19-22.

吕祥生，最宏，2007.基于MCS算法的飞机起落架仿真研究［J］.计算机仿真，24（1）：55-57.

马强，1995.致密油气层DST测试分析［J］.试采技术，16（4）：9-15.

潘林华，2012.复杂介质条件下裂缝延伸机理研究［D］.北京：中国石油大学（北京）.

史璨，林伯韬，2021.页岩储层压裂裂缝扩展规律及影响因素研究探讨［J］.石油科学通报，6（1）：92–113.

孙焕泉，蔡勋育，周德华，等，2019.中国石化页岩油勘探实践与展望［J］.中国石油勘探，24（5）：569–575.

孙焕泉，2017.济阳坳陷页岩油勘探实践与认识［J］.中国石油勘探，22（4）：1–14.

童勤龙，刘德长，张川，2017.新疆吉木萨尔西大龙口地区航空高光谱油气探测［J］.石油学报，38（4）：425–435.

童晓光，2012.非常规油的成因和分布［J］.石油学报，33（S1）：20–26.

王晨晨，姚军，杨永飞，等，2013.碳酸盐岩双孔隙数字岩心结构特征分析［J］.中国石油大学学报（自然科学版），37（2）：71–74.

王相，2016.水驱油田井网及注采优化方法研究［D］.青岛：中国石油大学（华东）.

王小军，杨智峰，郭旭光，等，2019.准噶尔盆地吉木萨尔凹陷页岩油勘探实践与展望［J］.新疆石油地质，40（4）：402–413.

吴河勇，林铁峰，白云风，等，2019.松辽盆地北部泥（页）岩油勘探潜力分析［J］.大庆石油地质与开发，38（5）：78–86.

吴玉其，林承焰，任丽华，等，2018.基于多点地质统计学的数字岩心建模［J］.中国石油大学学报（自然科学版），42（3）：12–21.

杨华，李士祥，刘显阳，等，2013.鄂尔多斯盆地致密油、页岩油特征及资源潜力［J］.石油学报，34（1）：1–11.

杨华，牛小兵，徐黎明，等，2016.鄂尔多斯盆地三叠系延长组长7段页岩油勘探潜力［J］.石油勘探与开发，43（4）：590–599.

姚军，王晨晨，杨永飞，等，2013.碳酸盐岩双孔隙网络模型的构建方法和微观渗流模拟研究［J］.中国科学（物理学力学天文学），43（7）：896–902.

尹立一，郑书涛，沈刚，等，2011.基于改进MCS算法的道路模拟机试验系统［J］.农业机械学报，42（12）：55–61.

张金川，林腊梅，李玉喜，等，2012.页岩油分类与评价［J］.地学前缘，19（5）：322–331.

张金亮，常象春，2000.民和盆地致密砂岩油藏油气充注史及含油气系统研究［J］.特种油气藏，7（4）：5–8.

张挺，2009.基于多点地质统计的多孔介质重构方法及实现［D］.合肥：中国科学技术大学.

赵辉，李阳，康志江，2013.油藏开发生产鲁棒优化方法［J］.石油学报，34（5）：947–953.

赵辉，谢鹏飞，曹琳，等，2017.基于井间连通性的油藏开发生产优化方法［J］.石油学报，38（5）：555–531.

赵文智，胡素云，侯连华，2018.页岩油地下原位转化的内涵与战略地位［J］.石油勘探与开发，45（4）：537–545.

赵文智，胡素云，侯连华，等，2020.中国陆相页岩油类型、资源潜力及与致密油的边界［J］.石油勘探与开发，47（1）：1–10.

赵贤正，周立宏，蒲秀刚，等，2018.陆相湖盆页岩层系基本地质特征与页岩油勘探突破——以渤海湾盆地沧东凹陷古近系孔店组二段一亚段为例［J］.石油勘探与开发，45（3）：361–372.

赵贤正，周立宏，蒲秀刚，等，2019.断陷湖盆湖相页岩油形成有利条件及富集特征——以渤海湾盆地沧东凹陷孔店组二段为例［J］.石油学报，40（9）：1013–1029.

赵秀才，2009.数字岩心及孔隙网络模型重构方法研究［D］.东营：中国石油大学（华东）.

赵政璋，杜金虎，邹才能，等，2012.致密油气［M］.北京：石油工业出版社.

周厚清，辛国强，1992.致密油气储层泥浆损害实验研究［J］.大庆石油地质与开发，11（4）：15–19.

周庆凡，杨国丰，2012.致密油与页岩油的概念与应用［J］.石油与天然气地质，33（4）：541–544，570.

周彤，2017.层状页岩气储层水力压裂裂缝扩展规律研究［D］.北京：中国石油大学（北京）.

邹才能，陶士振，侯连华，等，2014.非常规油气地质学［M］.北京：地质出版社.

邹才能，陶士振，袁选俊，等，2009."连续型"油气藏及其全球的重要性：成藏、分布与评价［J］.石油勘探与开发，36（6）：669–683.

邹才能，杨智，崔景伟，等，2013.页岩油形成机制、地质特征及发展对策［J］.石油勘探与开发，40（1）：14–26.

邹才能，朱如凯，吴松涛，等，2012.常规与非常规油气聚集类型、特征、机理及展望［J］.石油学报，33（2）：173–187.

邹才能，潘松圻，荆振华，等，2020.页岩油气革命及影响［J］.石油学报，41（1）：1–12.

邹才能，杨智，陶士振，等，2012.纳米油气与源储共生型油气聚集［J］.石油勘探与开发，39（1）：13–26.

邹才能，杨智，王红岩，等，2019."进源找油"：论四川盆地非常规陆相大型页岩油气田［J］.地质学报，93（7）：1551–1562.

邹才能，张国生，杨智，等，2013.非常规油气概念、特征、潜力及技术——兼论非常规油气地质学［J］.石油勘探与开发，40（4）：385–399.

邹才能，赵贤正，杜金虎，等，2020.页岩油气地质评价方法：GB/T 38718—2020［S］.北京：中国标准出版社.

邹才能，朱如凯，李建忠，等，2017.致密油地质评价方法：GB/T 34906—2017［S］.北京：中国标准出版社.

邹才能，朱如凯，雷德文，等，2020.中国陆相致密油页岩油［M］.北京：科学出版社.

Abramson M A，Audet C，Dennis J E，2004. Generalized pattern searches with derivative information［J］. Mathematical Programming，100（1）：3–25.

Adachi J I.，Detournay E，Peirce A P，2010. Analysis of the classical pseudo–3D model for hydraulic fracture with equilibrium height growth across stress barriers［J］. Int. J. Rock Mech. Min. Sci.，47：625–639.

Adachi J I，Siebrits E，Peirce A P，2007. Computer simulation of hydraulic fractures［J］. Int. J. Rock

Mech. Min. Sci., 44（5）: 739-757.

Adegbesan K O, Costello J P, Elsborg C C, et al., 1996. Key performance drivers for horizontal wells under waterflood operations in the layered Pembina Cardium reservoir［J］. The Journal of Canadian Petroleum Technology, 35（8）: 25-35.

Alharthy N, Teklu T, Kazemi H, et al., 2015. Enhanced oil recovery in liquid rich shale reservoirs : laboratory to field［C］. SPE 175034-MS.

Al-Mudhafar W J, Rao D N, 2017. Proxy-Based metamodeling optimization of the gas assisted gravity drainage GAGD process in heterogeneous sandstone reservoirs［C］. SPE 185701.

Alvarez J O, Neog A, Jais A, et al., 2014. Impact of surfactants for wettability alteration in stimulation fluids and the potential for surfactant EOR in unconventional liquid reservoirs［C］. SPE 169001-MS.

Alvarez J O, Schechter D S, 2016. Altering wettability in Bakken shale by surfactant additives and potential of improving oil recovery during injection of completion fluids［C］. SPE 179688-MS.

Ambrose D, Tsonopoulos C, 1995. Vapor-liquid critical properties of elements and compounds. 2. Normal alkanes［J］. Journal of Chemical and Engineering Data, 40（3）: 531-546.

Ambrose R J, Hartman R C, Diaz-Campos M, et al., 2012. Shale gas-in-place calculations part I : New pore-scale considerations［J］. SPE Journal, 17: 219-229.

Andreev G E, 1995. Brittle Failure of Rock Materials［M］. Florida : CRC Press.

Audet C, Dennis Jr J E, 2002.Analysis of generalized pattern searches［J］. SIAM Journal on optimization, 13（3）: 889-903.

Awasthi A, Bhatt Y J, Garg S P, 1996. Measurement of contact angle in systems involving liquid metals［J］. Measurement Science and Technology, 7（5）: 753.

Ayirala C, Rao D N, 2006. A new parachor model to predict dynamic interfacial tension and miscibility in multicomponent hydrocarbon systems［J］. Journal of Colloid and Interface Science, 299（1）: 321-331.

Bae H S, Pyun S, Chung W, et al., 2012.Frequency-domain acoustic-elastic coupled wave form inversion using the Gauss-Newton conjugate gradient method［J］.Geo-physical Prospecting, 60（3）: 413-432.

Balasundaram R, Jiang S, Belak J, 1999. Structural and rheological properties of n-decane confined between graphite surfaces［J］. Chemical Engineering Journal, 74（1）: 117-127.

Barenblatt G I, 1962. The mathematical theory of equilibrium cracks in brittle fracture［J］. Adv. Appl. Mech. Ⅶ: 55-129.

Bazan L W, Larkin S D, Lattibeaudiere M G, et al., 2011.Advanced completion design, fracture modeling technologies optimize Eagle Ford performance［R］.American Oil & Gas Reporter : 1-8.

Beckner B L, Song X, 1995. Field development planning using simulated annealing-optimal economic well scheduling and placement［C］. SPE 30650.

Bello R O, 2009. Rate transient analysis in shale gas reservoirs with transient linear behavior［D］. Texas : Texas A&M U., College Station.

Bello R O, Wattenbarger R A, 2008. Rate transient analysis in naturally fractured shale gas reservoirs [C]. SPE 114591-MS.

Bello R O, Wattenbarger R A, 2009. Modeling and analysis of shale gas production with a skin effect [C]. CIPC 2009-082.

Bello R O, Wattenbarger R A, 2010. Multi-stage hydraulically fractured shale gas rate transient analysis [C]. SPE 126754 -MS.

Berkowitz B, Naumann C, Smith L, 1994. Mass transfer at fracture intersections : an evaluation of mixing models [J]. Water Resources Research, 30 (6): 1765-1773.

Bishop A W, 1967. Progressive failure with special reference to the mechanism causing it [C]. Oslo : Proceedings of the Geotechnical Conference on Shear Strength Properties of Natural Soils and Rocks : 142-150.

Blunt M J, 1998. Physically-based network modeling of multiphase flow in intermediate-wet porous media [J]. Journal of Petroleum Science and Engineering, 20 (3-4): 117-125.

Bomont J M., Bretonnet J L, 2006. An effective pair potential for thermodynamics and structural properties of liquid mercury [J]. The Journal of Chemical Physics, 124 (5): 054504.

Bonnet M, 1999. Boundary integral equation methods for solids and fluids [M]. John Wiley & Sons.

Botan A, Rotenberg B, Marry V, et al., 2011. Hydrodynamics in clay nanopores [J]. The Journal of Physical Chemistry C, 115 (32): 16109-16115.

Bourdin B, Chukwudozie C P, Yoshioka K, 2012. A variational approach to the numerical simulation of hydraulic fracturing [C]. SPE Annual Technical Conference and Exhibition.

Bourg I C, Steefel C I, 2012. Molecular dynamics simulations of water structure and diffusion in silica nanopores [J]. The Journal of Physical Chemistry C, 116 (21): 11556-11564.

Bouzarkouna Z, Ding D Y, Auger A, 2012. Well placement optimization with the covariance matrix adaptation evolution strategy and meta-models [J]. Computational Geosciences, 16 (1): 75-92.

Breit V S, Stright Jr D H, Dozzon J A, 1992. Reservoir characterization of the Bakken shale from modeling of horizontal well interference data [C]. SPE 24320-MS.

Brown M, Ozkan E, Raghavan R, et al., 2011.Practical solutions for pressure-transient responses of fractured horizontal wells in unconventional shale reservoirs [J]. SPE Reservoir Evaluation and Engineering, 14 (6): 663-676.

Brusllovsky A L, 1992. Mathematical simulation of phase behavior of natural multicomponent systems at high pressure with an equation of state [J]. SPE Reservoir Engineering , 7 (1): 117-122.

Bu H, Ju Y, Tan J, et al., 2015. Fractal characteristics of pores in non-marine shales from the Huainan coalfield, eastern China [J]. Journal of Natural Gas Science and Engineering, 24: 166-177.

Bukshtynov V, Volkov O, Durlofsky L J, et al., 2015. Comprehensive framework for gradient based optimization in closed-loop reservoir management [J]. Computational Geosciences, 19 (4): 877-897.

Bunger A P, Detournay E, 2008. Experimental validation of the tip asymptotics for a fluid-driven crack [J].

Journal of the Mechanics and Physics of Solids, 56（11）: 3101-3115.

Bunger A P, Jeffrey R G, Zhang X, 2011.Experimental investigation of the interaction among closely spaced hydraulic fractures［C］. San Francisco, California : the 45th U.S. Rock Mechanics / Geomechanics Symposium.

Bunger A P, Lecampion B, 2017. Four critical issues for sucessful hydraulic fracturing applications［M］. CRC Press.

Bunger A P, Peirce A P, 2014. Numerical simulation of simultaneous growth of multiple interacting hydraulic fractures from horizontal wells［C］. Pittsburgh, PA : ASCE Shale Energy Engineering Conference.

Byrnes A P, 2003. Aspects of permeability, capillary pressure, and relative permeability properties and distribution in low-permeability rocks important to evaluation, damage, and stimulation［C］. Denver, Colorador : Proceedings of Rocky Mountain Association of Geologists Petroleum Systems and Reservoirs of Southwest Wyoming Symposium.

Cai J, Sun S, 2013.Fractal analysis of fracture increasing spontaneous imbibition in porous media with gas-saturated［J］. International Journal of Modern Physics C, 24（8）.

Cai J, Guo S, You L, 2013.Fractal analysis of spontaneous imbibition mechanism in fractured-porous dual media reservoir［J］. Acta Physica Sinica, 62（1）: 014701.

Camacho-V R G, Raghavan R, 1989. Performance of wells in Solution-Gas-Drive reservoirs［J］. SPE Formation Evaluation, 4（4）: 611-620.

Carreau P J,1972. Rheological equations from molecular network theories［J］. Trans. Soc. Rheol. ,16（1）: 99-127.

Carrier B, Granet S, 2012. Numerical modeling of hydraulic fracture problem in permeable medium using cohesive zone model［J］. Eng. Fract. Mech. 79: 312-328.

Castro M A, Clarke S M, Inaba A, et al., 1998. Competitive adsorption of simple linear alkane mixtures onto graphite［J］.The Journal of Physical Chemistry B, 102（51）: 10528-10534.

Cavalcante Filho, Shakiba M, Moinfar A, et al., 2015. Implementation of a preprocessor for embedded discrete fracture modeling in an IMPEC Compositional Reservoir Simulator［C］. SPE 173289-MS.

Cavalcante Filho, Xu Y, Sepehrnoori K, et al., 2015. Modeling fishbones using the embedded discrete fracture model formulation : sensitivity analysis and history matching［C］. Houston, Texas : SPE Annual Technical Conference and Exhibition.

Chen K, 2013. Evaluation of EOR potential by gas and water flooding in shale oil reservoirs［D］.Texas : Texas Tech University.

Chen X Y, Liu Y, Yang J M, 2008. Density oscillation from nanoscale to macroscale［J］. Modern Physics Letters B, 22（27）: 2649-2658.

Chen X,Cao G,Han A,et al.,2008. Nanoscale fluid transport : size and rate effects［J］. Nano Letters,8（9）: 2988-2992.

Chen C C, Raghavan R, 1997. A multiply-fractured horizontal well in a rectangular drainage region [J]. SPE Journal, 2 (4): 455–465.

Chen C, Balhoff M T, Mohanty K K, 2014. Effect of reservoir heterogeneity on primary recovery and CO_2 Huff-n-Puff recovery in shale-oil reservoirs [J]. SPE Reservoir Evaluatin & Engineering, 17 (3): 404–413.

Chib S, Greenberg E, 1955. Understanding the metropolis-hastings algorithm [J]. Am Stat, 49 (4): 327–35.

Chilukoti H K, Kikugawa G, Ohara T, 2014. Structure and transport properties of liquid alkanes in the vicinity of α –quartz surfaces [J]. International Journal of Heat and Mass Transfer, 79: 846–857.

Christenson H K, Gruen D W R, Horn R G, et al., 1987. Structuring in liquid alkanes between solid surfaces: Force measurements and mean-field theory [J]. The Journal of Chemical Physics, 87 (3): 1834–1841.

Chuprakov D A, Melchaeva O, Prioul R, 2014. Injection-sensitive mechanics of hydraulic fracture interaction with discontinuities [J]. Rock Mech. Rock Eng. 47 (5), 1625–1640.

Clarkson C R, Beierle J J, 2010. Integration of microseismic and other post-fracture surveillance with production analysis: A tight gas study [C]. SPE 131786 –MS.

Clarkson C R, Pedersen P K, 2010.Tight oil production analysis: Adaption of existing rate-transient analysis techniques [C]. SPE137352–MS.

Clarkson C R, Solano N, Bustin R M, et al., 2013. Pore structure characterization of North American shale gas reservoirs using USANS/SANS, gas adsorption, and mercury intrusion [J]. Fuel, 103: 606–616.

CMG-IMEX, 2014. IMEX User Guide [M]. Computer Modeling Group Ltd.

Cohen C E, Kresse O, Weng X, 2015. A new stacked height growth model for hydraulic fracturing simulation [C]. San Francisco, CA: 49th US Rock Mechanics/Geomechanics Symposium.

Cooke M L, Pollard D D, 1996. Fracture propagation paths under mixed mode loading within rectangular blocks of polymethyl methacrylate [J]. J. Geophys. Res. Solid Earth, 101 (B2): 3387–3400.

Cover T M, Hart P, 1967. Nearest neighbor pattern classification [J]. IEEE Transactions on Information Theory, 13 (1): 21–7.

Cox S A, Cook D A, Dunek K, 2008. Unconventional resource play evaluation: A look at the Bakken shale play of North Dakota [C]. SPE 114171–MS.

Cruz-Chu E R, Aksimentiev A, Schulten K, 2006. Water-silica force field for simulating nanodevices [J]. The Journal of Physical Chemistry B, 110 (43): 21497–21508.

Cundall P A, 1971. A computer model for simulating progressive large-scale movement in blocky rock system [C]. Nancy: Proceedings of Symposium of International Society of Rock Mechnics.

Cygan R T, Liang J J, Kalinichev A G, 2004. Molecular models of hydroxide, oxyhydroxide, and clay phases and the development of a general force field [J]. The Journal of Physical Chemistry B, 108 (4): 1255–1266.

Dachanuwattana S，Jin J，Zuloaga-Molero P，et al.，2018. Application of proxy-based MCMC and EDFM to history match a Vaca Muerta shale oil well［J］. Fuel，220：490-502.

Damjanac B，Cundall P A，2016. Application of distinct element methods to simulation of hydraulic fracturing in naturally fractured reservoirs［J］. Comput. Geotech.，71：293-294.

Dawson M，Nguyen D，Champion N，et al.，2015. Designing an optimized surfactant flood in the Bakken［C］. SPE175937-MS.

Delhommelle J，2004. Simulations of shear-induced melting in two dimensions［J］. Physical Review B，69（14）：144117.

Denton E L，Chintala S，Fergus R，2015. Deep generative image models using a laplacian pyramid of adversarial networks［C］. Advances in neural information processing systems：1486-1494.

Desroches J，Thiercelin M，1993. Modelling the propagation and closure of micro hydraulic fractures［J］. Int. J. Rock Mech. Min. Sci. Geomech. Abstr.，30（7）：1231-1234.

Dijkstra M，1997. Confined thin films of linear and branched alkanes［J］. The Journal of Chemical Physics，107（8）：3277-3288.

Do D D，Do H D，2005. Adsorption of flexible n-alkane on graphitized thermal carbon black：analysis of adsorption isotherm by means of GCMC simulation［J］. Chemical Engineering Science，60（7）：1977-1986.

Do S T，Reynolds A C，2013. Theoretical connections between optimization algorithms based on an approximate gradient［J］. Computational Geosciences，17（6）：959-973.

Domingo-Garcia M，Lopez-Garzon F J，Lopez-Garzon R，et al.，1985. Gas chromatographic determination of adsorption isotherms，spreading pressures，London force interactions and equations of state for n-alkanes on graphite and carbon blacks［J］. Journal of Chromatography A，324：19-28.

Dong C，Hoffman B T，2013. Modeling gas injection into shale oil reservoirs in the Sanish field，North Dakota［C］.URTEC 2013-185.

Driskill，Walls J，DeVito J，et al.，2013. Applications of SEM imaging to reservoir characterization in the Eagle Ford Shale，South Texas，USA［J］. AAPG Memoir，102：115-136.

Du L，Chu L，2012. Understanding anomalous phase behavior in unconventional oil reservoirs［C］. SPE 161830-MS.

Duda M，Renner J，2013. The weakening effect of water on the brittle failure strength of sandstone［J］. Geophys. J. Int.，192（3）：1091-1108.

Dugdale D S，1960. Yielding of steel sheets containing slits［J］. J. Mech. Phys. Solids，8（2）：100-104.

Ebadat A，Karimaghaee P，2012. Well placement optimization according to field production curve using gradient-based control methods through dynamic modeling［J］. Journal of Petroleum Science and Engineering，100：178-188.

Economides M J，Nolte K G，2000. Reservoir Stimulation［M］. John Wiley & Sons.

Ellison A H，Klemm R B，Schwartz A M，et al.，1967. Contact angles of mercury on various surfaces and the effect of temperature［J］. Journal of Chemical and Engineering Data, 12（4）: 607–609.

Energy Information Administration（EIA）, 2017.Annual energy outlook 2017 with projection to 2050［EB/0L］. https : //www.eia.gov/outlooks/aeo/pdf/0383（2017）.pdf.

Energy Information Administration（EIA）, .2013. Outlook for shale gas and tight oil development in the U.S ［EB/OL］. https : //www.eia.gov/pressroom/presentations/ sieminski_05212013.pdf.

Energy Information Administration（EIA）, 2013.Technically recoverable shale oil and shale gas resources : An assessment of 137 shale formations in 41 countries outside the United states［EB/OL］. https : //www. eia.gov/ analysis /studies/ worldshalegas/ pdf/overview.pdf.

Energy Information Administration, 2013. Technically recoverable shale oil and shale gas resources : an assessment of 137 shale formations in 41 countries outside the United States［EB/OL］.http : //www.eia. gov/analysis/studies/worldshalegas/pdf/fullreport.pdf.

Energy Information Administration, 2019.Annual energy outlook 2019 with projections to 2050［EB］. Washington : US Energy Information Administration.

Energy Information Administration, 2020.Annual energy outlook 2020 with projections to 2050［EB］. Washington : US Energy Information Administration.

Erdogan F, Sih G C, 1963. On the crack extension in plates under plane loading and transverse shear. J. Basic Eng. , 85（4）, 519–527.

Evans B, Fredrich J T, Wong T, 1990. The brittle–ductile transition in rocks : recent experimental and theoretical progress［J］. Brittle–Ductile Transit. Rocks Geophys. Monogr. , 56: 1–20.

Evans R, Marconi U M B, Tarazona P, 1986. Fluids in narrow pores : adsorption, capillary condensation, and critical points［J］. Journal of Chemical Physics, 84（4）: 2376–2399.

Fai–Yengo V , Rahnema H , Alfi M, 2014. Impact of light component stripping during CO_2 injection in Bakken formation［C］.Denve, Colorado : SPE/AAPG/SEG Unconventional Resources Technology Conference. doi : 10.15530/URTEC–2014–1922932.

Falk K, Sedlmeier F, Joly L, et al., Ultralow liquid/solid friction in carbon nanotubes : Comprehensive theory for alcohols, alkanes, OMCTS, and water［J］. Langmuir, 2012; 28（40）: 14261–14272.

Farshi M M, 2008. Improving genetic algorithms for optimum well placement［D］. Stanford University.

Fateen S E K, Bonilla–Petriciolet A, Rangaiah G P, 2012. Evaluation of covariance matrix adaptation evolution strategy, shuffled complex evolution and firefly algorithms for phase stability, phase equilibrium and chemical equilibrium problems［J］. Chemical Engineering Research and Design, 90（12）: 2051–2071.

Firincioglu T, Ozkan E, Ozgen C, 2012. Thermodynamics of multiphase flow in unconventional liquids–rich reservoirs［C］. SPE 159869.

Firoozabadi A, 1999. Thermodynamics of hydrocarbon reservoirs［M］. New York : McGraw–Hill.

Fisher M, Heinze J, Harris C, et al., 2004. Optimizing horizontal completion techniques in the Barnett shale using microseismic fracture mapping［C］. Houston, Tex : Proceedings of the SPE Annual Technical

Conference and Exhibition.

Frenkel D，Smit B，2001. Understanding molecular simulation：from algorithms to applications［M］. San Diego：Academic Press.

Gamadi T D，Elldakli F，ShengJ J，2014.Compositional simulation evaluation of EOR potential in shale oil reservoirs by cyclic natural gas injection［C］. Denver，Colorado：SPE/AAPG/SEG Unconventional Resources Technology Conference. doi：10.15530/URTEC-2014-1922690.

Gamadi T D，Sheng J J，Soliman M Y，et al.，2014. An experimental study of cyclic CO_2 injection to improve shale oil recovery［C］. SPE169142-MS.

Garagash D I，Detournay E，2005. Plane-strain propagation of a fluid-driven fracture：small toughness solution［J］.ASME J. Appl. Mech.，72：916-928.

Gaswirth S B，Marra K R，2015. U.S. Geological Survey 2013 assessment of undiscovered resources in the Bakken and Three Forks formations of the U.S. Williston basin province［J］. AAPG Bulletin，99（4）：639-660.

Geertsma J，De Klerk F，1969. A rapid method of predicting width and extent of hydraulically induced fractures. J. Petrol. Technol.，21（12）：1571-1581.

Germanovich L N，Hurt R S，Ayoub J A，et al.，2012. Experimental study of hydraulic fracturing in unconsolidated materials［C］. SPE International Symposium and Exhibition on Formation Damage Control.

Gibbs J W，1957. The collected works of J. Willard Gibbs［M］. New Haven：Yale University Press，1957.

Gilbert J V，Barree R D，2009. Production analysis of multiply fractured horizontal wells［C］.SPE 123342．

Giovambattista N，Rossky P J，Debenedetti G，2006. Effect of pressure on the phase behavior and structure of water confined between nanoscale hydrophobic and hydrophilic Plates［J］. Physical Review E，73（4）：1604-1618.

Gong Q M，Zhao J，2007. Influence of rock brittleness on TBM penetration rate in Singapore granite［J］. Tunn. Undergr. Space Technol.，22（3）：317-324.

Goodfellow I，Pouget-Abadie J，Mirza M，et al.，2014. Generative adversarial nets［C］. Advances in neural information processing systems：2672-2680.

Goodway B，Perez M，Varsek J，et al.，2010. Seismic petrophysics and isotropic-anisotropic AVO methods for unconventional gas exploration［J］. Lead. Edge，29（12），1500-1508.

Goodway B，Chen T，Downton J，1999. Improved AVO fluid detection and lithology discrimination using Lamé petrophysical parameters；"$\lambda\rho$"，"$\mu\rho$"，& "λ/μ fluid stack"，from P and S inversions［J］. SEG Technical Program Expanded Abstracts：183-186.

Goodwin N，2015. Bridging the gap between deterministic and probabilistic uncertainty quantification using advanced proxy based methods［C］. SPE 173301.

Griebel M，Knapek S，Zumbusch G，2007. Numerical simulation in molecular dynamics［M］.

Heidelberg : Springer.

Grigoryev B A, Nemzer B V, Kurumov D S, et al., 1992. Surface tension of normal pentane, hexane, heptane, and octane [J] . International Journal of Thermophysics, 13（3）: 453–464.

Gringarten A C, Ramey Jr H J, 1973.The use of source and green's function in solving unsteady–flow problem in reservoir [J] . Society of Petroleum Engineers Journal, 13（5）: 285–296.

Gunaydin O, Kahraman S, Fener M, 2004. Sawability prediction of carbonate rocks from brittleness indexes[J]. J. S. Afr. Inst. Min. Metall., 104（4）: 239–244.

Gunes Yilmaz N, Karaca Z, Goktan R, et al., 2009. Relative brittleness charactarization of some selected granitic building stones : Influence of mineral grain size [J] .Construction and Building Materials ,23（1）: 370–375.

Guo C, Xu J, Wei M, et al., 2015.Pressure transient and rate decline analysis for hydraulic fractured vertical wells with finite conductivity in shale gas reservoirs [J] . Journal of Petroleum Exploration and Production Technology, 5（4）: 435–443.

Guo X, Wu K, Killough J, et al., Understanding the mechanism of interwell fracturing interference with reservoir/geomechanics/fracturing modeling in Eagle Ford Shale [C] . URTEC 2874464.

Guo P, Sun L, Li S, et al., 1996. A theoretical study of the effect of porous media on the dew point pressure of a gas condensate [C] . SPE 35644–MS.

Gupta P, Duarte C A, 2014. Simulation of non–planar three–dimensional hydraulic fracture propagation [J] . Int. J. Numer. Anal. Meth. Geomech. , 38（13）: 1397–1430.

Hackley P C, Cardott B J, 2016. Application of organic petrography in North American shale petroleum systems : A review [J] . International Journal of Coal Geology, 163: 8–51.

Haines, Hiemi Kim, Teresa G Monger, 1990. A laboratory study of natural gas huffn'puff [C] . CIM/SPE International Technical Meeting.

Hajiabdolmajid V, Kaiser P, 2003. Brittle of rock and stability assessment in hard rock tunneling [J] . Tunnelling and Underground Space Technology, 18（1）: 35–48.

Hajiabdolmajid V, Kaiser P, Martin C, 2003. Mobilised strength components in brittle failure of rock [J] . Géotechnique, 53（3）: 327–336.

Handren P, Palisch T, 2009.Successful hybrid slick water–fracture design evolution : an east texa scotton valleytaylor case history [J] .SPE Productionand Operations, 24（3）: 415–424.

Harris C, 2012. Sweet spots in shale gas and liquids plays : prediction of fluid composition and reservoir pressure [J] . AAPG Search and Discovery Article（9）: 175–182.

Harrison A, Cracknell R F, Krueger–Venus J, et al., 2014. Branched versus linear alkane adsorption in carbonaceous slit pores [J] . Adsorption, 20（2–3）: 427–437.

Hassebroek W E, Waters A B, 1964. Advancements through 15 years of fracturing [J] . J. Petrol. Technol., 16（7）: 760–764.

Hawthorne S B, Gorecki C D, Sorensen J A, et al., 2013. Hydrocarbon mobilization mechanisms from upper, middle, and lower Bakken reservoir rocks exposed to CO_2 [C]. SPE 167200-MS.

Heidari M, Khanlari G, Torabi-Kaveh M, et al., 2014. Effect of porosity on rock brittleness [J]. Rock Mech. Rock Eng., 47 (2): 785-790.

Hills D A, Kelly P A, Dai D N, et al., 1996. Solution of crack problems : the distributed dislocation technique [M]. Kluwer Academic Publishers.

Hiyama M, Shimizu H, Ito T, et al., 2013. Distinct element analysis for hydraulic fracturing in shale-effect of brittleness on the fracture propagation [C]. Proceedings of the 47th US Rock Mechanics/Geomechanics Symposium.

Hoffman B T, 2012. Comparison of various gases for enhanced recovery from shale oil reservoirs [C]. SPE 154329-MS.

Hoffman B T, Evans J, 2016. Improved oil recovery IOR pilot projects in the Bakken formation [C]. SPE 180270-MS.

Holt R , Fjaer E, Nes O M, 2011.A Shaly Look at Brittleness [C]. 45th US Rock Mechanics/ Geomechanics Symposium.

Homman A A, Bourasseau E, Stoltz G, et al., 2014. Surface tension of spherical drops from surface of tension [J]. The Journal of Chemical Physics, 140 (3): 034110.

Hormozi S, Frigaard I A, 2017. Dispersion of solids in fracturing flows of yield stress fluids [J]. J. Fluid Mech. , 830: 93-137.

Hoteit, Hussein , 2011.Proper modeling of diffusion in fractured reservoirs [C]. SPE 141937 MS.

Howard G C, Fast C R, 1957. Optimum fluid characteristics for fracture extension [C]. Drill. Prod. Pract. : 261-270.

Hu Y, Devegowda D, Sigal R F, 2014. Impact of maturity on kerogen pore wettability : A modeling study [C]. SPE 170915-MS.

Hucka V, Das B, 1974. Brittleness determination of rocks by different methods [J]. Int. J. Rock Mech. Min. Sci. Geomech. Abstr. , 11 (10): 389-392.

Hughes R G, Blunt M J, 2000. Pore scale modeling of rate effects in imbibition [J]. Transport in Porous Media, 40 (3): 295-322.

Hutchinson J W, Suo Z, 1991. Mixed mode cracking in layered materials. Adv. Appl. Mech. 29, 63-191.

Jacot R H, Bazan L W, Meyer B R, 2010. Technology integration : A methodology to enhance production and maximize economics in horizontal Marcellus shale wells [C].SPE Annual Technical Conference and Exhibition.

Jain S, Soliman M, Bokane A, et al., 2013.Proppant distribution in multistage hydraulic fractured wells : A large-scale inside-casing investigation [C]. The Woodlands, Tex : Proceedings of the SPE Hydraulic Fracturing Technology Conference.

Jarvie D M, 2011.Unconventional oil petroleum systems : shales and shale hybrids [C].Calgary : AAPG International Conference and Exhibition : 1-21.

Jarvie D M, 2012. Shale resource systems for oil and gas : Part 2-shale-oil resource systems//Breyer, J. A., ed. Shale reservoirs-Giant resources for the 21st century : AAPG Memoir 97: 89-119.

Javadpour F, 2009. Nanopores and apparent permeability of gas flow in mudrocks (shales and siltstone) [J]. Journal of Canadian Petroleum Technology, 48 (8): 16-21.

Javadpour F, McClure M, Naraghi M E, 2015. Slip-corrected liquid permeability and its effect on hydraulic fracturing and fluid loss in shale [J]. Fuel, 160: 549-559.

Jeffrey R G, Bunger A P, 2009. A detailed comparison of experimental and numerical data on Hydraulic Fracture Height Growth Through Stress Contrasts [J].SPE Journal, 14 (3): 413-422.

Jiang J, Shao Y, Younis R M, 2014. Development of a multi-continuum multicomponent model for enhanced gas recovery and CO_2 storage in fractured shale gas reservoirs [C]. SPE 169114-MS.

Jin R Y, Song K, Hase W L, 2000. Molecular dynamics simulations of the structures of alkane/ hydroxylated $\alpha-Al_2O_3$ (0001) interfaces [J]. The Journal of Physical Chemistry B, 104 (12): 2692-2701.

Jin X, Shah S N, Roegiers J C, et al., 2014a. Fracability evaluation in shale reservoirs-an integrated petrophysics and geomechanics approach [C]. SPE 168589-MS.

Jin X, Shah S N, Truax J A, et al., 2014b. A practical petrophysical approach for brittleness prediction from porosity and sonic logging in shale reservoirs [C]. SPE 170972-MS.

Jones O C, 1976. An improvement in the calculation of turbulent friction in rectangular ducts [J]. J. Fluids Eng., 98 (2): 173-180.

Jorgensen W L, Maxwell D S, Tirado-Rives J, 1996. Development and testing of the OPLS all-atom force field on conformational energetics and properties of organic liquids [J]. Journal of the American Chemical Society, 118 (45): 11225-11236.

Josh M, Esteban L, Delle Piane C, et al., 2012. Laboratory characterisation of shale properties [J]. Journal of Petroleum Science Engineering, 88: 107-124.

Kabir A H, Vargas J A, 2009.Accurate in flow profile prediction of horizontal wells using a newly developed coupled reservoir and wellbore analytical models [C]. SPE 120938-MS.

Kahraman S, Altindag R, 2004. A brittleness index to estimate fracture toughness [J]. Int. J. Rock Mech. Min. Sci., 41 (2): 343-348.

Kahraman S, Fener M, Gunaydin O, 2005. A brittleness index to estimate the sawability of carbonate rocks [M]. CRC Press : 233-237.

Kalová J, Mareš R, 2015. Size dependences of surface tension [J]. International Journal of Thermophysics, 36 (10-11): 2862-2868.

Kannam S K, Todd B D, Hansen J S, et al., 2012. Slip length of water on graphene : Limitations of non-equilibrium molecular dynamics simulations [J]. The Journal of Chemical Physics, 136 (2): 024705.

Kannam S K, Todd B D, Hansen J S, et al., 2013. How fast does water flow in carbon nanotubes [J]. The Journal of Chemical Physics, 138 (9): 094701.

Kanninen M F, Popelar C H, 1985. Advanced fracture mechanics, Volume 15 of the Oxford Engineering Science Series [M]. Oxford : Oxford University Press.

Karimi M, Hassanabadi M, Asl N B, 2014. Well-Placement optimization with gradient-base methods [J]. International Journal of Petroleum and Geoscience Engineering, 2 (1): 62-80.

Karimi-Fard M, Durlofsky L J, Aziz K, 2004. An efficient discrete-fracture model applicable for general-purpose reservoir simulators [J]. SPE Journal, 9 (2): 227-236.

Khoei A R, Hirmand M, Vahab M, et al., 2015. An enriched FEM technique for modeling hydraulically driven cohesive fracture propagation in impermeable media with frictional natural faults : numerical and experimental investigations [J]. Int. J. Numer. Meth. Eng. , 104 (6): 439-468.

Khristianovic S, Zheltov Y, 1955. Formation of vertical fractures by means of highly viscous fluids [C]. Rome : Proceedings of 4th World Petroleum Congress : 579-586.

Kolda T G, Lewis R M, Torczon V, 2003. Optimization by direct search : New perspectives on some classical and modern methods [J]. SIAM Review, 45 (3): 385-482.

Koretsky C M, Sverjensky D A, Sahai N, 1998. A model of surface site types on oxide and silicate minerals based on crystal chemistry ; implications for site types and densities, multi-site adsorption, surface infrared spectroscopy, and dissolution kinetics [J]. American Journal of Science, 298 (5): 349-438.

Kovscek, Anthony Robert, Tang Guoqing, et al., 2008. Experimental investigation of oil recovery from siliceous shale by CO_2 injection [C]. SPE 115679-MS.

Krause F F, Collins H N, Nelson D A, et al., 1987. Multiscale anatomy of a reservoir : geologicalcharacterization of Pembina-Cardium pool, west-central Alberta, Canada [J]. American Association of Petroleum Geologists Bulletin, 71: 1233-1260.

Kumar S, Hoffman T, Prasad M, 2013. Upper and lower Bakken shale production contribution to the middle Bakken reservoir [C]. URTEC 1581459.

Kurtoglu B, 2014. Integrated reservoir characterization and modeling in support of enhanced oil recovery for Bakken integrated reservoir characterization and modeling [D]. Colorado School of Mines.

Kurtoglu B, Sorensen J A, Braunberger J, et al., 2013. Geologic characterization of a Bakken reservoir for potential CO_2 EOR [R]. doi : 10.1190/URTEC2013-186.

Kutana A, Giapis K P, 2007. Contact angles, ordering, and solidification of liquid mercury in carbon nanotube cavities [J]. Physical Review B, 76 (19): 195444.

Lan Q, Dehghanpour H, Wood J, et al., 2015. Wettability of the montney tight gas formation [J]. SPE Reservoir Evaluation & Engineering, 18 (3): 417-431.

Lawton D, Alshuhail A, Coueslan M, et al., 2009. Pembina cardium CO_2 monitoring project, Alberta Canada : Timelapse seismic analysis- lessons learned [J]. Energy Procedia , 1 (1): 2235-2242.

Lazarus V, 2003. Brittle fracture and fatigue propagation paths of 3D plane cracks under uniform remote tensile loading [J]. Int. J. Fract., 122 (1): 23-46.

Le T, Striolo A, Cole D R, 2015. Propane simulated in silica pores : Adsorption isotherms, molecular structure, and mobility［J］. Chemical Engineering Science, 121: 292–299.

Lecampion B, Bunger A, Zhang X, 2018. Numerical methods for hydraulic fracture propagation : A review of recent trends［J］.Journal of Natural Gas Science and Engineering, 49: 66–83.

Lecampion B, Peirce A P, Detournay E, et al., 2013. The impact of the near–tip logic on the accuracy and convergence rate of hydraulic fracture simulators compared to reference solutions［C］.Brisbane : The International Conference for Effective and Sustainable Hydraulic Fracturing.

Ledyastuti M, Liang Y, Kunieda M, et al., 2012. Asymmetric orientation of toluene molecules at oil–silica interfaces［J］. The Journal of Chemical Physics, 137（6）: 064703.

Lee J, Rollins J B, Spivey J P, 2003. Pressure transient testing, textbook Series［R］.Richardson, Texas : SPE.

Lee S H, Lough M F, Jensen C L, 2001. Hierarchical modeling of flow in naturally fractured formations with multiple length scales［J］. Water Resources Research, 37（3）: 443–455.

Lee S H, Rossky P J, 1994. A comparison of the structure and dynamics of liquid water at hydrophobic and hydrophilic surfaces—A molecular dynamics simulation study［J］. The Journal of Chemical Physics, 100（4）: 3334–3345.

Lee S, Wheeler M F, Wick T, 2016. Pressure and fluid–driven fracture propagation in porous media using an adaptive finite element phase field model［J］. Comput. Meth. Appl. Mech. Eng. , 305: 111–132.

Lei Y A, Bykov T, Yoo S, et al., 2005. The Tolman length : Is it positive or negative［J］. Journal of the American Chemical Society, 127（44）: 15346–15347.

Leung K, Rempe S B, Lorenz C D, 2006. Salt permeation and exclusion in hydroxylated and functionalized silica pores［J］. Physical Review Letters, 96（9）: 095504.

Li L, Lee S H, 2008. Efficient field–scale simulation of black oil in a naturally fractured reservoir through discrete fracture networks and homogenized media［J］. SPE Res Eval & Eng, 11（4）: 750–758.

Liu N, Oliver D S, 2003. Evaluation of Monte Carlo methods for assessing uncertainty［J］. SPE Journal , 8（2）: 188–195.

Lopes P E, Murashov V, Tazi M, et al., 2006. Development of an empirical force field for silica. Application to the quartz–water interface［J］. The Journal of Physical Chemistry B, 110（6）: 2782–2792.

Loucks R G, Reed R M, Ruppel S C, et al., 2012. Spectrum of pore types and networks in mudrocks and a descriptive classification for matrix–related mudrock pores［J］. AAPG Bulletin, 96（6）: 1071–1098.

Lu H M,Jiang Q,2005. Size–dependent surface tension and Tolman's length of droplets［J］. Langmuir,21(2): 779–781.

Lucena S M P, Gomes V A, Gonçalves D V, et al., 2013. Molecular simulation of the accumulation of alkanes from natural gas in carbonaceous materials［J］. Carbon, 61: 624–632.

Luo S, Lutkenhaus J L, Nasrabadi H, 2018. Use of differential scanning calorimetry to study phase behavior of hydrocarbon mixtures in nano–scale porous media［J］. Journal of Petroleum Science and

Engineering, 163: 731-738.

Luo W, Tang C, Wang X , 2014.Pressure transient analysis of a horizontal well intercepted by multiple non-planar vertical fractures [J] .Journal of Petroleum Science and Engineering, 124: 232-242.

Majumder M, Chopra N, Andrews R, et al., 2005. Nanoscale hydrodynamics : enhanced flow in carbon nanotubes [J]. Nature, 438 (7064): 44.

Manneville P, 2016. Transition to turbulence in wall-bounded flows : where do we stand ? [J] . Mechanical Engineering Reviews, 3 (2) .

Mayerhofer M J, Lolon E P, Warpinski N R, 2010. What is stimulated reservoir volume [J] . SPE Production & Operations, 25 (1): 89-98.

McGonigal G C, Bernhardt R H, Thomson D J, 1990. Imaging alkane layers at the liquid/graphite interface with the scanning tunneling microscope [J]. Applied Physics Letters, 57 (1): 28-30.

Medeiros F, Kutoglu B, Ozkan E, et al., 2010. Analysis of production data from hydraulically fractured horizontal wells in shale reservoirs [C] . SPE 110848-PA.

Medeiros F, Ozkan E, Kazemi H, 2008. Productivity and Drainage Area of Fractured Horizontal Wells in Tight Gas Reservoirs [C] . SPE 108110-PA.

Mehmani A, Prodanović M, 2014. The effect of microporosity on transport properties in porous media [J] . Advances in Water Resources, 63: 104-119.

Mendelsohn D A, 1984. A review of hydraulic fracture modeling—part I : general concepts, 2D models, motivation for 3D modeling [J] . J. Energy Resour. Technol. , 106 (3): 369 376.

Meyer B R, Bazan L W, Jacot R H, et al., 2010. Optimization of multiple transverse hydraulic fractures in horizontal wellbores [C] . SPE 131732-MS.

Meyer B R, 1989. Three-dimensional hydraulic fracturing simulation on personal computers : Theory and comparison studies [C] . SPE 19329-MS.

Michael H, Dominic H, Antony H, 2011. A petrophysical model to estimate free gas in organic shales [C] . AAPG Annual Convention and Exhibition.

Miehe C, Mauthe S, Teichtmeister S, 2015. Minimization principles for the coupled problem of Darcy-Biot-type fluid transport in porous media linked to phase field modeling of fracture [J] . J. Mech. Phys. Solids , 82: 186-217.

Mikelic A, Wheeler M F, Wick T, 2015. A phase-field method for propagating fluidfilled fractures coupled to a surrounding porous medium [J] . Multiscale Model. Simul. , 13 (1): 367-398.

Miller B J, Hamilton-Smith T, 1998. Field case : cyclic gas recovery for light oil-using carbon dioxide/ nitrogen/natural gas [C] .New Orleans, Louisiana : SPE Annual Technical Conference and Exhibition.

Mogilevskaya S G, 2014. Lost in translation : crack problems in different languages [J] . Int. J. Solids Struct., 51 (25): 4492-4503.

Mohaghegh S D, Grujic O S, Zargari S, et al., 2011. Modeling, history matching, forecasting and analysis of shale reservoirs performance using artificial intelligence [C] . SPE Digital Energy Conference and Exhibition.

Mohaghegh S D, Gruic O, Zargari S, et al., 2012. Top-down, intelligent reservoir modelling of oil and gas producing shale reservoirs : case studies [J] . International Journal of Oil, Gas and Coal Technology, 5（1）: 3–28.

Mohammadnejad T, Andrade J E, 2016. Numerical modeling of hydraulic fracture propagation, closure and reopening using XFEM with application to in–situ stress estimation [J] . Int. J. Numer. Anal. Meth. Geomech. , 40（15）: 2033–2060.

Moinfar A, Narr W, Hui M H, et al., 2013. Comparison of Discrete–Fracture and DualPermeability Models for Multiphase Flow in Naturally Fractured Reservoirs [C] . SPE 142295–MS.

Moinfar A, Varavei A, Sepehrnoori K, et al., 2014. Development of an efficient embedded discrete fracture model for 3D compositional reservoir simulation in fractured reservoirs [C] . SPE 154246–PA.

Mondello M, Grest G S, 1997. Viscosity calculations of n–alkanes by equilibrium molecular dynamics [J] . The Journal of Chemical Physics, 106（22）: 9327–9336.

Montgomery C T, Smith M B, 2010. Hydraulic fracturing : history of an enduring technology [J] . J. Petrol. Technol. , 62（12）: 26–40.

Morrow N R, 1975. The effects of surface roughness on contact : angle with special reference to petroleum recovery [J] . Journal of Canadian Petroleum Technology, 14（4）.

Morrow C, Moore D E, Lockner D, 2000. The effect of mineral bond strength and adsorbed water on fault gouge frictional strength [J] . Geophys. Res. Lett., 27（6）: 815–818.

Mosher K, He J, Liu Y, et al., 2013. Molecular simulation of methane adsorption in micro–and mesoporous carbons with applications to coal and gas shale systems [J] . International Journal of Coal Geology, 109: 36–44.

Mosser L, Dubrule O, Blunt M J, 2017. Reconstruction of three–dimensional porous media using generative adversarial neural networks [J] . Physical Review E, 96（4）: 043309.

Mugele F, Becker T, Nikopoulos R, et al., 2002. Capillarity at the nanoscale : an AFM view [J] . Journal of Adhesion Science and Technology, 16（7）: 951–964.

Muhuri S, Scott Jr T, Stearns D, 2000. Microfracturing in the brittle–ductile transition in Berea sandstone [C] . 4th North American Rock Mechanics Symposium : 1177–1184.

Mukherjee H, Economides M J, 1991. A parametric comparison of horizontal and vertical well performance [J] . SPE Formation Evaluation, 6（2）: 209–216.

Nagayama G, Cheng P, 2004. Effects of interface wettability on microscale flow by molecular dynamics simulation [J] . International Journal of Heat and Mass Transfer, 47: 501–513.

Naraghi M E, Javadpour F, 2015. A stochastic permeability model for the shale–gas systems [J] . International Journal of Coal Geology, 2014: 111–124.

National Institute of Standards and Technology, 2011. Thermophysical properties of fluid systems [EB/OL] . http : //webbook.nist.gov/chemistry/fluid/.

Nejati H R, Ghazvinian A, 2014. Brittleness effect on rock fatigue damage evolution [J]. Rock Mech. Rock Eng., 47（5）：1839–1848.

Nguyen D, Wang D, Oladapo A, et al., 2014. Evaluation of surfactants for oil recovery potential in shale reservoirs [C]. SPE 169085–MS.

Nojabaei B, Johns R T, Chu L, 2013. Effect of capillary pressure on phase behavior in tight rocks and shales[J]. SPE Reservoir Evaluation & Engineering, 16（3）：281–289.

Nolte K G, 1986. Determination of proppant and fluid schedules from fracturing–pressure decline [J]. SPE Prod. Eng., 1（4）：255–265.

Nolte K G, Smith M B, 1981. Interpretation of fracturing pressures [J]. J. Petrol. Technol., 33（9）：1767–1775.

Nordgren R P, 1972. Propagation of vertical hydraulic fractures [J]. SPE Journal, 253：306–314.

Nygård R, Gutierrez M, Bratli R K, et al., 2006. Brittle–ductile transition, shear failure and leakage in shales and mudrocks [J]. Mar. Pet. Geol., 23（2）：201–212.

Osiptsov A A, 2017. Fluid mechanics of hydraulic fracturing：A review [J]. J. Petrol. Sci. Eng., 156：513–535.

Ozkan E, Brown M L, Raghavan R S, et al., 2009. Comparison of fractured horizontal–well performance in conventional and unconventional reservoirs [C]. SPE 121290–MS.

Palmer I, Moschovidis Z, 2010. New method to diagnose and improve shale gas completions [C]. SPE 134669.

Paluszny A, Zimmerman RW, 2011. Numerical simulation of multiple 3D fracture propagation using arbitrary meshes [J]. Comput. Meth. Appl. Mech. Eng., 200（9）：953–966.

Panfili P, Cominelli A, 2014. Simulation of miscible gas injection in a fractured carbonate reservoir using an embedded discrete fracture model [C]. SPE 171830–MS.

Passey Q R, Bohacs K M, Esch W L, et al., 2010. From oil–prone source rock to gas–producing shale reservoir–geologic and petrophysical characterization of unconventional shale–gas reservoirs [C]. SPE 131350–MS.

Paterson M S, Wong T F, 2005. Experimental rock deformation–the brittle field [M]. Springer Science & Business Media.

Peaceman D W, 1983. Interpretation of well–block pressures in numerical reservoir simulation with nonsquare grid blocks and anisotropic permeability [J]. SPE Journal, 23（3）：531–543.

Pedersen K S, Christensen P L, 2007. Phase behavior of petroleum reservoir fluids [M]. CRC Press, Taylor & Francis Group.

Peirce A P, 2006. Localized jacobian ILU preconditioners for hydraulic fractures [J]. Int. J. Numer. Meth. Eng., 65：1935–1946.

Peirce A P, 2015. Modeling multi–scale processes in hydraulic fracture propagation using the implicit level set algorithm [J]. Comput. Meth. Appl. Mech. Eng., 283：881–908.

Peirce A P, Siebrits E, 2005. A dual mesh multigrid preconditioner for the efficient solution of hydraulically driven fracture problems [J]. Int. J. Numer. Meth. Eng., 63: 1797–1823.

Penmatcha V R, Aziz K, 1998. Comprehensive reservoir/wellbore model for horizontal wells [J]. SPE Journal, 4 (3): 224–234.

Perez Altamar R, Marfurt K, 2014. Mineralogy–based brittleness prediction from surface seismic data: application to the Barnett Shale [J]. Interpretation, 2 (4): T255–T271.

Perez R, Marfurt K, 2013. Brittleness estimation from seismic measurements in unconventional reservoirs: application to the Barnett Shale [C]. SEG Houston 2013 Annual Meeting: 2258–2263.

Perkins T K, Kern L R, 1961. Widths of hydraulic fractures [J]. J. Petrol. Technol., 222: 937–949.

Pitakbunkate T, Blasingame T A, Moridis G J, et al., 2017. Phase behavior of methane–ethane mixtures in nanopores [J]. Industrial & Engineering Chemistry Research, 56: 11634–11643.

Plimpton S, 1995. Fast parallel algorithms for short–range molecular dynamics [J]. Journal of Computational Physics, 117 (1): 1–19.

Popadić A, Walther J H, Koumoutsakos P, et al., 2014. Continuum simulations of water flow in carbon nanotube membranes [J]. New Journal of Physics, 16 (8): 082001.

Pratikno H, Blasingame T A, 2003. Decline curve analysis using type–curves – fractured wells [C]. SPE 84287–MS.

Protodyakonov M, 1962. Mechanical properties and drillability of rocks [C]. Proceedings of the 5th Symposium on Rock Mechanics, University of Minnesota, Minneapolis, Minnesota.

Pu H, Li Y, 2016. Novel capillarity quantification method in IOR process in Bakken shale oil reservoirs [C]. SPE 179533–MS.

Qi Z, Wang S, Du Z, et al., 2007. A new approach for phase behavior and well productivity studies in the deep gas–condensate reservoir with low permeability [C]. SPE 106750–MS.

Raghavan R, Kazemi H, 2009. Comparison of Fractured Horizontal–Well Performance in Conventional and Unconventional Reservoirs [C]. SPE 121290–MS.

Rassenfoss S, 2017. Shale EOR works, but will it make a difference [J]. J. Petrol. Technol., 69: 34–40.

Restagno F, Bocquet L, Biben T, 2000. Metastability and nucleation in capillary condensation [J]. Physical Review Letters, 84 (11): 2433–2436.

Rice J R, Drucker D C, 1967. Energy changes in stressed bodies due to void and crack growth [J]. Int. J. Fract. Mech., 3: 19–27.

Rickman R, Mullen M J, Petre J E, et al., 2008. A Practical use of shale petrophysics for stimulation design optimization: All shale plays are not clones of the Barnett Shale [C]. SPE 115258–MS.

Roussel N P, Sharma M M, 2011. optimizing fracture spacing and sequencing in horizontal–well fracturing [J]. SPE Production and Facilitise, 26 (2): 173–184.

Rylander E, Singer P M, Jiang T, et al., 2013. NMR T_2 distributions in the Eagle Ford Shale: reflections on pore size [C]. SPE 164554–MS.

Salimzadeh S, Khalili N, 2015. A three-phase xfem model for hydraulic fracturing with cohesive crack propagation [J]. Comput. Geotech., 69: 82–92.

Salimzadeh S, Paluszny A, Zimmerman R W, 2016. Three-dimensional poroelastic effects during hydraulic fracturing in permeable rocks [J]. Int. J. Solids Struct., 108: 153–163.

Samimi S, Pak A, 2016. A fully coupled element-free galerkin model for hydro-mechanical analysis of advancement of fluid-driven fractures in porous media [J]. Int. J. Numer. Anal. Meth. Geomech., 40: 2178–2206.

Samsonov V M, Bazulev A N, Sdobnyakov N Y, 2003. Rusanov's linear formula for the surface tension of small objects [J]. Doklady Physical Chemistry, 389 (1): 83–85.

Samsonov V M, Shcherbakov L M, Novoselov A R, et al., 1999. Investigation of the microdrop surface tension and the linear tension of the wetting perimeter on the basis of similarity concepts and the thermodynamic perturbation theory [J]. Colloids and Surfaces A : Physicochemical and Engineering Aspects, 160 (2): 117–121.

Santillán D, Juanes R, Cueto-Felgueroso L, 2017. Phase field model of fluid-driven fracture in elastic media : immersed-fracture formulation and validation with analytical solutions [J]. J. Geophys. Res. Solid Earth, 122 (4): 2565–2589.

Savitski A, Detournay E, 2002. Propagation of a penny-shaped fluid-driven fracture in an impermeable rock : asymptotic solutions [J]. Int. J. Solids Struct., 39 (26): 6311–6337.

Scott T E, Nielsen K, 1991. The effects of porosity on the brittle ductile transition in sandstones [J]. J. Geophys. Res. : Solid Earth , 96 (B1): 405–414.

Severson B L, Snurr R Q, 2007. Monte Carlo simulation of n-alkane adsorption isotherms in carbon slit pores [J]. The Journal of Chemical Physics, 126 (13): 134708.

Shah S N, Vincent M C, Rodriquez R X, et al., 2010. Fracture orientation and proppant selection for optimizing production in horizontal wells [C]. SPE 128612–MS.

Shakiba M, 2014. Modeling and simulation of fluid flow in naturally and hydraulically fractured reservoirs using embedded discrete fracture model (EDFM) [D]. Austin, Texas : The University of Texas at Austin.

Sheng J J, 2015. Enhanced oil recovery in shale reservoirs by gas injection [J]. Journal of Natural Gas Science and Engineering, 22: 252–259.

Shoaib S, Hoffman B T, 2009. CO_2 Flooding the Elm Coulee Field [C]. SPE 123176–MS.

Shuler P, Tang H, Zayne Lu, et al., 2001. Chemical processes for improved oil recovery from Bakken shale [C]. SPE 147531–MS.

Siboulet B, Coasne B, Dufrêche J F, et al., 2011. Hydrophobic transition in porous amorphous silica [J]. The Journal of Physical Chemistry B, 115 (24): 7881–7886.

Sigmund P M, Dranchuk P M, Morrow N R, et al., 1973. Retrograde condensation in porous media [J]. SPE Journal, 13 (2): 93–104.

Simonson E R, Abou-Sayed A S, Clifton R J, 1978. Containment of massive hydraulic fractures [J]. SPE Journal, 18（1）: 27–32.

Simpson M D, Patterson R, Wu K, 2016. Study of stress shadow effects in Eagle Ford shale: insight from field data analysis [C]. Houston, Texas: the 50th U.S. Rock Mechanics/Geomechanics Symposium.

Singh S K, Sinha A, Deo G, et al., 2009. Vapor–liquid phase coexistence, critical properties, and surface tension of confined alkanes [J]. The Journal of Physical Chemistry C, 113（17）: 7170–7180.

Skelton A A, Wesolowski D J, Cummings P T, 2011. Investigating the quartz（10$\bar{1}$0）/water interface using classical and ab initio molecular dynamics [J]. Langmuir, 27（14）: 8700–8709.

Slotte P A, Smorgrav E, 2008. Response surface methodology approach for history matching and uncertainty assessment of reservoir simulation models [C]. SPE 113390–MS.

Smith M B, Montgomery C T, 2015. Hydraulic Fracturing [M]. CRC Press.

Song X, Chen J K, 2008. A comparative study on poiseuille flow of simple fluids through cylindrical and slit–like nanochannels [J]. International Journal of Heat and Mass Transfer, 51（7）: 1770–1779.

Song C, Yang D, 2013. Performance evaluation of CO_2 Huff–n–Puff processes in tight oil formations [C]. SPE 167217–MS.

Song L, Zhang Y, Zhang Y, et al., 2015. Prediction of continental shale brittleness based on brittle–ductile transition analysis [C]. Proceedings of the 2015 SEG Annual Meeting, Society of Exploration Geophysicists: 1782–1786.

Sorensen J A, Hamling J A, 2016. Historical Bakken test data provide critical insights on EOR in tight oil plays [J]. Am Oil Gas Report, 59: 55–61.

Sorensen S A, Pekot L J, Torres J A, et al., 2018. Field test of CO_2 injection in a vertical middle Bakken well to evaluate the potential for enhanced oil recovery and CO_2 storage [C]. Houston, TX: the Unconventional Resources Technology Conference.

Stalgorova E, Mattar L, 2012. Practical analytical model to simulate production of horizontal wells with branch fractures [C]. SPE 162515–MS.

Supple S, Quirke N, 2003. Rapid imbition of fluids in carbon nanotubes [J]. Physical Review Letters, 90（21）: 214501.

Szeri A Z, 2010. Fluid Film Lubrication [M]. Cambridge University Press.

Taherian F, Marcon V, van der Vegt N F, et al., 2013. What is the contact angle of water on graphene [J]. Langmuir, 29（5）: 1457–1465.

Tang X, Zhang J, Wang X, et al., 2014. Shale characteristics in the southeastern Ordos Basin, China: implications for hydrocarbon accumulation conditions and the potential of continental shales [J]. International Journal of Coal Geology, 128: 32–46.

Tarasov B, Potvin Y, 2013. Universal criteria for rock brittle estimation under triaxial compression [J]. International Journal of Rock Mechanics and Mining Sciences & Geomechanics Abstracts, 59: 57–69.

Thomas J A, McGaughey A J, 2008. Reassessing fast water transport through carbon nanotubes [J]. Nano

Letters，8（9）：2788-2793.

Tiab D, Donaldson E C, 2011. Petrophysics : theory and practice of measuring reservoir rock and fluid transport properties［M］. Waltham : Gulf Professional Publishing.

Tierney L, 1994. Markov chains for exploring posterior distributions［J］. Annu Stat, 22（4）: 1701-1762.

Tolman R C, 1949. The effect of droplet size on surface tension［J］. The Journal of Chemical Physics, 17（3）: 333-337.

Torczon V, 1997. On the convergence of pattern search algorithms［J］. SIAM Journal on optimization, 7（1）: 1-25.

Tyson W R, Miller W A, 1977. Surface free energies of solid metals : Estimation from liquid surface tension measurements［J］. Surface Science, 62（1）: 267-276.

Valvatne P H, Blunt M J, 2004. Predictive pore-scale modeling of two-phase flow in mixed wet media［J］. Water Resources Research, 40（7）: W07406.

Van Cuong P, Kvamme B, Kuznetsova T, et al., 2012. Molecular dynamics study of calcite, hydrate and the temperature effect on CO_2 transport and adsorption stability in geological formations［J］. Molecular Physics, 110（11-12）: 1097-1106.

Vega B, O'Brien W J, Kovscek A R, 2010.Experimental investigation of oil recovery from siliceous shale by miscible CO_2 injection［C］. SPE 135627-1.

Vincent M C, 2009. Examining our assumptions—Have oversimplifications jeopardized our ability to design optimal fracture Treatments［C］. SPE 119143-MS.

Vincent M C, 2010.Refracs – Why do they work, and why do they fail in 100 published field studies［C］. SPE 134330-MS.

Vincent M C, 2011.Restimulation of unconventional reservoirs : When are refracs beneficial［J］. Journal of Canadian Petroleum Technology, 50（6）: 36-52.

Virk P S, 1975. Drag reduction fundamentals［J］. AIChE J., 21（4）: 625-656.

Wan T, Sheng J, 2015. Compositional modelling of the diffusion effect on EOR process in fractured Shale OilReservoirs by Gasflooding［R］. doi : 10.2118/2014-1891403-PA.

Wan T, Meng X, Sheng J J, et al., 2014. Compositional modeling of EOR process in stimulated shale oil reservoirs by cyclic gas injection［C］. SPE 169069-MS.

Wan T, Sheng J J, Soliman M Y, 2013. Evaluate EOR potential in fractured shale oil reservoirs by cyclic gas injection［R］. doi : 10.1190/URTEC2013-187.

Wang D, Butler R, Liu H, et al., 2011. Flow rate behavior and imbibition in shale［J］.SPE Res Eval & Eng, 14（4）: 505-512.

Wang D, Butler R, Zhang J, et al., 2012. Wettability survey in Bakken shale with surfactant-formulation imbibition［J］. SPE Res Eval & Eng, 15（6）: 695-705.

Wang D, Zhang J, Butler R, et al., 2016. Scaling laboratory-Data surfactant-imbibition rates to thefield in fractured-shale formations［J］. SPE Reservoir Evaluation & Engineering, 19（3）: 440-449.

Wang J Y, Betelu S, Law B M, 2001. Line tension approaching a first-order wetting transition : Experimental results from contact angle measurements [J]. Physical Review E, 63 (3): 031601.

Wang S, Feng Q, Javadpour F, et al., 2015. Oil adsorption in shale nanopores and its effect on recoverable oil-in-place [J]. International Journal of Coal Geology, 147: 9–24.

Wang S, Javadpour F, Feng Q, 2016. Confinement correction to mercury intrusion capillary pressure of shale nanopores [J]. Scientific Reports, 6: 20160.

Wang X Q, Sun L, Zhu R K, et al., 2015. Application of charging effects in evaluating storage space of tight reservoirs : A case study from Permian Lucaogou Formation in Jimusar sag, Junggar Basin, NW China [J]. Petroleum Exploration and Development, 42 (4): 516–524.

Wantawin M, Yu W, Dachanuwattana S, et al., 2017. An iterative response surface methodology using high degree polynomial proxy-models for integrated history matching and probabilistic forecasting applied to shale gas reservoirs [J]. SPE Journal, 22 (6): 2012–2031.

Warpinski N R, Mayerhofer M J, Agarwal K, 2013. Hydraulic-fracture geomechanics and microseismic-source mechanisms [C]. SPE 158935-MS.

Warpinski N R, Abou-Sayed I S, Moschovidis Z, et al., 1993. Hydraulic fracture model comparison study : complete results [R]. Technical Report SAND93-7042. .

Wattenbarger R A, El-Banbi A H, Villegas M E, et al., 1998. Production analysis of linear flow into fractured tight gas wells [C]. SPE 39931-MS.

Weaver J M, Parker D, van Batenburg, et al., 2007. Fracture-related diagenesis may impact conductivity [J]. SPE Journal, 12 (3): 272–281.

Weng X, 1992. Incorporation of 2D fluid flow into a pseudo-3D hydraulic fracturing simulator [J]. SPE Production Engineering, 7 (4): 331–337.

Weng X, 1993. Fracture initiation and propagation from deviated wellbores [C]. SPE 26597-MS.

Weng X, Kresse O, Cohen C E, et al., 2011. Modeling of hydraulic fracture network propagation in a naturally fractured formation [C]. SPE 140253-MS.

Werder T, Walther J H, Jaffe R L, et al., 2001. Molecular dynamics simulation of contact angles of water droplets in carbon nanotubes [J]. Nano Letters, 1 (12): 697–702.

Werder T, Walther J H, Jaffe R L, et al., 2003. On the water-carbon interaction for use in molecular dynamics simulations of graphite and carbon nanotubes [J]. The Journal of Physical Chemistry B, 107 (6): 1345–1352.

Whitby M, Cagnon L, Thanou M, et al., 2008. Enhanced fluid flow through nanoscale carbon pipes [J]. Nano Letters, 8 (9): 2632–2637.

Williams-Stroud S, 2008. Using microseismic events to constrain fracture network models and implications for generating fracture flow properties for reservoir simulation [C]. SPE 119895-MS.

Wilson Z A, Landis C M, 2016. Phase-field modeling of hydraulic fracture [J]. J. Mech. Phys. Solids, 96: 264–290.

Wong T f, Baud P, 2012. The brittle–ductile transition in porous rock: a review [J]. J. Struct. Geol., 44: 25–53.

Wood T, Milne B, 2011. Waterflood potential could unlock billions of barrels: Crescent Point Energy [OL]. http://www.investorvillage.com/uploads/44821/files/CPGdundee.pdf

Wu K, Nunan N, Crawford J W, et al., 2004. An efficient Markov chain model for the simulation of heterogeneous soil structure [J]. Soil Science Society of America Journal, 68 (2): 346–351.

Wu Q, Ok J T, Sun Y, et al., 2013. Optic imaging of single and two–phase pressure–driven flows in nano–scale channels [J]. Lab on a Chip, 13 (6): 1165–1171.

Xiao S, Edwards S A, Gräter F, 2011. A new transferable forcefield for simulating the mechanics of $CaCO_3$ crystals [J]. The Journal of Physical Chemistry C, 115 (41): 20067–20075.

Xu M, Dehghanpour H, 2014. Advances in understanding wettability of gas shales [J]. Energy & Fuels, 28 (7): 4362–4375.

Xu S, Feng Q, Wang S, et al., 2018. Optimization of multistage fractured horizontal well in tight oil based on embedded discrete fracture model [J]. Computers & Chemical Engineering, 117: 291–308.

Xu T, Hoffman T, 2013. Hydraulic fracture orientation for miscible gas injection EOR in unconventional oil reservoirs [C]. URTEC2013–189.

Xu Y, 2015. Implementation and application of the embedded discrete fracture model (EDFM) for reservoir simulation in fractured reservoirs [D]. Austin, Texas: University of Texas at Austin.

Yagiz S, 2009. Assessment of brittleness using rock strength and density with punch penetration test [J]. Tunn. Undergr. Space Technol., 24 (1): 66–74.

Yang S, Wei Y, Chen Z, et al., 2016. Effects ofmulticomponent adsorption on enhanced shale reservoir recovery by CO_2 injection coupled with reservoir geomechanics [C]. SPE 180208–MS.

Yang Y, Sone H, Hows A, 2013. Comparison of brittleness indices in organic–rich shale formations [C]. 47th US Rock Mechanics/Geomechanics Symposium.

Yarali O, Kahraman S, 2011. The drillability assessment of rocks using the different brittleness values [J]. Tunn. Undergr. Space Technol., 26 (2): 406–414.

Yeager B B, Meyer B R, 2010. Injection/fall–off testing in the Marcellus shale: using reservoir knowledge to improve operational efficiency [C]. SPE 139067–MS.

Yeong C L Y, Torquato S, 1998. Reconstructing random media [J]. Physical Review E, 57 (1): 495.

Yeten B, Castellini A, Guyaguler B, et al., 2005. A comparison study on experimental design and response surface methodologies [C]. SPE 93347–MS.

Yu Y, Sheng J, 2016. Experimental evaluation of shaleoil recovery from Eagle Ford core samples by nitrogen gas flooding [C]. SPE 179547–MS.

Yu Y, Sheng J, 2016. Experimental investigation of light oil recovery from fractured shale reservoirs by cyclic water injection [C]. SPE 180378–MS.

Yu Wei, Sepehrnoori K, 2014. Optimization of well spacing for Bakken tight oil reservoirs [C].

URTEC–2014–1922108.

Yu W, Wu K, Zuo L, et al., 2016. Physical models for inter–well interference in shale reservoirs : relative impacts of fracture hits and matrix permeability [C] . URTEC 2457663–MS.

Yu W, Xu Y, Weijermars R, et al., 2017. A numerical model for simulating pressure response of well interference and well performance in tight oil reservoirs with complex–fracture geometries using the east embedded–discrete–fracture–model method [J] .SPE Reservoir Evaluation & Engineering, 21 (2): 489–502.

Yu Y, Li L, Sheng J, 2016. Further discuss the roles of soaking time and pressure depletion rate in gas Huffn–Puff process in fractured liquid–rich shale reservoirs [C] . SPE 181471–MS.

Zhang D, Ranjith PG, Perera M S A, 2016. The brittleness indices used in rock mechanics and their application in shale hydranlic fracturing : A review [J] . Journal of Petroleum Science and Engineering, 143: 158–170.

Zhang F, Dontsov E V, Mack , 2017. Fully coupled simulation of a hydraulic fracture interacting with natural fractures with a hybrid discrete–continuum method [J] . International Journal for Numerical and Analytical Methods in Geomechanics, 41 (13): 1430–1452.

Zhang K, 2016. Experimental and numerical investigation of oil recovery from Bakken formation by miscible CO_2 injection [C] . SPE 184486–MS.

Zhu P, Balhoff M T, Mohanty K K, 2015. Simulation of fracture–to–fracture gas injection in an oil–rich shale [C] . SPE 175131–MS.

Zou C N, Zhu R K, Tao S Z, et al., 2013.Unconventional Petroleum Peology [M] . Elsevier.